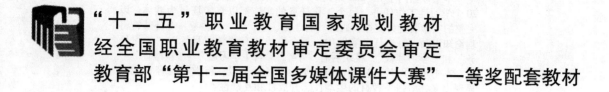

"十二五"职业教育国家规划教材

经全国职业教育教材审定委员会审定

教育部"第十三届全国多媒体课件大赛"一等奖配套教材

基于任务引领的 S7-200 应用实例

主　编　侯　宁

副主编　黄震宇

参　编　邬玉晶

机械工业出版社

本书以西门子 S7-200 系列 PLC 为背景机，设计了 9 个模块，包含 20 个学习性工作任务，每个工作任务的实施都以真实场景为载体、以完整的实验装置为支撑，通过"看、做、学、读、思、考"等环节，将理论知识融入每个任务实践中。每个模块前有"学习目标""学习任务"和"学习建议"；模块后有"小结""自主学习题""考核检查"。

本书通过图片、视频、仿真实验等各种手段，将教材内容直观地显现出来，增强了教材的生动性、开放性和互动性。

本书可作为高职高专院校应用电子技术、电子信息工程技术、电气自动化技术、物联网技术、机电一体化技术等专业的教材，也可作为相近专业师生、相关工程的技术人员以及社会从业人员自主学习 PLC 技术的参考用书。

本书附光盘一张，内容包括"看一看"视频（MP4 格式）、"PLC 技术与应用"虚拟实验系统共享网址、相关程序及附录。

为方便教学，本书配有免费电子课件、习题答案、模拟试卷及答案等，凡选用本书作为授课教材的学校，均可来电（010-88379564）或邮件（cmpqu@163.com）索取，有任何技术问题也可通过以上方式联系。

图书在版编目（CIP）数据

基于任务引领的 S7-200 应用实例/侯宁主编. —北京：机械工业出版社，2014.12

"十二五"职业教育国家规划教材　教育部"第十三届全国多媒体课件大赛"一等奖配套教材

ISBN 978-7-111-49012-8

Ⅰ.①基…　Ⅱ.①侯…　Ⅲ.①plc 技术－高等职业教育－教材　Ⅳ.①TM571.6

中国版本图书馆 CIP 数据核字（2014）第 302793 号

机械工业出版社（北京市百万庄大街22 号　邮政编码100037）
策划编辑：曲世海　责任编辑：曲世海　韩　静
版式设计：霍永明　责任校对：肖　琳
封面设计：陈　沛　责任印制：乔　宇
保定市中画美凯印刷有限公司印刷
2014 年 12 月第 1 版第 1 次印刷
184mm×260mm·17 印张·410 千字
0001—2000 册
标准书号：ISBN 978-7-111-49012-8
　　　　　ISBN 978-7-89405-688-7（光盘）
定价：39.80 元（含 1DVD）

前　言

本书以《教育部关于推进高等职业教育改革发展的若干意见》为指导，坚持以岗位需求为导向、学生可持续发展为目的，突出工学结合、任务引领、教学做一体化的设计思想，充分体现科学性、实用性、可学性和可教性的教材特色。全书以真实的工作任务为实例，结合生产实际和日常生活，改变传统教材编排的固定模式，将全书内容整合为20个学习性工作任务，通过"看、做、学、读、思、考"等环节，将理论知识融入每个任务实践中，满足了职业教育的应用特色及能力本位的要求，同时注重了学生职业能力和创新能力的培养。

本书以西门子S7-200系列PLC为背景机，共设计了9个模块。前5个模块为基础篇，其余4个模块为提高篇。模块1主要是电动机继电-接触器控制的学习和实践。模块2完成基本逻辑指令的PLC基础性学习和实践。模块3完成PLC常用功能指令的学习和实践。模块4完成PLC顺序控制的学习和实践。模块5完成PLC常用指令综合应用的学习和实践。模块6完成PLC模拟量控制的学习和实践。模块7为液、气、电PLC控制的学习和实践。模块8为PLC通信与网络应用的学习和实践。模块9为触摸屏和变频器综合应用的学习和实践。

本书有以下几个特色：

1. 突出课程的应用性、实践性

本书内容的应用性和实践性充分体现了做中学、学中做的理念，以真实场景为载体、完整的实验装置为支撑，为学生以及社会从业人员的自主学习提供了良好的支持服务。

2. 编写体现信息技术的辅助运用

本书利用信息技术，通过图片、视频、自主开发仿真实验等各种手段，将教学内容直观地显现出来，增强了教材的生动性，体现了教学内容的开放性和互动性，实现了教学资源的共享。

3. 内容与国家职业资格标准相衔接

本书在编写过程中充分联系维修电工国家职业标准，力求使教材内容与维修电工高级工（PLC部分）的国家职业技能要求相融通，便于学生获取相应的职业资格技能证书。

4. 紧跟知识更新的速度

本书增加了通信与网络、触摸屏和变频器控制的综合应用等内容，及时吸收了新知识、新技术、新工艺，使教学内容紧跟自动化技术发展的步伐。

侯宁任本书主编，并编写模块2、3、4、5及附录；黄震宇编写模块6、8、9；模块1、7由邬玉晶编写。全书由侯宁整理定稿。本书的编写还得到了江苏开放大学同事们的大力支持和帮助，在此表示感谢。由于编者水平有限，书中难免有不足之处，敬请读者提出宝贵意见。

编　者

目　录

第 2 篇　提　高　篇

第1篇 基 础 篇

模块1 电动机继电-接触器控制

【学习目标】

1. 掌握常用三相交流异步电动机控制系统的工作原理。
2. 会识读三相交流异步电动机控制系统的安装图和原理图。
3. 能根据原理图选配元器件和连接电气线路。
4. 能按要求独立完成三相交流异步电动机控制系统的安装和调试。
5. 能对三相交流异步电动机控制系统常见故障进行分析并加以排除。
6. 领会安全文明生产要求。

【学习任务】

1. 三相交流异步电动机控制线路的安装与调试。
2. 三相交流异步电动机连续运转控制线路的安装与调试。
3. 三相交流异步电动机正反转控制线路的安装与调试。
4. 三相交流异步电动机Y/△减压起动控制线路的安装与调试。

【学习建议】

本模块是围绕典型电气控制环节的实例展开的，读图能力的培养是学习的基础，控制线路的安装与调试是任务实施的目标。在充分理解基本控制线路的基础上，对于较为复杂的控制线路务必遵循电气控制的规律。学习过程中，可借助多媒体导学课件，边观看边学习，充分体会学中做、做中学的学习方式，为后续PLC控制技术的学习与应用奠定基础。

【关键词】

常用低压电器、电动机控制、电气原理图、安装与运行、通车调试。

任务 1.1　电动机点动控制

1.1.1　任务目标

1. 掌握三相交流异步电动机点动控制线路的工作原理。
2. 会根据任务内容选配相关元器件和连接导线。
3. 能根据线路图独立安装三相交流异步电动机点动控制线路。
4. 能按规范正确调试三相交流异步电动机点动控制线路。
5. 能正确快速排除常见故障现象。

1.1.2　任务描述

点动控制是三相交流异步电动机正转控制线路中一种较为简单的控制线路,其控制方式是:按下按钮电动机才会运转,松开按钮电动机即停转。该线路主要用于短时断续工作的设备和装置中,如电动葫芦、机床辅助运动的电气控制。点动控制线路不需要过载保护。

图 1-1 是三相交流异步电动机点动控制线路的原理图,由主电路和控制电路两部分组成。

点动控制线路控制动作分析:如图 1-1 所示,合上电源隔离开关 QS。

1. 电动机运转

按下起动按钮 SB ——→接触器 KM 线圈得电——→KM 主触点闭合——→电动机 M 得电并进入运行状态

2. 电动机停转

松开按钮 SB ——→接触器 KM 线圈断电——→KM 主触点断开——→电动机 M 失电并停转

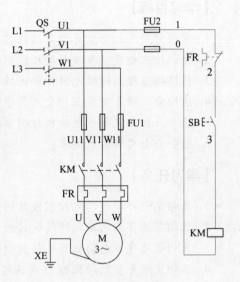

图 1-1　三相交流异步
电动机点动控制线路

1.1.3　任务实现

【看一看】

观看多媒体课件,了解电动机点动控制线路的安装及工作过程。

工作过程描述:按下起动按钮 SB,电动机运转;松开起动按钮 SB,电动机停转。这是一种短时断续控制方式,主要用于设备的快速移动和校正装置。

【做一做】

1. 所需的工具、设备、材料

1) 常用电工工具、万用表等。

2）所需设备、材料见表1-1。

表1-1　设备、材料明细表

序　号	标准代号	器件名称	型号规格	数　量	备　注
1	M	三相交流异步电动机	Y-112M-4/0.75kW	1	380V，2A，1440r/min
2	QS	隔离开关	正泰 NH2-125 3P 32A	1	
3	FU1	熔断器	RT18-32X	1	10A
4	FU2	熔断器	RT18-32X	1	10A
5	KM	交流接触器	CJ10-10，380V	1	
6	SB	起动按钮	LA10-2H	1	绿色
7	XT	接线端子	JX2-Y010	若干	
8	FR	热继电器	NR2-25	1	

2. 线路安装与调试

1）根据表1-1配齐电器元件，并检查各电器元件的质量。

2）根据原理图画出电器元件布置图，如图1-2所示。

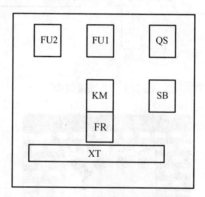

图1-2　电器元件布置图

3）根据电器元件布置图安装元件，各元件的安装位置整齐、匀称、间距合理，便于元件的更换，元件紧固时用力均匀，紧固程度适当。电器元件安装后如图1-3所示。

图1-3　电器元件安装实物图

4）布线。布线时以接触器为中心，按照由里向外、由低至高，先电源电路、再控制电路、后主电路的顺序进行布线，以不妨碍后续布线为原则。电气接线图如图1-4所示。安装后的实物图如图1-5所示。

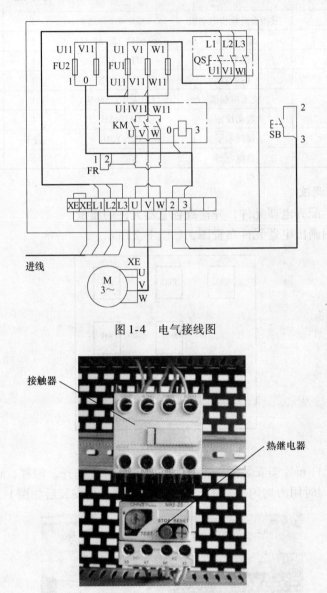

图 1-4　电气接线图

图 1-5　安装实物图

5）检查。通电前，认真检查有无错接、漏接等现象。

6）通电运行。仔细观察接触器的动作情况，观察电动机运转是否正常，若有异常现象应马上断电。

1.1.4 技能实践

【学一学】

1. 认识电气控制系统图

电气控制系统一般由电动机及各种电器元件按一定的生产过程要求连接而成。为了表示电气控制系统的原理，满足系统在安装、维修时的要求，通常将系统的组成及连接关系用图形的形式表达出来，这种图就是电气控制系统图。

电气控制系统图主要有三种：电气原理图、电器元件布置图、电气安装接线图。

（1）电气原理图

1）电气原理图一般由主电路和控制电路两部分组成。主电路是从电源到电动机的大电流通过的电路，通常绘制在原理图的左侧。控制电路通过的电流相对较小，一般包括接触器、继电器的线圈电路，以及主令电器、接触器、继电器的触点，绘制在原理图的右侧。

2）电气原理图中各电器元件不画出实际的外形图，而是按国家标准所规定的图形符号、文字符号进行绘制。同一电器元件的各个部件可以不画在一起，但必须标注相同的文字符号。若有两个以上同类的电器元件，采用相同文字符号后加数字序号的方法，如SB1、SB2。

3）电气原理图中为了方便读图，电器元件应按功能进行布局，一般按动作顺序从上到下、从左到右依次排放。采用垂直布局时，动力电路的电源线绘成水平，主电路则垂直于电源电路，控制电路垂直放在两条电源线之间，线圈等耗能元件应绘制在电路的最下方，类似电器元件应横向对齐。

4）电气原理图中，所有电器元件的图形符号均按未通过电源和没有受外力作用时的状态绘制。例如，接触器的触点符号的方向是：当图形符号垂直绘制时，垂线左侧的触点为常开触点，垂线右侧的触点应为常闭触点；当图形符号水平绘制时，水平线下方为常开触点，而常闭触点则位于水平线的上方。

5）为方便理解电气原理图及电路的功能，可将原理图分为若干图区，并在图区的下方进行编号，在上方用文字标明各图区元件或电路的作用。

6）在控制电路中接触器、继电器线圈的下方，有表示线圈和触点从属关系的说明列表，如图1-6所示。

其含义为：对于接触器，左栏为主触点所在的图区号，中栏为辅助常开触点所在的图区号，右栏为辅助常闭触点所在的图区号。对于继电器，左栏为常开触点所在的图区号，右栏为常闭触点所在的图区号。"×"表示未使用的触点（也可不作标明）。

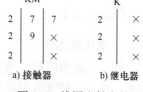

图1-6 线圈和触点的从属关系说明列表

（2）电器元件布置图　电器元件布置图表示控制系统中各电器元件实际的安装位置，包括线槽管及端子板的布置。绘制时要注意的是，图中各元件的文字符号均要与电气原理图中的文字符号相同，图中还需要标注基本的尺寸。某机床线路的电器元件布置图如图1-7所示。

（3）电气安装接线图　电气安装接线图表示控制系统中各电气设备及各电器元件之间的接线关系，为控制线路的安装、调试及维修提供依据。其绘制原则是：

1）各元件应与实际布置位置相一致，同一元件各部件要绘制在一起，并习惯用点画线框起来。

2）各元件的文字符号必须与电气原理图中各元件的文字符号相一致，包括接线端子的编号。

3）为使接线图整洁、清晰、方便读图，走向相同的多根导线可以绘成单根线表示。

4）同一安装底板内的电器元件可以直接连线，但安装底板外的电器元件的连接线必须通过端子板完成连接。

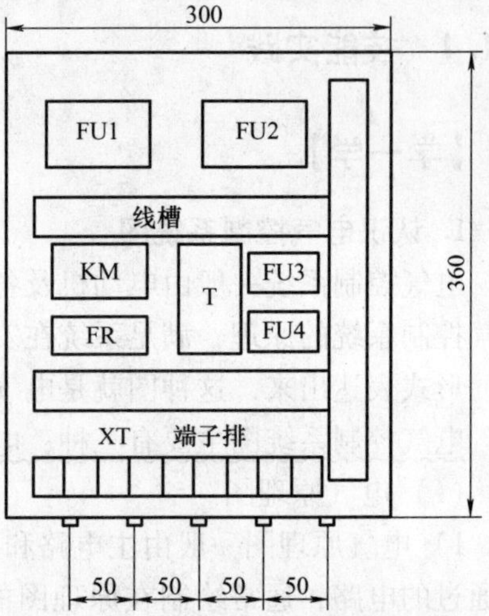

2. 控制线路安装实践

1）阅读控制系统的电气原理图，明确组成电路的电器元件及工作原理，看懂电气原理图中各元件的文字符号的含义。

2）根据电气原理图及元件明细表选配所有电器元件，并检查各元件的好坏。

图 1-7　某机床线路的电器元件布置图

3）绘制所安装的电气控制系统电器元件布置图及电气接线图。

4）按元件布置图安装电器元件。元件固定时要注意用力适当，紧固程度视弹簧垫圈压平为准。

5）按工艺要求进行接线。一般从电源端起，按先主电路后控制电路的顺序进行接线。

6）每一个线号安装时，应先在电路安装板上找到所有该线号连接的元件触点，然后按先内后外的顺序进行布线。

7）主电路的连线应注意同一数字符号有三相，按从左到右的顺序依次连接。

8）连接电动机及电器元件的保护接地线。

9）检查线路。首先核对线号是否与原理图一致，其次检查所有接线点是否接触良好。

10）通电试车。

1.1.5　理论基础

【读一读】

1. 低压断路器

低压断路器旧称自动空气开关，为了与 IEC 标准一致，故改用此名，其外形图如图 1-8 所示。它是一种既有手动开关作用，又能进行自动失电压、欠电压、过载和短路保护的电器，应用极为广泛。

低压断路器可用来分配电能、不频繁地起动异步电动机、对电动机及电源线路进行保护，当它们发生严重过载、短路或欠电压等故障时能自动切断电源，其功能相当于熔断式断路器与过电流继电器、过电压继电器、热继电器等的组合，而且在分断故障电流后，一般不需要更换零部件。

（1）断路器结构　低压断路器主要由触点和灭弧系统、各种脱扣器（包括分励脱扣器、欠电压脱扣器、热脱扣器）、操作机构和自由脱扣机构（包括锁链和搭钩）组成，如图 1-9

所示。

（2）工作原理　如图 1-9 所示，低压断路器的主触点 1 是靠手动操作或自动合闸来动作的。过电流脱扣器 3 的线圈和电源并联。当电路发生短路或严重过载时，过电流脱扣器 3 的衔铁吸合，使自由脱扣机构 2 动作，主触点 1 断开主电路。当电路过载时，热脱扣器 5 的热元件发热使双金属片向上弯曲，推动自由脱扣机构 2 动作。当电路欠电压时，欠电压脱扣器 6 的衔铁释放，也使自由脱扣机构动作。分励脱扣器 4 则作为远距离控制用，正常工作时，其线圈是断电的。需要远距离控制时，按下停止按钮 7，使线圈得电，衔铁带动自由脱扣机构动作，使主触点断开。

图 1-8　断路器外形图

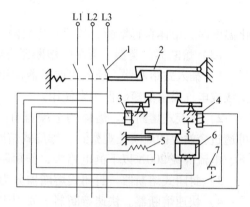

图 1-9　低压断路器结构图

1—主触点　2—自由脱扣机构　3—过电流
脱扣器　4—分励脱扣器　5—热脱扣器
6—欠电压脱扣器　7—停止按钮

（3）图形及文字符号　图 1-10 为断路器图形符号及文字符号。

（4）低压断路器型号　我国生产的主要有 DW10、DW15、DZ5、DZ10、DZ15 等系列，其中 DW10 已经逐渐被淘汰。

（5）断路器选用原则

1）低压断路器的额定电流和额定电压应大于或等于线路、设备的正常工作电压和工作电流。

2）低压断路器的极限分断能力应大于或等于电路最大短路电流。

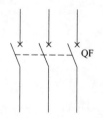

图 1-10　断路器图形
符号及文字符号

3）欠电压脱扣器的额定电压等于线路的额定电压。

4）过电流脱扣器的额定电流大于或等于线路的最大负载电流。

2. 熔断器

熔断器是一种简单而有效的保护电器，在电路中主要起短路保护作用，其外形图如图 1-11 所示。

（1）熔断器结构　熔断器主要由熔体和安装熔体的绝缘管（或盖、座）等部分组成。其中熔体是主要部分，它既是感测元件又是执行元件。熔体是由不同金属材料（铅锡合金、锌、铜或银）制成丝状、带状、片状或笼状，串接于被保护电路。

（2）工作原理　当电路发生短路或过载故障时，通过熔体的电流使其发热，当达到熔

图 1-11　熔断器外形图

化温度时，熔体自行熔断，从而分断故障电路。

（3）熔断器的类型　常用的熔断器有以下几种。

1）插入式熔断器。插入式熔断器常用于 380V 及以下电压等级的电路末端，作为配电支线或电气设备的短路保护来使用。

2）螺旋式熔断器。熔体的上端盖有一熔断指示器，一旦熔体熔断，指示器马上弹出，可透过瓷帽上的玻璃孔观察到。螺旋式熔断器分断电流较大，可用于电压等级 500V 及其以下、电流等级 200A 以下的电路中，作短路保护。

3）封闭式熔断器。封闭式熔断器分为有填料熔断器和无填料熔断器两种。

4）快速熔断器。快速熔断器主要用于半导体整流器件或整流装置的短路保护。

5）自复熔断器。自复熔断器采用金属钠作熔体，当电路发生短路故障时，短路电流产生高温使钠迅速气化，从而限制了短路电流。当短路电流消失后，温度下降，金属钠恢复原来的良好导电性能。自复熔断器只能限制短路电流，不能真正分断电路。

（4）熔断器的型号　熔断器的型号描述如下：

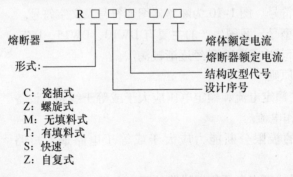

（5）图形符号及文字符号　图 1-12 为熔断器图形符号及文字符号。

（6）熔断器选用原则　选择熔断器时主要考虑熔断器的种类、额定电压、额定电流和熔体的额定电流等。

1）熔断器类型的选择。熔断器的类型主要依据负载的保护特性和短路电流的大小选择。对于容量小的电动机和照明支线，常采用熔断器作为过载及短路保护，因此熔体的熔化系数可适当小些；当短路电流很大时，宜采用具有限流作用的熔断器。

FU

图 1-12　熔断器图形
符号及文字符号

2）熔断器额定电压的选择。熔断器额定电压的选择值一般应等于或大于电气设备的额定电压。

3）熔断器额定电流的选择。对于单台电动机，熔体的额定电流应不小于电动机额定电流的 1.5~2.5 倍。对于多台电动机，应不小于最大一台电动机额定电流的 1.5~2.5 倍加上同时使用的其他电动机额定电流之和。

3. 接触器

接触器通过电磁力作用下的吸合和反力弹簧作用下的释放使触点闭合和分断，从而控制电路的通断，它还具有低电压释放保护功能，接触器具有控制容量大、过载能力强、寿命长、设备简单经济等特点，是电力拖动自动控制电路中使用最广泛的电器元件之一。最常用的分类是按照接触器主触点控制的电路种类来划分，即将接触器分为交流接触器和直流接触器两大类。图 1-13 为接触器外形图。

（1）接触器结构　交流接触器由 4 部分组成，如图 1-14 所示。

图 1-13　接触器外形图

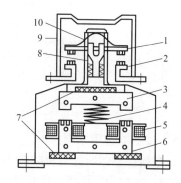

图 1-14　接触器结构图
1—动触点　2—静触点　3—衔铁　4—弹簧
5—线圈　6—铁心　7—垫毡　8—触点弹簧
9—灭弧罩　10—触点压力弹簧

1）电磁机构。电磁机构由线圈、动铁心（衔铁）和静铁心组成，作用是将电磁能转换成机械能，产生电磁吸力，带动触点闭合或断开。

2）触点系统。它包括主触点和辅助触点。主触点用于接通或断开主电路，容量大。辅助触点用于电流较小的控制电路，一般有多对常开、常闭触点。

3）灭弧装置。容量在 10A 以上的接触器都有灭弧装置，对于小容量的接触器，常采用双断口触点灭弧、电动力灭弧、相间弧板隔弧及陶土灭弧罩灭弧。对于 20A 以上的大容量接触器，采用窄缝灭弧及栅片灭弧。

4）其他辅助部件。它包括反作用弹簧、缓冲弹簧、触点压力弹簧、传动机构、支架及外壳等。

（2）工作原理　当线圈得电后，在铁心中产生磁通及电磁吸力，衔铁 3 在电磁吸力的作用下吸向铁心，同时带动动触点 1 移动，使常闭触点打开，常开触点闭合。当线圈失电或线圈两端电压显著降低时，电磁吸力小于弹簧反力，使得衔铁释放，触点机构复位，断开电路或解除互锁。直流接触器的结构和工作原理与交流接触器基本相同。

（3）图形符号及文字符号　图 1-15 为接触器图形符号及文字符号。

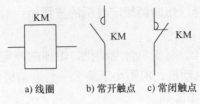

a) 线圈　　　b) 常开触点　　　c) 常闭触点

图1-15　接触器图形符号及文字符号

（4）接触器型号　接触器的型号描述如下：

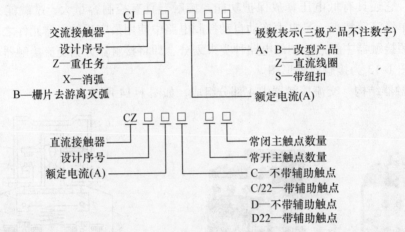

（5）接触器选用原则

1）根据接触器所控制负载的类型选择相应类别的接触器。如负载是一般任务，则选用AC3 类别；负载为重任务，则应选用AC4 类别。

2）接触器极数与电流种类确定。接触器由主电路电流种类来决定是选择直流接触器还是交流接触器。三相交流系统中一般选用三极接触器，当需要同时控制中性线时，则选用四极交流接触器。单相交流和直流系统中常选用两极或三级并联，一般场合选用电磁式接触器，易燃易爆场合应选用防爆型及真空接触器。

3）根据负载工作电流来确定接触器的电流等级。

4）根据接触器主触点接通与分断主电路电压等级来决定接触器的额定电压。

5）接触器吸引线圈的额定电压应由所连接的控制电路确定。

4. 按钮

按钮为控制按钮的简称，是一种结构简单、使用广泛的手动主令电器，它可以与接触器或继电器配合，在控制电路中对电动机实现远距离自动控制，用于实现控制电路的通断。图1-16 为按钮外形图。

图1-16　按钮外形图

（1）按钮结构　控制按钮一般由按钮、复位弹簧、触点和外壳等部分组成，其结构图如图 1-17 所示。

（2）工作原理　如图 1-17 所示，触点 1、2 被称为常闭触点或动断触点，触点 3、4 被称为常开触点或动合触点。常态时在复位弹簧的作用下，由桥式动触点将静触点 1、2 闭合，静触点 3、4 断开；当按下按钮时，桥式动触点将静触点 1、2 断开，静触点 3、4 闭合。

（3）图形符号及文字符号　按钮图形符号及文字符号如图 1-18 所示。

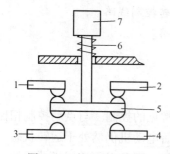

图 1-17　按钮的结构图

1、2—常闭触点　3、4—常开触点

5—桥式动触点　6—复位弹簧　7—按钮

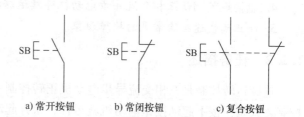

a) 常开按钮　　　b) 常闭按钮　　　c) 复合按钮

图 1-18　按钮图形符号及文字符号

（4）按钮的类型　按钮的分类如下：

1）常开按钮（又称动合按钮）——外力未作用（手未按下）时，触点是断开的，外力作用时，触点闭合，但外力消失后，在复位弹簧作用下自动恢复到原来的断开状态。

2）常闭按钮（又称动断按钮）——外力未作用（手未按下）时，触点是闭合的，外力作用时，触点断开，但外力消失后，在复位弹簧作用下自动恢复到原来的闭合状态。

3）复合按钮——既有常开按钮，又有常闭按钮的按钮组，称为复合按钮。按下复合按钮时，所有的触点都改变状态，即常开触点要闭合，常闭触点要断开。但是，这两对触点的变化是有先后次序的，按下按钮时，常闭触点先断开，常开触点后闭合；松开按钮时，常开触点先复位（断开），常闭触点后复位（闭合）。

（5）按钮型号　常见的按钮型号有 LA18、LA19、LA20、LA25 等。

（6）按钮选用原则

1）根据用途选择按钮形式，如紧急式、钥匙式等。

2）根据环境选择种类，如开启式、放水式等。

3）按照工作状态选择开关的颜色。

【想一想】

1. 接触器有哪几种类型？如何选型？

2. 何为热继电器？有什么作用？

3. 观察自己和其他同学试车时电动机旋转的方向并记录。

任务 1.2 电动机连续运转控制

1.2.1 任务目标

1. 掌握三相交流异步电动机连续运转控制线路工作原理。
2. 会根据任务内容选配相关器件和连接导线。
3. 能根据线路图独立安装三相交流异步电动机连续运转控制线路。
4. 能按规范调试三相交流异步电动机连续运转控制线路。
5. 能正确快速排除常见的故障现象。

1.2.2 任务描述

连续运转控制是三相交流异步电动机正转控制中一种常见的控制。与点动控制相比，其控制方式是：按下起动按钮电动机就运转，松开起动按钮后电动机仍然处于运转状态，要使电动机停转，必须按下停止按钮。由于电动机是连续工作的，因此必须采用过载保护，防止电动机因过载或断相而被损坏。

连续运转控制线路如图 1-19 所示，由主电路和控制电路两部分组成。

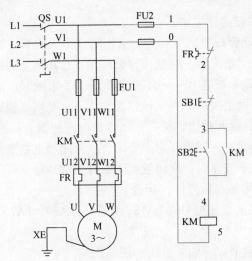

图 1-19 三相异步电动机连续运转控制线路

线路原理分析：首先合上电源隔离开关 QS。

1. 电动机起动

按下起动按钮SB2 ── 接触器KM线圈得电 ┌─ KM主触点闭合 ── 电动机M得电并进入运行状态
　　　　　　　　　　　　　　　　　　　└─ KM辅助常开触点闭合自锁

2. 自锁

当松开起动按钮 SB2 后，由于接触器 KM 辅助常开触点闭合，从而保持接触器线圈得电，这种工作过程称为自锁。

接触器KM线圈得电 ⟶ KM辅助常开触点（自锁触点）闭合 ⟶ 起动按钮SB2被短接 ⟶

接触器线圈继续得电 ⟵ 松开SB2按钮 ⟵

3. 电动机停转

按下停止按钮SB1 ⟶ 接触器KM线圈失电 ⟶ KM线圈常开主触点与辅助触点均断开 ⟶

电动机M失电停转 ⟵ 电动机主电路及控制电路被切断 ⟵

4. 过载保护

电动机出现长期过载 ⟶ 热继电器 FR 的热元件发热 ⟶ 控制电路中BB常闭触点断开 ⟶

电动机过载保护实现 ⟵ 电动机M失电停转 ⟵ KM主触点断开 ⟵ 接触器线圈断电释放 ⟵

1.2.3 任务实现

【看一看】

观看多媒体课件，了解电动机连续运转控制线路的安装及工作过程。

工作过程描述：按下起动按钮 SB2，电动机连续运转；按下停止按钮 SB1，电动机停止。

【做一做】

1. 所需的工具、设备、材料

1）常用电工工具、万用表等。

2）所需设备、材料见表 1-2。

表 1-2 设备、材料明细表

序　号	标准代号	器件名称	型号规格	数　量	备　注
1	M	三相交流异步电动机	Y-112M-4/0.75kW	1	380V，2A，1440r/min
2	QS	隔离开关	正泰 NH2-125 3P 32A	1	
3	FU1	熔断器	RT18-32X	1	10A
4	FU2	熔断器	RT18-32X	1	5A
5	KM	交流接触器	CJ10-10，380V	1	
6	FR	热继电器	NR2-25	1	整定电流为10A
7	SB2	起动按钮	LA10-2H	1	绿色
8	SB1	停止按钮	LA10-2H	1	红色
9	XT	接线端子	JX2-Y010	若干	

2. 线路安装与调试

1）根据表 1-2 配齐电器元件，并检查各电器元件的质量。

2）根据原理图画出电器元件布置图，如图 1-20 所示。

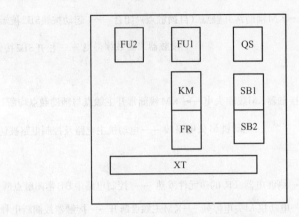

图 1-20 电器元件布置图

3）根据电器元件布置图安装元件，各元件的安装位置应整齐、匀称、间距合理，便于元件的更换，元件紧固时用力要均匀，紧固程度适当。电器元件安装后如图 1-21 所示。

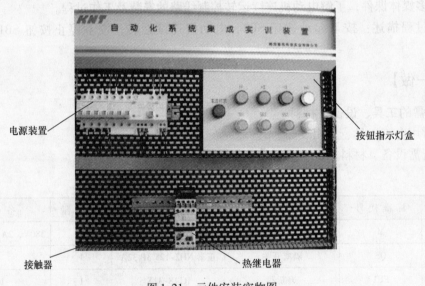

图 1-21 元件安装实物图

4）布线。布线时以接触器为中心，按照由里向外、由低至高，先电源电路、再控制电路、后主电路的顺序进行布线，以不妨碍后续布线为原则。电气接线图如图 1-22 所示。安装实物图如图 1-23 所示。

5）检查。通电前，认真检查有无错接、漏接等现象。

6）通电运行。仔细观察接触器情况，观察电动机运转是否正常，若有异常现象应马上断电。

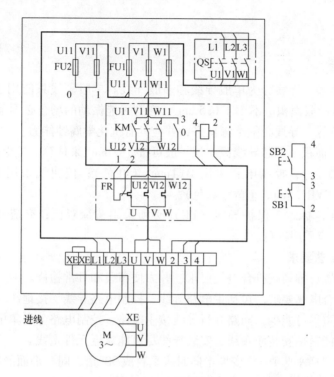

图 1-22　电气接线图

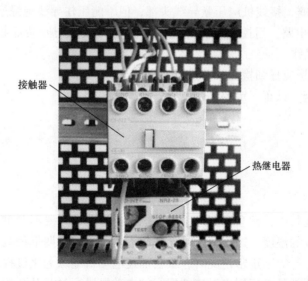

图 1-23　安装实物图

1.2.4 技能实践

【学一学】

1. 导线的选择

（1）导线的类型　导线分为单股导线和多股导线。单股硬线只能用于固定安装在不动部件之间，且导线的截面积应不小于 $0.5mm^2$。在有可能振动的场合必须采用多股软线。

（2）导线的绝缘　导线必须绝缘良好，并应具有抗化学腐蚀能力。

（3）导线的截面积　铜芯导线截面积一般可按 $5A/mm^2$ 来估算。主电路采用 $BV1.5mm^2$ 和 $BVR1.5mm^2$（黑色）；控制电路采用 $BV1mm^2$（红色）；按钮线采用 $BVR0.75mm^2$（红色）；接地线采用 $BVR1.5mm^2$（黄绿双色）。

（4）导线的颜色标志　保护导线（PE）必须采用黄绿双色；交流动力电路应采用黑色；交流控制电路应采用红色。

2. 线路安装工艺要求

1）元件的布置、排列应符合电气要求，并方便布线和日常检修。

2）配线应符合电气要求，包括主电路导线、控制电路导线、接地线。

3）对布线通道尽可能少，同路并行导线按主电路、控制电路分类集中，单层密布。

4）布线尽可能紧贴安装面布线，安装导线尽可能靠近元件走线。

5）布线要求"横平竖直"，变换走向时应垂直成 $90°$ 角。同一平面的导线应高低一致或前后一致，尽量避免交叉。

6）一个接线端子上的导线不得多于两根。软导线与接线端子连接时应压接冷压端子，导线的两端应套上号码管。

7）导线不能裸露，接线桩应压紧导线头部，但不能压住导线绝缘层，不能压圈。

8）应按"先主电路，后控制电路"的顺序进行安装。与安装底板外的电器部件连接时，应通过端子板接线。

9）线路安装完毕应仔细检查，并进行通电试车。

10）安装、检查、试车一定要符合电气安全操作要求。

1.2.5 理论基础

【读一读】

1. 热继电器

在电动机实际运行中，常会遇到过载或欠电压的情况，只要不严重、时间短，电动机绕组的温度不超过允许的温度，这些情况是允许的。但若出现长期带负载欠电压运行、长期过载运行及长期断相运行等不正常情况时，就会加速电动机绝缘老化过程，甚至会导致烧毁电动机绕组。热继电器就是专门用来对连续运行的电动机进行过载及断相保护，防止电动机烧毁的一种电器。热继电器中的发热元件有热惯性，在电路中不能做瞬时过载保护，更不能做短路保护。热继电器实物图如图 1-24 所示。

（1）热继电器结构　热继电器由双金属片、热元件、动作机构、触点系统、整定调整

图 1-24　热继电器实物图

装置和手动复位装置组成。

（2）工作原理　图 1-25 所示为双金属片热继电器的结构示意图。当电动机正常运行时，热元件产生的热量虽能使双金属片 2 弯曲，但还不足以使继电器动作；当电动机过载时，热元件产生的热量增大，使双金属片弯曲位移增大，经过一定时间后，双金属片弯曲到推动导板 4，并通过补偿双金属片 5 与推杆 14 将动触点 9 和常闭触点 6 分开，动触点 9 和常闭触点 6 为热继电器串接于接触器线圈回路的常闭触点，它们断开后使接触器线圈失电，切断电动机的电源，从而起到保护电动机的作用。

（3）图形符号和文字符号　热继电器图形符号和文字符号如图 1-26 所示。

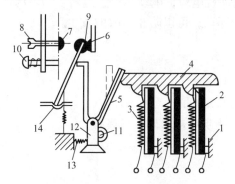

图 1-25　热继电器结构图
1—双金属片固定支点　2—双金属片　3—热元件
4—导板　5—补偿双金属片　6—常闭触点　7—常开触点
8—复位螺钉　9—动触点　10—复位按钮　11—调节旋钮
12—支撑　13—压簧　14—推杆

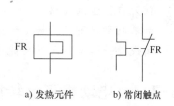

a) 发热元件　　b) 常闭触点

图 1-26　热继电器图形
符号和文字符号

（4）热继电器型号　我国常用的热继电器主要有 JR20、JRS1、JR16 等系列。引进产品有 T 系列（德国 BBC 公司）、3UA（德国西门子公司）、LR1-D（法国 TE 公司）。热继电器型号描述如下：

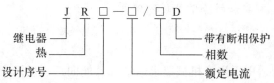

（5）热继电器选用原则

1）以电动机的容量和电压作为选择热继电器的主要依据。

2）热继电器热元件的额定电流一般为电动机额定电流的 0.95～1.05 倍。

3）热继电器的整定电流应等于电动机的额定电流。

2. 自锁

当电动机起动后需要连续运转时，可采用图 1-19 所示的接触器自锁控制线路。当松开起动按钮 SB2 后，由于接触器 KM 辅助常开触点闭合，从而保持接触器线圈得电，这种工作过程称为自锁。

线路的工作原理如下：先合上电源开关 QS。

当松开起动按钮 SB2 后，因为接触器 KM 的辅助常开触点闭合时将 SB2 短接，这时控制电路仍保持接通，即接触器 KM 线圈保持得电，实现了电动机的连续运转，与按钮 SB2 并联起自锁作用的辅助常开触点称为自锁触点。

3. 欠电压和失电压保护

由于电路故障等原因，线路电压会在短时间内出现大幅度下降甚至消失的现象，这会给线路和电气设备带来损伤。欠电压保护是指当线路电压下降到某一数值时，能自动切断电源使电动机停转，避免电动机在欠电压下运行的一种保护，其任务主要是防止设备因过载而烧毁。失电压保护是指电动机在正常运行中，当电源电压突然消失时，能自动切断电动机电源；当电源恢复时，电动机不能自行起动的一种保护，其主要任务是防止电动机自起动。

接触器自锁控制线路具有欠电压和失电压（或零压）保护作用。当线路电压严重下降或消失时，接触器各触点回到原位，切断电动机电源，电动机停止运转。当电源恢复时，起动按钮 SB2 是松开的，因此电动机不会自行起动，可以防止事故的发生。

【想一想】

1. 何为自锁控制线路？

2. 如果电动机不能旋转，试分析可能的故障原因。

3. 请设计一台既能点动又能连续运行的异步电动机的控制线路。

任务 1.3 电动机正反转控制

1.3.1 任务目标

1. 掌握三相交流异步电动机正反转控制线路的工作原理。

2. 根据控制线路，会选配相关元件和连接导线。

3. 会使用常用电工工具及仪表。

4. 能根据线路图独立安装电动机正反转控制线路。

5. 掌握正确调试电动机控制线路的一般方法。

6. 能正确、快捷地判断和排除常见故障现象。

1.3.2 任务描述

电动机正反转控制运用于生产机械要求运动部件能向正、反两个方向运动的场合，如机床工作台的前进与后退控制、圈板机辊子的正反转、电梯起重机的上升与下降控制等场所。从电动机的工作原理可知，只要改变三相异步电动机三相电源的相序即可，改变电动机的旋转方向实现电动机的正反转控制，通常是将其中两相对调，其余一相不变。

常见的双重联锁电动机正反转控制线路如图 1-27 所示，由主电路及控制电路两部分组成。

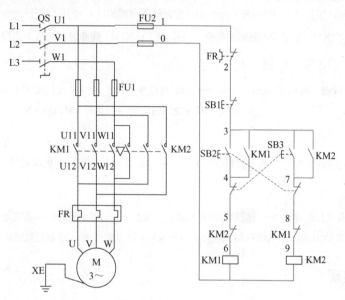

图 1-27　三相异步电动机正反转控制线路

线路工作原理分析：首先合上电源隔离开关 QS。

1. 正向运转

2. 反向运转

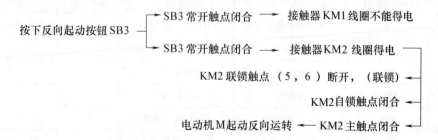

3. 联锁

由于改变电动机的旋转方向是将电动机定子绕组的三相电源中任意两相对调，因此两个接触器线圈不能同时得电，否则会发生严重的相间短路故障，因此必须采取联锁。常用的是双重联锁控制，如图 1-27 所示。

（1）按钮（机械）联锁

按下SB2按钮（或SB3按钮）—→ SB2常闭触点（或SB3）断开 ─┐
KM1或KM2不能同时得电 ←─ KM2（或KM1）线圈通路切断不能得电 ←┘

（2）接触器（电气）联锁

接触器KM1线圈（或KM2线圈）得电 —→ KM1联锁触点（8，9）（或KM2联锁触点）断开 ─┐
KM1或KM2不能同时得电 ←─ 切断KM2（或KM1）线圈通路 ←┘

电动机停止：

按下停止按钮SB1 —→ 整个控制线路失电 —→ 接触器触点复位 —→ 电动机M失电停转

过载保护：

电动机出现长期过载 —→ 热继电器FR的热元件发热 —→ 控制电路中FR常闭触点断开 ─┐
电动机过载保护实现 ←─ 电动机M失电停转 ←─ KM主触点断开 ←─ 接触器线圈断电释放 ←┘

1.3.3 任务实现

【看一看】

观看多媒体课件，了解电动机正反转控制的工作过程及安装过程。

工作过程描述：按下按钮 SB2，电动机正向运转；按下按钮 SB3，电动机反向运转；按下按钮 SB1，电动机停止。

【做一做】

1. 所需的工具、设备、材料

1）常用电工工具、万用表等。

2）所需设备、材料见表 1-3。

表 1-3　设备、材料明细表

序　号	标准代号	器件名称	型号规格	数　量	备　注
1	M	三相交流异步电动机	Y-112M-4/0.75kW	1	380V，2A，1440r/min
2	QS	隔离开关	正泰 NH2-125 3P 32A	1	
3	FU1	熔断器	RT18-32X	1	10A
4	FU2	熔断器	RT18-32X	1	5A
5	KM	交流接触器	CJ10-10，380V	1	
6	FR	热继电器	NR2-25	1	整定电流为10A

（续）

序　号	标准代号	器件名称	型号规格	数　量	备　注
7	SB3	反转按钮	LA10-2H	1	绿色
8	SB2	正转按钮	LA10-2H	1	绿色
9	SB1	停止按钮	LA10-2H	1	红色
10	XT	接线端子	JX2-Y010	若干	

2. 线路安装与调试

1）根据表 1-3 配齐电器元件，并检查各电器元件的质量。

2）根据原理图画出电器元件布置图，如图 1-28 所示。

3）根据电器元件布置图安装元件，各元件的安装位置应整齐、匀称、间距合理，便于元件的更换，元件紧固时用力要均匀，紧固程度适当。电器元件安装后如图 1-29 所示。

4）布线。布线时以接触器为中心，按照由里向外、由低至高，先电源电路、再控制电路、后主电路的顺序进行布线，以不妨碍后续布线为原则。电气接线图如图 1-30 所示。电路接好线后如图 1-31 所示。

5）检查。通电前，认真检查有无错接、漏接等现象。

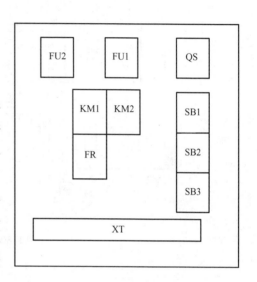

图 1-28　电器元件布置图

6）通电运行。仔细观察接触器的情况，观察电动机运转是否正常，若有异常现象应马上断电。

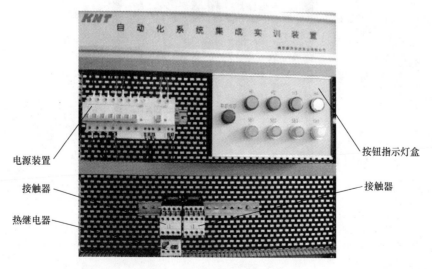

图 1-29　电器元件安装图

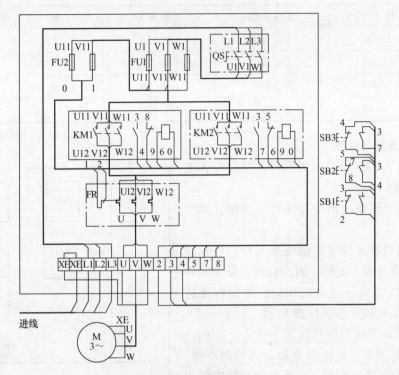

图 1-30 电气接线图

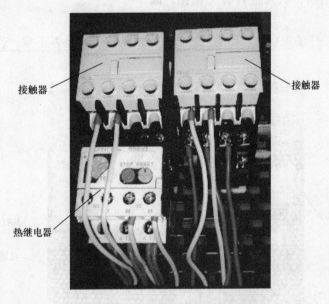

图 1-31 完成的接线图

1.3.4　技能实践

【学一学】

电动机控制线路的通电试车。

（1）试车前的准备

1）检查电路中使用的熔断器、交流接触器、热继电器、起停按钮、时间继电器位置是否正确、元器件有无损坏，使用的导线规格是否符合设计要求，操作按钮和接触器是否灵活可靠，热继电器和时间继电器的整定值是否正确。

2）对照线路图，自行检查线路连接是否正确，接线端的连接是否牢固。

3）断开控制电路对主电路进行检查，用万用表的欧姆挡（或校灯）对主电路对各连接点作通断检查。

4）断开主电路，对控制电路的各连接点作通断检查。在通断检查中，要注意是否有并联支路或其他回路对被测部分的影响，防止产生错误判断。

（2）通电试车

1）拔去主电路熔断器，接通控制电路电源进行通电调试。对电路中各起停按钮进行操作，观察接触器、继电器是否动作；检查自锁、联锁的控制作用是否有效；注意细听接触器、继电器衔铁吸合及触点动作的声音；检查线圈有无发热现象。反复检查数次，以确保控制电路的可靠性。

2）切断电源，恢复主电路熔断器，再接通主电路和控制电路的电源，检查电动机起动、运行是否正常；按下停止按钮观察电动机能否停车。

试车中如有异常立即断电停车，重新检查线路接线和电源电压，排除故障后应重新通电试车。

1.3.5　理论基础

【读一读】

1. 时间继电器

从得到输入信号（即线圈通电或断电）开始，经过一定的延时后才输出信号（延时触点状态变化）的继电器，称为时间继电器。时间继电器根据延时方式可分为通电延时型和断电延时型。时间继电器种类很多，常用的有电磁式、空气阻尼式等，其外形图如图 1-32 所示。下面以空气阻尼式时间继电器为例进行讲述。

（1）时间继电器结构　时间继电器由电磁机构、延时机构和触点组成。图 1-33 为 JS7-A 系列时间继电器（空气阻尼式）结构图。

（2）工作原理　空气阻尼式时间继电器利用空气阻尼原理达到延时的目的。其中电磁机构有交流、直流两种。通电延时型和断电延时型两种时间继电器原理和结构均相同，只是将其电磁机构翻转 180° 安装。如图 1-33 所示，以通电延时型时间继电器为例说明其工作原理。当线圈 1 得电后衔铁 3 吸合，活塞杆 6 在塔形弹簧 8 作用下带动活塞 12 及橡皮膜 10 向上移动，橡皮膜下方空气室形成负压，活塞杆缓慢移动，其移动速度由进气孔气隙大小来决

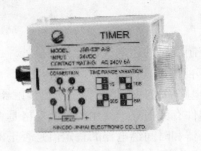

图1-32 时间继电器外形图

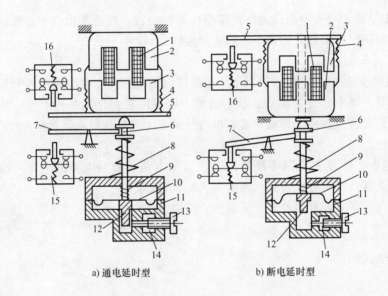

a) 通电延时型   b) 断电延时型

图1-33 JS7-A系列时间继电器（空气阻尼式）结构图

1—线圈 2—铁心 3—衔铁 4—反力弹簧 5—推板 6—活塞杆
7—杠杆 8—塔形弹簧 9—弱弹簧 10—橡皮膜 11—空气室壁
12—活塞 13—调节螺钉 14—进气孔 15、16—微动开关

定。经一段延时后，活塞杆通过杠杆7压动微动开关15，使其触点动作，起到通电延时作用。当线圈断电时，电磁力消失，衔铁释放。橡皮膜下方空气室内的空气通过单向阀迅速排出，使时间继电器迅速复位。

（3）时间继电器类型

1）通电延时型：线圈通电，延时一定时间后延时触点才闭合或断开；线圈断电，触点瞬时复位。

2）断电延时型：线圈通电，延时触点瞬时闭合或断开；线圈断电，延时一定时间后延时触点才复位。

（4）图形符号及文字符号　图 1-34 所示为时间继电器图形符号及文字符号。

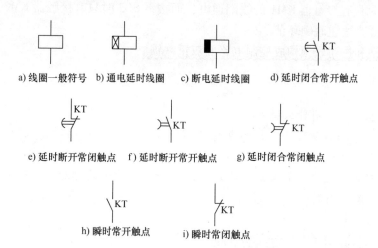

图 1-34　时间继电器图形符号及文字符号

（5）时间继电器型号　时间继电器型号描述如下：

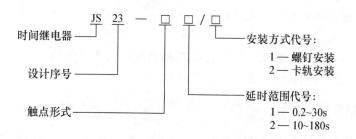

（6）时间继电器选用原则

1）线圈或电源的电流种类和电压等级应与控制电路相同。

2）按控制要求选择延时方式和触点形式。

3）校核触点数量和容量，若不够，可以用中间继电器扩展。

2. 联锁

在一些需要电动机能够正转和反转的场合，通常采用两个接触器 KM1、KM2 来实现，其原理是对电动机三相电源的相序进行换接。图 1-27 为采用按钮和接触器双重联锁的电动机正、反两方向运行的控制线路。

线路的工作原理如下：先合上电源开关 QS。

在 KM1 线圈回路中串入 KM2 的常闭辅助触点，而 KM2 线圈回路中串入 KM1 的常闭触点。当正转接触器 KM1 线圈通电动作后，KM1 的辅助常闭触点断开了 KM2 线圈回路，切断接触器 KM2 的通电回路。当反转接触器 KM2 线圈通电动作后，其辅助常闭触点断开了 KM1 线圈回路，切断接触器 KM1 的通电回路。这就防止了 KM1、KM2 同时吸合造成电源短路的事故，这一环节称为接触器联锁环节。

将按钮 SB2 的常开触点与正转接触器 KM1 线圈串联，常闭触点与 KM2 线圈回路串联。

而将按钮 SB3 的常开触点与反转接触器 KM2 线圈串联, 常闭触点与 KM1 线圈回路串联。这样当按下 SB2 时只有接触器 KM1 的线圈通电, 而按下 SB3 时只有接触器 KM2 的线圈可以通电, 这一环节称为按钮联锁环节。

接触器联锁和按钮联锁构成控制电路的双重联锁。

【想一想】

1. 何为双重联锁? 有什么特点?

2. 试车时, 接触器动作正常, 而电动机 "嗡嗡" 响而不能起动, 故障的原因是什么? 如何检查?

3. 在正反转电路图中, 如果正转不工作, 试分析可能的故障原因。若采用电压测量分段法进行测量, 怎样判别?

任务 1.4 电动机Y/△起动控制

1.4.1 任务目标

1. 掌握三相交流异步电动机Y/△减压起动控制线路的工作原理。
2. 会根据控制线路选择电器元件和连接导线。
3. 会使用常用电工工具与仪表。
4. 能根据线路图独立安装电动机Y/△减压起动控制线路。
5. 能正确、快捷地判断和排除常见故障现象。

1.4.2 任务描述

三相交流异步电动机直接起动即全电压起动时, 控制电路简单, 但起动电流很大, 可达到额定电流的 4~7 倍。当电动机容量较大, 不允许采用全压直流起动时, 应采用减压起动。减压起动时, 利用起动设备将电压降低后, 再加到电动机上, 当电动机的转速升到一定值时, 再转接到额定电压下运行。这种方法虽然可以减小起动电流, 但电动机的转矩与电压的二次方成正比, 电动机的起动转矩也因减压起动而减小, 所以只适用于笼型电动机空载或轻载起动的场合。减压起动的目的是为了限制起动电流。

Y/△减压起动是常用电动机减压起动方法之一。其原理是: 起动时, 将定子三相绕组作星形 (Y) 联结, 以限制起动电流, 待电动机转速接近额定转速时, 再将定子绕组转接成三角形 (△), 使电动机全压运行。采用这种起动方法, 起动电流较小, 起动转矩也较小, 所以一般适用于正常运行为三角形联结、容量较小的电动机作空载或轻载起动。这种起动方法也可频繁起动, 起动电流为直流起动时的 1/3。

按时间继电器控制方式的三相交流异步电动机的Y/△减压起动控制线路如图 1-35 所示, 线路由主电路和控制电路两部分组成。

线路工作原理分析: 首先合上电源隔离开关 QS。

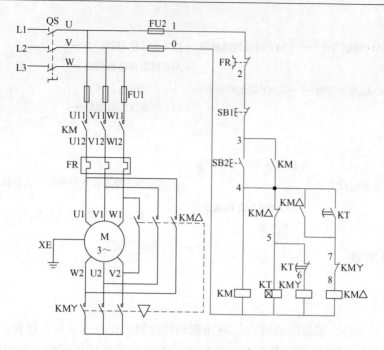

图 1-35　三相交流异步电动机丫/△减压起动控制线路

1. 起动

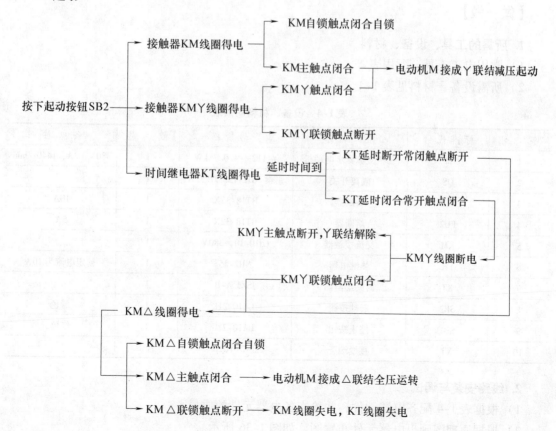

2. 联锁

1）接触器KMY线圈得电 ——→ KMY辅助常闭触点（7，8）断开（联锁）——┐

                                             KM△线圈回路被切断 ←┘

2）接触器KM△线圈得电 ——→ KMY辅助常闭触点（4，5）断开（联锁）——┐

                                             KMY线圈回路被切断 ←┘

3. 停止

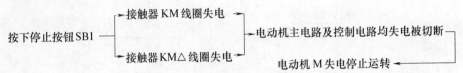

1.4.3 任务实现

【看一看】

观看多媒体课件，了解电动机Y/△减压起动控制的工作过程及安装过程。

工作过程描述：按下按钮 SB2 电动机起动，首先电动机减压起动，待时间继电器达到延迟时间，电动机全压运行；按下按钮 SB1 电动机停止。

【做一做】

1. 所需的工具、设备、材料

1）常用电工工具、万用表等。

2）所需设备、材料见表 1-4。

表 1-4 设备、材料明细表

序 号	标准代号	器件名称	型号规格	数 量	备 注
1	M	三相交流异步电动机	Y-112M-4/0.75kW	1	380V，2A，1440r/min
2	QS	隔离开关	正泰 NH2-125 3P 32A	1	
3	FU1	熔断器	RT18-32X	1	10A
4	FU2	熔断器	RT18-32X	1	5A
5	KM	交流接触器	CJ10-10，380V	1	
6	FR	热继电器	NR2-25	1	整定电流为 10A
7	KT	时间继电器	JSZ3 A-B	1	
8	SB2	起动按钮	LA10-2H	1	绿色
9	SB1	停止按钮	LA10-2H	1	红色
10	XT	接线端子	JX2-Y010	若干	

2. 线路安装与调试

1）根据表 1-4 配齐电器元件，并检查各电器元件的质量。

2）根据原理图画出电器元件布置图，如图 1-36 所示。

3）根据电器元件布置图安装元件，各元件的安装位置应整齐、匀称、间距合理，便于元件的更换，元件紧固时用力要均匀，紧固程度适当。电器元件安装后如图 1-37 所示。

4）布线。布线时以接触器为中心，按照由里向外、由低至高，先电源电路、再控制电路、后主电路的顺序进行布线，以不妨碍后续布线为原则。电气接线图如图 1-38 所示。电路接线完成后如图 1-39 所示。

5）检查。通电前，认真检查有无错接、漏接等现象。

6）通电运行。仔细观察接触器情况，观察电动机运转是否正常，若有异常现象应马上断电。

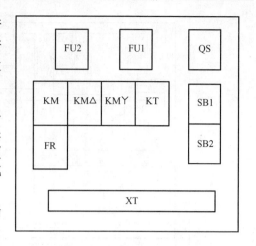

图 1-36　电器元件布置图

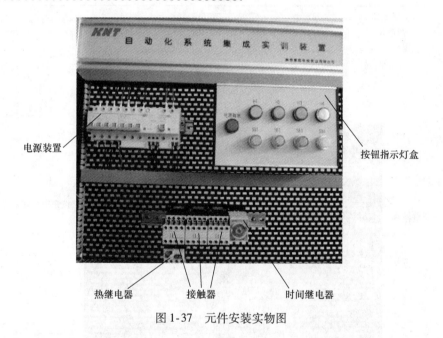

图 1-37　元件安装实物图

1.4.4　技能实践

【学一学】

通常用万用表检查电路有以下方法。

1. 电阻法

以图 1-27 为例来说明检查方法。

（1）主电路的检查　切断电源，取下熔断器，断开控制电路。用万用表 R×1 挡或 R×10 挡，将两表笔分别接在图 1-27 中 U11 与 U、V11 与 V、W11 与 W 两点之间，正常情况万用表指针此时应分别指在 "∞" 位置（断路）。然后，测量位置不变，手动模式按下接

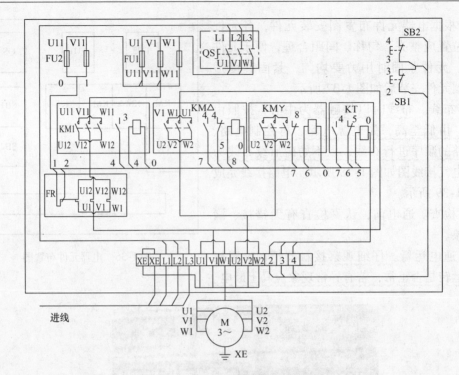

图 1-38　电气接线图

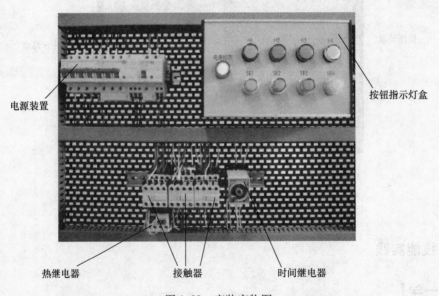

图 1-39　安装实物图

触器 KM1 主触点架，此时，若万用表指针从无穷大位置向右偏转，则表示接触器主触点及热继电器热元件接线正确且动作情况正常。如有不应该出现的断路或短路，则应逐条线路进行检查。

（2）控制电路的检查　断开主电路，恢复控制电路熔断器。用万用表 R×1 挡或 R×10 挡，将两表笔分别接在图中 1 和 5 两点之间，正常情况万用表指针应指在"∞"位置（断路）。按下按钮 SB2，若万用表指针向右偏转，说明按钮 SB2 接线正确且动作正常，万用表指示的电阻值为接触器线圈的电阻。手动模式按下接触器 KM 的触点架，若万用表指针向右偏转，说明接触器接线正确且动作正常，同时接触器自锁辅助常开触点 KM 接线正确且动作良好。如果手动模式按下接触器 KM 触点架的同时按下按钮 SB1，可以观察按钮 SB1 接线及动作是否正常。

（3）联锁环节的检查　检查接触器联锁作用，以图 1-27 正反转控制电路为例。用万用表 R×1 挡或 R×10 挡，将两表笔分别接在图中 3、6 两点，同样手动模式按下接触器 KM1 触点架，万用表指针由"∞"位置向右偏转，再同时按下接触器 KM2 触点架，若万用表指针又回到"∞"位置，说明接触器联锁辅助触点 KM2 接线正确且动作良好。用同样的方法可以检查 KM1 对 KM2 的联锁控制。

检查按钮联锁作用，将两表笔分别接在图中 3、6 两点，按下接触器 KM1 触点架，万用表指针由"∞"位置向右偏转，再同时按下按钮 SB3，若万用表指针又偏向"∞"位置，说明按钮联锁辅助触点 SB3 接线正确且动作正常。用同样的方法可以检查 SB2 对 KM2 的联锁控制。

2. 电压法

经线路检查，一切正常后可以进行通电试车，若出现故障，则可以采用电压法进行故障检查。

采用分段测量法，如图 1-40 所示。断开主电路，在线路不带负荷的情况下，接通电源，按下按钮 SB2，正常情况下接触器 KM 吸合，触点 KM 闭合实现自锁。这时万用表测得各部分电压值如图所示。当触点或线圈发生故障时，可根据测量到的各部分电压情况依次判断故障点，排除故障后再重新试车。

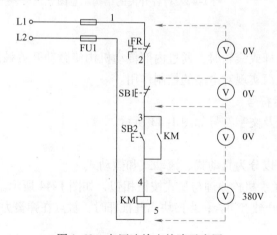

图 1-40　电压法检查故障示意图

1.4.5　理论基础

【读一读】

行程开关又称限位开关，是利用生产机械某些运动部件的碰撞撞开位置开关，将机械信号转化为电信号，以控制其运动方向或行程的小电流主令电器，其实物图如图 1-41 所示。

图 1-41　部分行程开关实物图

1. 结构

行程开关从结构上可分为操作机构、触点系统和外壳 3 部分，如图 1-42 所示。

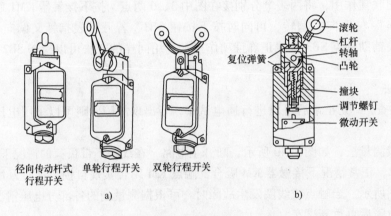

图 1-42　行程开关的结构示意图

2. 工作原理

当移动物体碰撞推杆或滚轮时，通过内部传动机构使微动开关触点动作，即常开、常闭触点状态发生改变，从而实现对电路的控制作用。

3. 图形符号及文字符号

行程开关图形符号及文字符号如图 1-43 所示。

4. 类型

行程开关按结构可以分为直动式、滚动式和微动式。

1）直动式行程开关。机构原理与复式按钮相似，如图 1-44 所示。机床撞块压下推杆时，其常闭触点分开，而常开触点闭合；当撞块离开推杆时，触点在弹簧力作用下恢复原来状态。

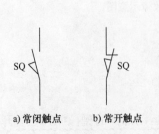

图 1-43　行程开关图形符号及文字符号

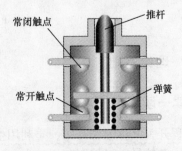

图 1-44　直动式行程开关

2）微动式行程开关。微动式开关体积小、重量轻、动作灵敏，适用于行程控制要求较精确的场合。

5. 型号

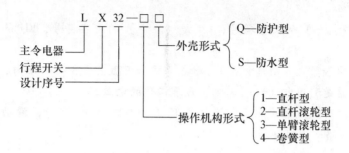

6. 选用原则

1）根据机械位置选择开关形式和型号。

2）根据控制要求确定触点的数量、额定电压和额定电流。

【想一想】

1. Ｙ／△减压起动的条件是什么？

2. 某台设备由一台功率为40kW、额定电流为83A的电动机拖动，由一台500kV·A的变压器供电，问能否全压起动？为什么？

3. 一台三相异步电动机功率为40kW，电压为380V，额定电流为82A，直接起动时的起动电流为492A，问采用Ｙ／△减压起动电流为多大？电压为多少？

【小结】

1. 常用低压电器有：熔断器、断路器、热继电器、按钮（主令电器）、时间继电器、接触器、组合开关、行程开关。低压电器在选用时应遵循的基本原则是安全原则和经济原则。

2. 通常在起动按钮两端并联交流接触器的一对常开触点，构成自锁环节。电器元件之间相互联系和制约的控制构成联锁环节（或互锁）。自锁和联锁控制在电气控制电路中的应用十分广泛，是最基本的控制。

3. 电动机控制线路的安装与调试步骤如下：

(1) 识读电路图，分析电路工作原理。

(2) 根据电路图或元件明细表配齐电器元件，并进行检验。

(3) 绘制布置图和接线图。

(4) 选配主电路和控制电路导线。

(5) 根据接线图布线。

(6) 连接电动机和所有电器元件金属外壳的保护接地线。

(7) 连接电源、电动机等控制板外部的导线。

(8) 自检并交指导教师验收。

(9) 通电试车。

【自主学习题】

1. 填空题

(1) KM 是（　　）的文字符号，FR 是（　　）的文字符号，FU 是（　　）的文字符号。

(2) 电磁式接触器主要由（　　）、触点系统和灭弧装置 3 个部分构成。

(3) 热继电器是利用电流的（　　）原理工作的电器。

(4) 保护线路防止短路的低压电器主要有（　　）和（　　），瞬动型过电流继电器也可以用于保护线路防止短路。

2. 判断题

(1) 按钮主要根据使用场所所需要的触点数、触点形式及颜色来选择。　　　　（　　）

(2) 熔断器与热继电器用于保护三相交流异步电动机时能互相取代。　　　　（　　）

(3) 要求几个条件同时具备时，才使继电器线圈得电动作，可用几个常闭触点与线圈并联的方法实现。　　　　（　　）

(4) 熔断器的安秒特性为顺时限特性，即短路电流越大，熔断时间越长，这就能满足短路保护的要求。　　　　（　　）

(5) 按钮和行程开关都是主令电器，结构基本相同，不同的是按钮是用手来操作的，行程开关是由机械来操作的。　　　　（　　）

3. 简答题

(1) 什么是互锁（联锁）？什么是自锁？试举例说明各自的作用。

(2) 熔断器有哪些主要参数？熔断器的额定电流与熔体的额定电流是不是一样？

(3) 按钮的颜色有什么要求？

(4) 行程开关、接近开关、热继电器、电流继电器、速度继电器分别用于检测哪些物理量？这些物理量分别是来自于电路还是来自于电气设备？

4. 分析设计题

(1) 试设计一台异步电动机的控制线路。要求：

1) 能实现起动、停止的两地控制；

2) 能实现点动调整；

3) 能实现单方向的行程保护；

4) 要有短路和过载保护。

(2) 分析反接制动的工作过程，如图 1-45 所示。

(3) 图 1-46 为控制两台电动机的控制电路，试分析电路有哪些特点。

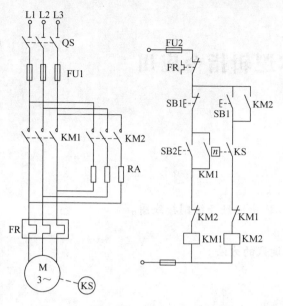

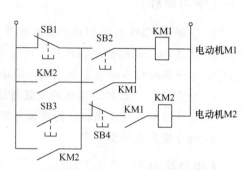

图1-45 电动机单向反接制动控制线路　　　图1-46 控制两台电动机的控制电路

【考核检查】

"模块1 电动机继电-接触器控制"考核标准

任务名称：					
项　目	配分	考 核 要 求	扣 分 点	扣分记录	得　分
任务分析	15	1. 会提出需要学习和解决的问题，会收集相关的学习资料 2. 会根据任务要求进行主要元器件的选择	1. 分析问题笼统扣2分；资料较少扣2分 2. 选择元器件每错1个扣2分		
设备安装	45	1. 会按照图样正确及规划安装 2. 布线符合工艺要求	1. 错、漏线或错、漏元器件扣2分 2. 布线工艺差扣4分		
运行调试	25	1. 会运行系统，结果正确 2. 会分析结果 3. 会调试系统结果	1. 操作错误扣4分 2. 分析结果错误扣4分 3. 调试系统错误扣5分		
安全文明	10	1. 用电安全，无损坏元器件 2. 工作环境保持整洁 3. 小组成员协同精神好 4. 工作纪律好	1. 发生安全事故扣10分 2. 损坏元器件扣10分 3. 工作现场不整洁扣5分 4. 成员之间不协同扣5分 5. 不遵守工作纪律扣2~6分		
任务小结	5	会反思学习过程、认真总结工作经验	总结不到位扣3分		
学生			组别		
指导教师		日期		得分	

模块 2 基本逻辑指令应用

【学习目标】

1. 了解 S7-200 系列 PLC 的基本配置。
2. 熟悉 PLC 的编程规则及基本逻辑指令。
3. 学会根据任务要求分配控制系统输入/输出地址及绘制接线图。
4. 独立完成 PLC 控制系统的安装与运行。
5. 熟悉控制系统应用程序的编写与联机调试的方法。
6. 领会安全文明生产要求。

【学习任务】

1. 三相交流异步电动机正反转 PLC 控制系统的实现。
2. 三相交流异步电动机丫/△起动 PLC 控制系统的实现。
3. 教学铣床 PLC 控制系统的实现。
4. 病房呼叫 PLC 控制系统的实现。

【学习建议】

本模块围绕 4 个控制系统的实现，以工作任务实施的方式展开。内容涉及 PLC 的基本指令以及 PLC 控制系统的安装与调试。阅读时要注意学习的层次，为学习后续控制系统的设计奠定基础。首先通过观看多媒体导学课件了解每一个控制系统的运行情况，再通过实操了解 PLC 控制系统的安装与调试，最后从原理上学习 PLC 控制系统的硬件组成、PLC 的编程规则及基本逻辑指令的应用。

【关键词】

S7-200CN、基本配置、编程规则、基本指令、逻辑设计方法、移植法、地址分配、接线图、安装与运行、联机调试。

任务 2.1 PLC 控制电动机正反转的实现

2.1.1 任务目标

1. 掌握基本逻辑指令的应用、熟悉梯形图的基本编程规则。
2. 了解组合逻辑函数设计法的一般步骤。
3. 学会绘制电动机正反转 PLC 控制系统的接线图。
4. 学会控制系统输入/输出端口的分配及安装方法。

5. 熟悉运用编程软件进行控制系统联机调试。

2.1.2　任务描述

在实际生产中，很多情况都需要机械的运动部件能够进行正、反两个方向的运动，例如工作台的前进与后退、提升机构的上升与下降、机械装置的夹紧与放松等。在电力拖动系统中，这些生产机械往往由三相异步电动机来拖动，这种正、反方向的运动就转化为三相异步电动机的正反转控制。

任务要求：<u>按下正转按钮，电动机开始正转；按下反转按钮，电动机开始反转；按下停止按钮，电动机停止运行。</u>

图 2-1 所示为电动机正反转控制 PLC 接线图。

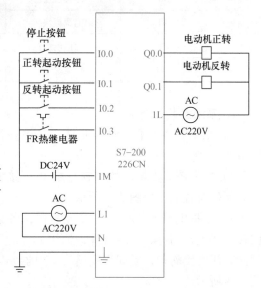

图 2-1　电动机正反转控制 PLC 接线图

2.1.3　任务实现

【看一看】

观看多媒体课件，了解 PLC 控制电动机正反转的工作过程及安装方法。

工作过程描述：按下正转按钮，电动机正转；按下反转按钮，电动机反转；按下停止按钮，电动机停止。所有运行过程都通过 PLC 控制完成。

【做一做】

1. 所需的工具、设备、材料

1）常用电工工具、万用表等。

2）PC（Personal Computer，个人计算机）。

3）所需设备、材料见表 2-1。

表 2-1　设备、材料明细表

序　号	标准代号	器件名称	型号规格	数　量	备　注
1	PLC	S7-200CN	CPU226AC/DC/RLA	1	6ES 7216-28D23-0XB8
2	QS	隔离开关	DZ47LE-3P＋N	1	
3	M	三相交流异步电动机	Y-112M-4/0.75kW	1	380V，2A，1440r/min
4	KM	交流接触器	CJ10-10，380V	2	
5	FR	热继电器	NR2-25	1	整定电流为10A
6	SB1	反转按钮	LA10-2H	1	绿色
7	SB2	正转按钮	LA10-2H	1	绿色

（续）

序 号	标准代号	器件名称	型号规格	数 量	备 注
8	SB3	停止按钮	LA10-2H	1	红色
9	UR	电源模块	DR-120-24	1	24V 直流电源
10	PPI	通信电缆	RS232-485	1	
11	XT	接线端子	JX2-Y010	若干	

2. 系统安装与调试

1）根据表2-1配齐电器元件，并检查各电器元件的质量。

2）根据图2-1给出的控制系统 PLC 接线图设计出电器元件布置图，如图2-2所示。

3）根据电器元件布置图安装元件，各元件的安装位置应整齐、匀称、间距合理，便于元件的更换，元件紧固时用力要均匀，紧固程度适当。电器元件安装后如图2-3所示。

4）布线。布线时按照 PLC 安装布线要求进行布线，PLC 和开关电源尽量远离接触器，PLC 的 I/O 线和大功率线分开走，合理选择接地点。电气接线图如图2-4所示。完成安装后的控制装置如图2-5所示。

5）检查电路。通电前，认真检查有无错接、漏接等现象。

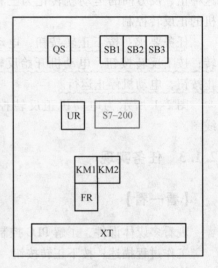

图 2-2　电器元件布置图

图 2-3　电器元件安装实物图

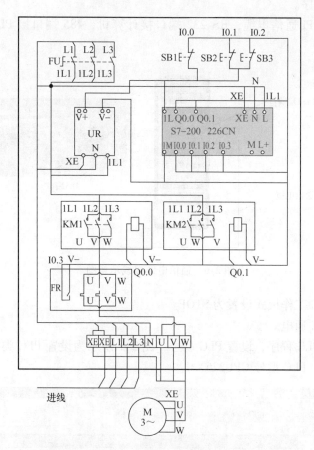

图 2-4 电动机正反转 PLC 控制安装接线图

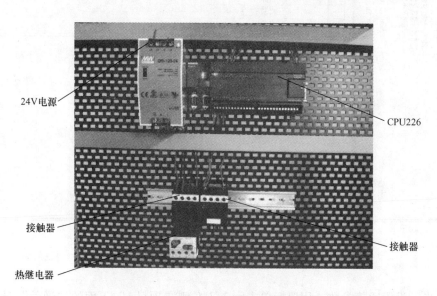

图 2-5 电动机正反转 PLC 控制实物图

6）传送 PLC 程序。

第一步：连接 PPI 通信电缆，RS-232 端口接计算机，485 端口接 PLC 的通信口，如图 2-6 所示。

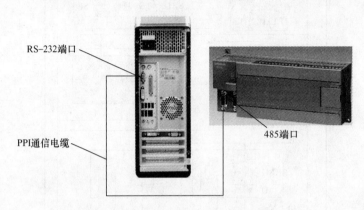

图 2-6 通信电缆接线示意图

第二步：将 PLC 工作模式设置为 STOP。

第三步：给 PLC 通电。

第四步：打开 PLC 程序，设置 PLC 型号，图 2-7 所示为设置 PLC 类型。在 PLC 类型下拉菜单中选择所用的 PLC 型号 CPU226XM。

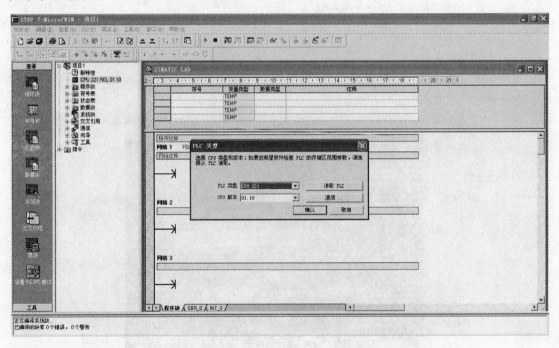

图 2-7 设置 PLC 类型

第五步：设置通信参数。用鼠标单击图 2-7 左侧"项目 1"下面的"通信"选项，出现图 2-8 所示的"通信"设置窗口。窗口左侧显示 PLC 默认的端口地址是 2，右侧显示的是计算机通过 PC/PPI 电缆和 PLC 相连，网络通信地址是 0。单击"通信"设置窗口左下方的"设置 PG/PC 接口"按钮，出现图 2-9 所示的 PG/PC 接口窗口，选择 PC/PPI cable（PPI）选项，然后按顺序单击 Copy、Select、OK 按钮。

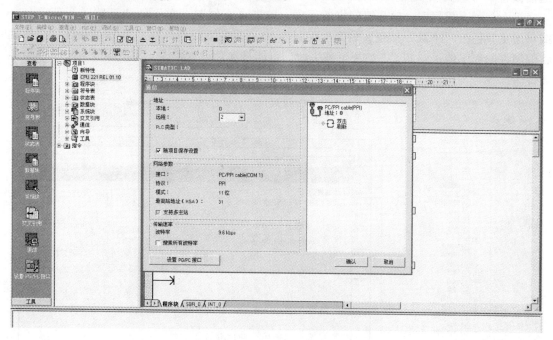

图 2-8　"通信"设置窗口

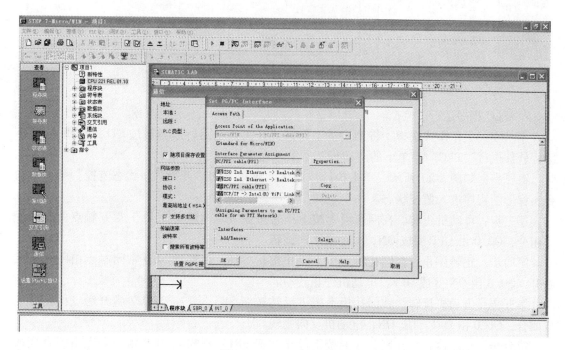

图 2-9　PG/PC 接口窗口

第六步：用鼠标单击图 2-8 所示通信设置窗口中的"双击/刷新"图标，搜索完成，显示搜索到的设备信息，如 PLC 类型（CPU226XM）、接口通信参数（远程 2、PC/PPI cable）、通信波特率（默认）、通信端口等。单击"确认"按钮，联机通信设置过程完成。

第七步：下载程序。打开编制好的程序，单击"文件"菜单下的"下载"子菜单命令或单击工具栏的"下载"按钮，将会出现图 2-10 所示的下载对话框。单击"下载"按钮就将编制好的程序传送到 PLC。如果下载失败，可能是参数设置错误，应按照以上步骤检查各项设置。

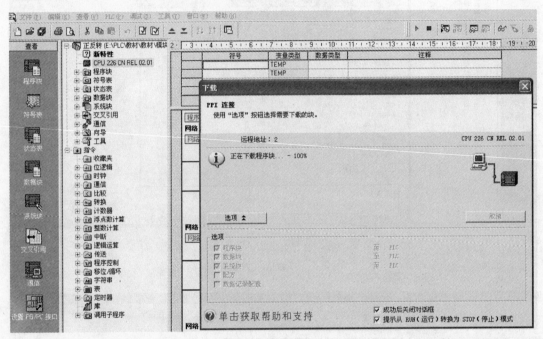

图 2-10　下载对话框

7）PLC 程序运行、监控。

第一步：工作模式选择。将 PLC 的工作模式开关拨至运行或者通过 STEP 7- Micro/WIN 编程软件执行"PLC"菜单下的"运行"子菜单命令。

第二步：如图 2-11 所示，单击执行"调试"菜单下的"开始程序状态监控"子菜单命令，梯形图程序进入监控状态。

第三步：电动机正转。在网孔板上按下正转按钮 SB2，观察到 I0.1 常开触点由断开变成闭合，Q0.0 由 OFF 变成 ON，电动机正向旋转。

第四步：正转停止。在网孔板上按下停止按钮 SB1，观察到 I0.0 常闭触点由闭合变成断开，Q0.0 由 ON 变成 OFF，电动机停止转动。

第五步：电动机反转。在网孔板上按下反转按钮 SB3，观察到 I0.2 常开触点由断开变成闭合，Q0.0 由 OFF 变成 ON，电动机反向旋转。

第六步：正转停止。在网孔板上按下停止按钮 SB1，观察到 I0.0 常闭触点由闭合变成断开，Q0.0 由 ON 变成 OFF，电动机停止转动。

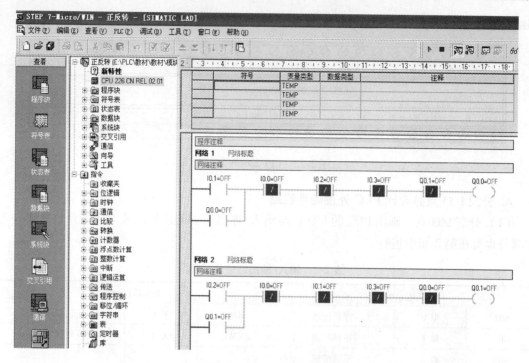

图 2-11　程序调试监控图

2.1.4　技能实践

【学一学】

本任务是设计由 PLC 控制电动机进行正反转运行的控制方案,设计步骤如下。

1. 分析被控对象并提出控制方案

详细分析被控对象的工艺过程及工作特点,了解被控对象机、电之间的配合,提出被控对象对 PLC 控制系统的控制要求,确定控制方案,拟定设计任务书。PLC 控制电动机进行正反转的设计任务较为简单,此步可以省略。

2. 确定输入/输出设备

根据电动机正反转 PLC 控制的控制要求,确定系统所需的全部输入设备(如按钮、位置开关、转换开关及各种传感器等)和输出设备(如接触器、电磁阀、信号指示灯及其他执行器等),从而确定与 PLC 有关的输入/输出设备,以确定 PLC 的 I/O 点数。通过分析,本次任务共需要输入设备为按钮 3 个、热继电器 1 个,因此需占用 4 个输入点;输出设备有接触器 2 个,需占用 2 个输出点,如图 2-1 所示。

3. 选择 PLC

PLC 选择包括对 PLC 的机型、容量、I/O 模块、电源等的选择。本次任务中涉及的元件均为普通常见元件,使用开关量控制为主,且控制所需的输入/输出点数很少,西门子 S7-200 系列中任何一款均能胜任。为方便使用、统一规格,这里选择了 S7-200 系列较常见的 CPU226CN AC/DC/RLY。该型 PLC 主机共 24 个输入点、16 个输出点,使用 220V 交流电,输入部分使用 24V 直流电,输出部分可使用 220V 交流电或 24V 直流电。S7-226CN 外部结构如图 2-12 所示。

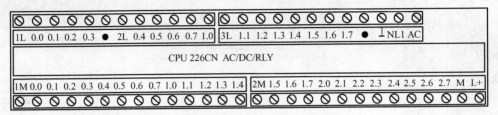

图 2-12　CPU226CN PLC

4. 分配 I/O 点并设计 PLC 外围硬件线路

（1）分配 I/O 点　画出 PLC 的 I/O 点与输入/输出设备的连接图或对应关系，见表 2-2，该部分也可在第 2 步中进行。

表 2-2　输入/输出地址分配表

输入地址分配			输出地址分配		
SB1	I0. 0	停止按钮	KM1	Q0. 0	正转接触器
SB2	I0. 1	正转按钮	KM2	Q0. 1	反转接触器
SB3	I0. 2	反转按钮			
FR	I0. 3	热继电器			

（2）设计 PLC 外围硬件线路　画出电动机正反转 PLC 控制系统其他部分的电气线路图，包括主电路和未进入 PLC 的控制电路等。由 PLC 的 I/O 连接图和 PLC 外部电气线路图组成控制系统的 PLC 接线图，如图 2-1 所示。至此系统的硬件即电气线路已经确定。

5. 程序设计

本次任务采用逻辑设计法来设计程序。

通过工作过程的分析可以得到关于状态转换的真值表，见表 2-3。

表 2-3　状态转换真值表

信 号 触 点					接触器线圈		
SB1	SB2	SB3	FR	KM1′	KM2′	KM1	KM2
0	1	0	0	0	0	1	0
0	0	0	0	1	0	1	0
0	1	0	0	1	0	1	0
0	0	1	0	0	0	0	1
0	0	0	0	0	1	0	1
0	0	1	0	0	1	0	1

注：KM1′和 KM2′表示接触器线圈控制的常开触点，表格中 1 表示有信号或导通，0 表示无信号或断开。

1）根据上述真值表，以接触器线圈 KM1 为对象写出对应的逻辑函数式：

$$KM1 = (SB2 + KM1') \cdot \overline{SB1} \cdot \overline{SB3} \cdot \overline{FR} \cdot \overline{KM2} \tag{2-1}$$

2）同理，可以得到接触器线圈 KM2 的逻辑函数式：

$$KM2 = (SB3 + KM2') \cdot \overline{SB1} \cdot \overline{SB2} \cdot \overline{FR} \cdot \overline{KM1} \qquad (2\text{-}2)$$

将表 2-2 中对应关系代入到式（2-1）和式（2-2）中，根据可编程序控制器中线圈和触点同名的原则，常开触点 KM1′用 Q0.0 代入，常开触点 KM2′用 Q0.1 代入，可以得到式（2-3）和式（2-4）：

$$Q0.0 = (I0.1 + Q0.0) \cdot \overline{I0.0} \cdot \overline{I0.2} \cdot \overline{I0.3} \cdot \overline{Q0.1} \qquad (2\text{-}3)$$

$$Q0.1 = (I0.2 + Q0.1) \cdot \overline{I0.0} \cdot \overline{I0.1} \cdot \overline{I0.3} \cdot \overline{Q0.1} \qquad (2\text{-}4)$$

在可编程序控制器程序中，串联相当于逻辑函数中的"·"运算，并联相当于逻辑函数中的"+"运算，常闭触点相当于取反运算。根据式（2-3）和式（2-4）可得到梯形图程序，图 2-13 所示即为电动机正反转 PLC 控制程序。

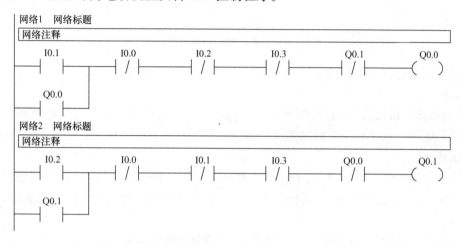

图 2-13　电动机正反转 PLC 控制程序

6. 安装与调试

根据图 2-4 进行安装接线，然后将编制好的电动机正反转 PLC 控制程序下载到 PLC 中，进行程序调试，直到设备运行满足设计要求。

2.1.5　理论基础

【读一读】

1. 基本知识

（1）基本逻辑指令　位逻辑指令是 PLC 中最容易理解，也是应用最多的指令。

1）逻辑取指令　LD（Load）：用于网络块逻辑运算开始的常开触点与母线相连。每个以常开触点开始的逻辑行（或电路块）均使用这一指令。

逻辑取反指令 LDN（Load Not）：用于网络块逻辑运算开始的常闭触点与母线相连。每个以常闭触点开始的逻辑行（或电路块）均使用这一指令。

2）触点串联指令　A（And）：用于单个常开触点的串联连接指令。

常闭触点串联指令　AN（And Not）：用于单个常闭触点的串联连接指令。

3）触点并联或指令 O（Or）：用于单个常开触点的并联。

触点并联或反指令　ON（Or Not）：用于单个常闭触点的并联。

LD、LDN、A、AN、O、ON 指令对应的数据类型为位数据，对应的操作数类型为 I、Q、V、M、SM、S、T、C。

【例1】 串并联应用举例，如图2-14所示。

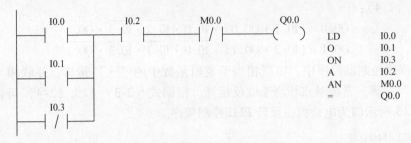

图2-14 例1梯形图及语句表

4）触点取反指令 NOT（Not）：该指令将指令左侧复杂逻辑结果取反，为用户使用反逻辑提供方便。

5）前沿微分输出指令 EU（Edge Up）：前沿微分输出指令是对其之前的逻辑运算结果的上升沿产生一个宽度为一个扫描周期的脉冲。对于开机时就为接通状态的输入条件，EU 指令不执行。

后沿微分输出指令 ED（Edge Down）：后沿微分输出指令是对其之前的逻辑运算结果的下降沿产生一个宽度为一个扫描周期的脉冲。对于开机时就为接通状态的输入条件，ED 指令不执行。

前沿微分输出指令 LAD 格式：—|P|—；后沿微分输出指令 LAD 格式：—|N|—。

NOT、EU、ED 指令对应的数据类型为位数据，属于无操作数指令。

6）输出指令 =（Out）：用于驱动各类继电器的线圈。数据类型为位数据，对应的操作数类型为 Q、V、M、SM、S、T、C。

输出指令的 LAD 格式如下：

（2）S7-200 系列 PLC 的软继电器及其编号

1）S7-200 PLC 的存储单元包括位、字节、字和双字。

二进制数的 1 位（bit）只有 0 和 1 两种不同的取值，可用来表示开关量（或数字量）的两种不同的状态，如触点的断开和接通、线圈的失电和得电等。在梯形图中，如果该位为 1，表示对应的线圈为得电状态，触点为转换状态（常开触点闭合、常闭触点断开）；如果该位为 0，则表示对应线圈、触点的状态与前者相反。

8 位二进制数组成 1 个字节（B），如图 2-15 所示，其中的第 0 位为最低位（LSB），第 7 位为最高位（MSB）。两个字节组成 1 个字（Word），两个字组成 1 个双字，如图 2-16所示。

如图 2-15 所示，I3.2（I 表示输入继电器）表示字节地址为 3，位地址为 2，这种存取方式称为"字节位"寻址

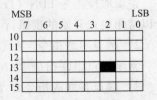

图2-15 位数据存放示意图

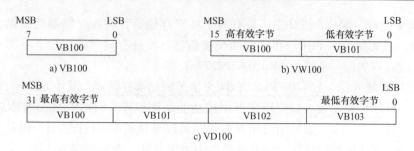

图 2-16　字节、字和双字对同一地址存取操作的比较

方式。

输入字节 IB3（I 表示输入继电器，B 为 Byte 的缩写）是由 I3.0 ~ I3.7 这 8 位组成的，这种存取方式称为"字节"寻址方式。图 2-16a 所示的 VB100 也是字节寻址方式。

相邻的两个字节组成 1 个字，如图 2-16b 所示，VW100（V 表示变量存储器，W 为 Word 的缩写）表示由 VB100 和 VB101 组成的 1 个字，100 为起始字节的地址，这种存取方式称为"字"寻址方式。

相邻的两个字组成一个双字，如图 2-16c 所示，VD100（D 为 Double Word 的缩写）表示由 VB100 ~ VB103 组成的双字，100 为起始字节的地址，这种存取方式称为"双字"寻址方式。

2）S7-200 PLC 的软继电器功能及其编号。

① 输入继电器（I）。输入继电器是 PLC 用来接收用户设备发来的输入信号的接口，每一个输入继电器线圈都与相应的 PLC 输入端相连（如输入继电器 I0.0 的线圈与 PLC 的输入端子 0.0 相连），并有无数对常开和常闭触点供编程时使用。编程时应注意，输入继电器的线圈只能由外部信号来驱动，不能在程序内部用指令来驱动。因此，在用户编制的梯形图中只应出现输入继电器的触点，而不应出现输入继电器的线圈。输入继电器可采用位、字节、字或双字来存取，输入继电器位存取的编号范围为 I0.0 ~ I15.7。

② 输出继电器（Q）。输出继电器是 PLC 用来将输出信号传送到负载的接口，每一个输出继电器都有无数对常开和常闭触点供编程时使用。除此之外，还有一对常开触点与相应的 PLC 输出端相连（如输出继电器 Q0.0 有一对常开触点与 PLC 的输出端子 0.0 相连），用于驱动负载。输出继电器线圈的通断状态只能在程序内部用指令驱动。输出继电器可采用位、字节、字或双字来存取，输出继电器位存取的编号范围为 Q0.0 ~ Q15.7。

③ 变量存储器（V）。变量存储器主要用于模拟量控制、数据运算、设置参数等。变量存储器可按位为单位寻址，也可按字节、字、双字为单位寻址，其位存取的编号范围根据 CPU 的型号有所不同，CPU221/222 为 V0.0 ~ V2047.7，CPU224/226 为 V0.0 ~ V5119.7。

④ 辅助继电器（M）。PLC 中备有许多辅助继电器，其作用相当于继电器控制电路中的中间继电器。辅助继电器线圈的通断状态只能在程序内部用指令驱动，每个辅助继电器都有无数对常开触点和常闭触点供编程使用。但这些触点不能直接输出驱动外部负载，只能在程序内部完成逻辑关系，或在程序中驱动输出继电器的线圈，再用输出继电器的触点驱动外部负载。辅助继电器与输入、输出继电器一样可采用位、字节、字或双字来存取，辅助继电器位存取的编号范围为 M0.0 ~ M31.7。

⑤ 特殊存储器（SM）。PLC 中还备有若干特殊存储器，特殊存储器位提供大量的状态和控制功能，用来在 CPU 和用户程序之间交换信息，特殊存储器能以位、字节、字或双字来存取，其位存取的编号范围为 SM0.0 ~ SM179.7。

⑥ 局部存储器（L）。S7-200 PLC 有 64 个字节的局部存储器，其中 60 个可以作为暂时存储器或给子程序传递参数。如果用梯形图或功能块图编程，STEP7-MicroWIN32 保留这些局部存储器的后 4 个字节。如果用语句表编程，可以寻址所有 64 个字节，但是不要使用局部存储器的最后 4 个字节。局部存储器可按位为单位寻址，也可按字节、字、双字为单位寻址，其位存取的编号范围为 L0.0 ~ L163.7。

⑦ 定时器（T）。PLC 所提供的定时器作用相当于时间继电器，每个定时器可提供无数对常开和常闭触点供编程使用，其设定时间由程序赋予。每个定时器有一个 16 位的当前值寄存器，用于存储定时器累计的时基增量值（1 ~ 32767），另有一个状态位表示定时器的状态。若当前值寄存器累计的时基增量值大于等于设定值，则定时器的状态位被置 1（线圈得电），该定时器的触点转换。定时器的定时精度分别为 1ms、10ms 和 100ms 三种，CPU221、CPU222、CPU224 及 CPU226 的定时器编号范围均为 T0 ~ T255。

⑧ 计数器（C）。计数器用于累计其计数输入端接收到的由断开到接通的脉冲个数。计数器可提供无数对常开和常闭触点供编程使用，其设定值由程序赋予。计数器的结构与定时器基本相同，每个计数器有一个 16 位的当前值寄存器，用于存储计数器累计的脉冲数（1 ~ 32767），另有一个状态位表示计数器的状态。若当前值寄存器累计的脉冲数大于等于设定值，则计数器的状态位被置 1（线圈得电），该计数器的触点转换。计数器的编号范围为 C0 ~ C255。

⑨ 高速计数器（HC）。

⑩ 累加器（AC）。

⑪ 顺序控制继电器（S）。

⑫ 模拟量输入/输出（AI/AQ）。

2. 拓展知识

可编程序控制器常用的编程设计方法有逻辑设计法、移植替换设计法、经验设计法、顺序（步进）控制设计法等多种，这里先介绍一下逻辑设计法。

逻辑设计方法是以逻辑组合或逻辑时序的方法和形式来设计可编程序控制器程序，这种设计方法既有严密可循的规律性、明确可行的设计步骤，又具有简便、直观和十分规范的特点。

组合逻辑设计法的理论基础是逻辑代数。逻辑代数的 3 种基本运算"与"、"或"、"非"都有着非常明确的物理意义。逻辑函数表达式的线路结构与可编程序控制器梯形图相互对应，可以直接转化。

逻辑设计法适合于设计开关量控制程序，它对控制任务进行逻辑分析和综合，将元件的通、断电状态视为以触点通、断状态为逻辑变量的逻辑函数，对经过化简的逻辑函数，利用 PLC 逻辑指令可顺利地设计出满足要求且较为简练的程序。这种方法设计思路清晰，所编写的程序易于优化。

用逻辑设计法进行程序设计一般可分为以下几个步骤：

1）明确控制任务和控制要求，通过分析工艺过程绘制工作循环和检测元件分布图，取得电气执行元件功能表。

2）详细绘制系统状态转换表。通常它由输出信号状态表、输入信号状态表、状态转换主令表和中间记忆装置状态表4个部分组成。状态转换表全面、完整地展示了系统各部分、各时刻的状态和状态之间的联系及转换，非常直观，对建立控制系统的整体联系、动态变化的概念有很大帮助，是进行系统的分析和设计的有效工具。

3）根据状态转换表进行系统的逻辑设计，包括列写中间记忆元件的逻辑函数式和列写执行元件（输出量）的逻辑函数式。这两个函数式组，既是生产机械或生产过程内部逻辑关系和变化规律的表达形式，又是构成控制系统实现控制目标的具体程序。

4）将逻辑设计的结果转化为PLC程序。逻辑设计的结果（逻辑函数式）能够很方便地过渡到PLC程序，特别是语句表形式，其结构和形式都与逻辑函数式非常相似，很容易直接由逻辑函数式转化。当然，如果设计者需要由梯形图程序作为一种过渡，或者选用的PLC的编程器具有图形输入的功能，则也可以首先由逻辑函数式转化为梯形图程序。

【想一想】

1. 尝试用逻辑设计法编写Y/△转换控制程序。

2. 尝试用置位/复位指令编写正反转控制程序。

3. 热继电器若不作为输入点参与程序控制，应该如何处理？

任务2.2 PLC控制电动机Y/△减压起动的实现

2.2.1 任务目标

1. 掌握定时器的应用，熟悉梯形图的基本编程规则。

2. 了解移植替换设计法的一般步骤。

3. 学会绘制电动机Y/△减压起动PLC控制系统的PLC接线图。

4. 学会PLC控制系统输入/输出端口的分配及安装方法。

5. 熟练运用编程软件进行控制系统联机调试。

2.2.2 任务描述

在实际生产中，Y/△减压起动是电气控制中常用的起动控制电路，其作用有两点：一是电动机起动时瞬时电流会达到额定值的5~10倍，减压起动有利于保护电动机线圈，延长工作寿命；二是直接起动时电流过高，减压起动有利于降低对电气线路的冲击。Y/△起动属于减压起动，是以牺牲功率为代价来换取起动电流的降低，一般用于起动时负载轻，运行时负载重的笼型电动机起动。

任务要求：电动机起动时三相电动机的内部绕组为星形联结状态，5s后三相电动机的内部绕组转换为三角形联结状态，三相电动机进入正常工作状态。

系统的PLC接线图如图2-17所示。

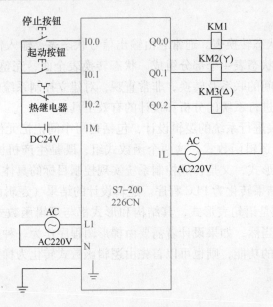

图 2-17 电动机丫/△减压起动控制 PLC 接线图

2.2.3 任务实现

【看一看】

观看多媒体课件,了解 PLC 控制电动机丫/△减压起动的工作过程及安装方法。

按下起动按钮,电动机起动。此时三相电动机的内部绕组为星形联结状态,三相电动机处于减压起动状态,5s 后三相电动机的内部绕组转换为三角形联结状态,三相电动机进入正常工作状态。按下停止按钮,电动机停止。所有运行过程通过 PLC 控制完成。

【做一做】

1. 所需的工具、设备、材料

1) 常用电工工具、万用表等。

2) PC。

3) 所需设备、材料见表 2-4。

表 2-4 设备、材料明细表

序 号	标准代号	器件名称	型号规格	数 量	备 注
1	PLC	S7-200CN	CPU226AC/DC/RLA	1	6ES 7216-28D23-0XB8
2	QS	隔离开关	正泰 NH2-125 3P 32A	1	
3	M	三相交流异步电动机	Y-112M-4/0.75kW	1	380V,2A,1440r/min
4	KM	交流接触器	CJ10-10	3	
5	FR	热继电器	NR2-25	1	整定电流为10A
6	SB1	停止按钮	LA10-2H	1	红色

（续）

序　号	标准代号	器件名称	型号规格	数　量	备　注
7	SB2	起动按钮	LA10-2H	1	绿色
8	UR	电源模块	DR-120-24	1	24V 直流电源
9	XT	接线端子	JX2-Y010	若干	
10		导线	BV-1mm²、0.75mm²	若干	

2. 系统安装与调试

1）根据表 2-4 配齐电器元件，并检查各电器元件的质量。

2）根据图 2-17 所示的 PLC 接线图，画出电器元件布置图，如图 2-18 所示。

3）根据电器元件布置图安装元件，各元件的安装位置应整齐、匀称、间距合理，便于元件的更换，元件紧固时用力要均匀，紧固程度适当。电器元件安装实物图如图 2-19 所示。

4）布线。按照 PLC 安装布线要求进行布线，PLC 和开关电源尽量远离接触器，PLC 的 I/O 线和大功率线分开走，PLC 的输入、输出线分开走，合理选择接地点。安装接线图如图 2-20 所示。完成安装后如图 2-21 所示。

5）检查电路。通电前，认真检查有无错接、漏接等现象。

6）传送 PLC 程序。PLC 通信设置参见任务 2.1。图 2-22 所示为程序下载界面。

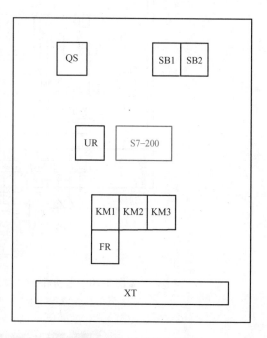

图 2-18　电器元件布置图

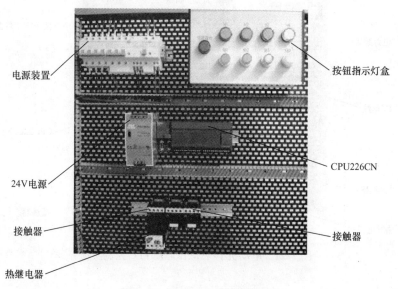

图 2-19　电器元件安装实物图

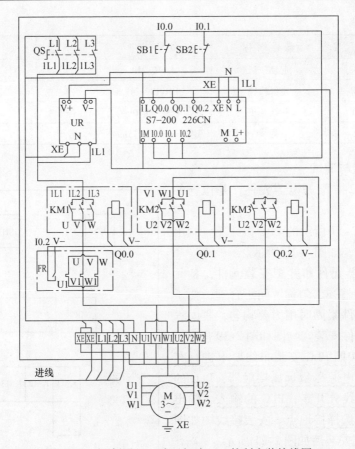

图 2-20 电动机丫/△减压起动 PLC 控制安装接线图

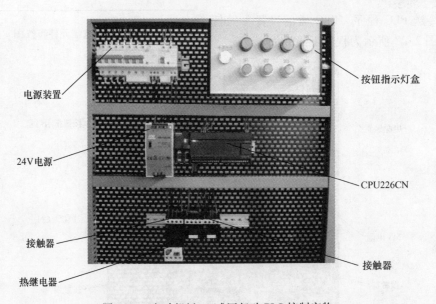

图 2-21 电动机丫/△减压起动 PLC 控制实物

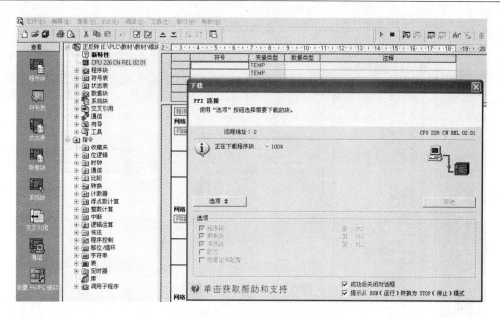

图 2-22　程序下载界面

7）PLC 程序运行、监控。

第一步：工作模式选择。将 PLC 的工作模式开关拨至运行或者通过 STEP 7-Micro/WIN 编程软件执行"PLC"菜单下的"运行"子菜单命令。

第二步：图 2-23 为程序运行界面，单击执行"调试"菜单下的"开始程序状态监控"子菜单命令，梯形图程序进入监控状态。

第三步：电动机起动时，按下网孔板上的起动按钮 SB2，观察 I0.1 常开触点由 OFF 变成 ON，线圈 Q0.0 和 Q0.1 由 OFF 变成 ON，接触器 KM1 和 KM3 吸合，定时器 T37 起动计时，电动机星形起动；5s 后线圈 Q0.2 常开触点由 OFF 变成 ON，Q0.1 常开触点由 ON 变成 OFF，电动机三角形运转。

第四步：电动机停止时，按下网孔板上的停止按钮 SB1，观察 I0.0 常开触点由 OFF 变成 ON，线圈 Q0.0、Q0.2 由 ON 变成 OFF，电动机停止运动。

2.2.4　技能实践

【学一学】

本任务是设计可编程序控制器来控制电动机Y/△减压起动，设计步骤如下。

1. 分析被控对象并提出设计方案

电动机Y/△减压起动是继电器控制电路中的典型电路，在设计 PLC 程序时可以参照继电器控制电路采用"移植替换设计法"进行设计。

2. 确定输入/输出设备

根据系统的控制要求，确定系统所需的全部输入设备（如按钮、位置开关、转换开关及各种传感器等）和输出设备（如接触器、电磁阀、信号指示灯及其他执行器等），从而确定与 PLC 有关的输入/输出设备，以确定 PLC 的 I/O 点数。本次任务共需要输入设备为按钮

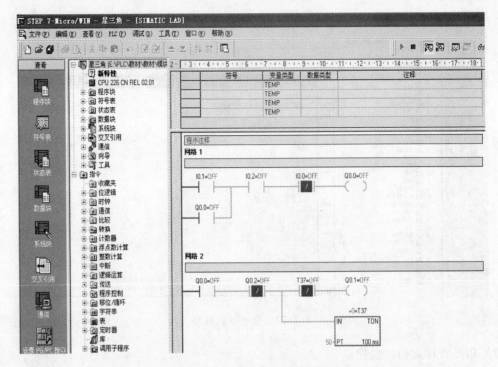

图 2-23　程序调试监控图

2 个、热继电器 1 个；输出设备有接触器 3 个，如图 2-17 所示。

3. 选择 PLC

PLC 选择包括对 PLC 的机型、容量、I/O 模块、电源等的选择。本任务中涉及的元件均为普通常见元件，使用开关量控制为主，且控制所需的输入/输出点数很少，西门子 S7-200 系列中任何一款均能胜任。为方便使用统一规格选择了 S7-200CN 系列较常见的 CPU 226AC/DC/RLY。该型 PLC 主机使用 220V 交流电，输入部分使用 24V 直流电，输出部分可使用 220V 交流电或 24V 直流电。

4. 分配 I/O 点并设计 PLC 外围硬件线路

（1）分配 I/O 点　画出 PLC 的 I/O 点与输入/输出设备的连接图或对应关系表，见表 2-5，该部分也可在第 2 步中进行。

表 2-5　地址分配表

输入地址分配			输出地址分配		
SB1	I0.0	停止按钮	KM1	Q0.0	主接触器
SB2	I0.1	起动按钮	KM2（Y）	Q0.1	星形绕组接触器
FR	I0.2	热继电器	KM3（△）	Q0.2	三角形绕组接触器
定时器分配					
KT	T37	定时			

（2）设计 PLC 外围硬件线路　画出系统其他部分的电气线路图，包括主电路和未进入 PLC 的控制电路等。由 PLC 的 I/O 连接图和 PLC 外围电气线路图组成系统的 PLC 接线图，

至此系统的硬件电气线路已经确定。

5. 程序设计

本任务采用"移植替换设计法"来设计程序,Y/△减压起动电气控制线路如图 2-24 所示。

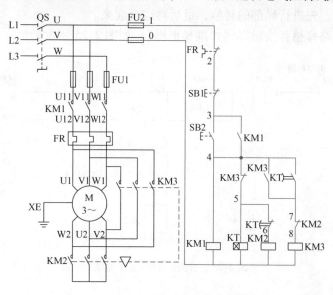

图 2-24 三相异步电动机Y/△控制线路

(1) 分析原有系统的工作原理 了解被控设备的工艺过程和机械的动作情况,根据继电器电路图分析和掌握控制系统的工作原理。

系统工作原理:起动时,将定子三相绕组作星形(Y)联结,以限制起动电流,待电动机转速接近额定转速时,再将定子绕组转接成三角形(△),使电动机全压运行。采用这种起动方法,起动电流较小,起动转矩也较小,所以一般适用于正常运行为三角形联结的、容量较小的电动机作空载或轻载起动,也可频繁起动,起动电流为直流起动时的1/3。

(2) PLC 的 I/O 分配 确定系统的输入设备和输出设备,进行 PLC 的 I/O 分配,画出 PLC 接线图。PLC 的 I/O 分配见表 2-5,PLC 接线图如图 2-17 所示。

(3) 建立其他元器件的对应关系 确定继电器电路图中的中间继电器、时间继电器等各元器件与 PLC 中的辅助继电器和定时器的对应关系。

以上(2)和(3)两步建立了继电器电路图中所有的元器件与 PLC 内部编程元件的对应关系,对于移植设计法而言,这非常重要。在这个过程中应该处理好以下几个问题:

1)继电器电路中的执行元件应与 PLC 的输出继电器对应。本设计中 Q0.0 对应 KM1,Q0.1 对应 KM2(Y),Q0.2 对应 KM3(△),且 PLC 用( )代替接触器符号□。

2)继电器电路中的主令电器应与 PLC 的输入继电器对应。本设计中按钮符号用 PLC 常开触点─┤├─代替。由于 PLC 的输入点较富裕,本任务中热继电器的触点作为 PLC 的输入点处理。热继电器的触点在 PLC 外已经连接为常闭状态,所以移植替换时原来控制电路内部的常闭要改为常开。

3)继电器电路中的中间继电器与 PLC 的辅助继电器对应。

4)继电器电路中的时间继电器与 PLC 的定时器或计数器对应,原电路中的 KT 时间继电器用 PLC 内部 T37 定时器替换。

（4）设计梯形图程序　根据上述对应关系，将继电器电路图"替换"成对应的"准梯形图"，再根据梯形图的编程规则将"准梯形图"转换成结构合理的梯形图。对于复杂的控制电路可化整为零，先进行局部的转换，最后再综合起来。

初次将控制电路移植替换后得到"准梯形图"，如图 2-25 所示。

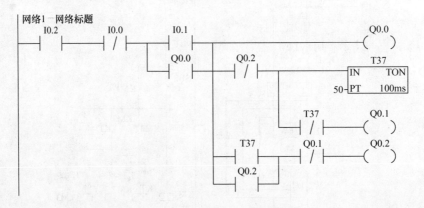

图 2-25　替换后的"准梯形图"

"准梯形图"经检查没有语法错误且逻辑通顺可以使用，但是结构过于复杂，可以把它化整为零，优化一下。经过优化后的梯形图如图 2-26 所示。

（5）仔细校对、认真调试　对转换后的梯形图一定要仔细校对、认真调试，以保证其控制功能与原图相符。经过多次调试后，设备运行正常，符合设计要求，说明程序设计成功。

6. 安装调试

根据图 2-20 进行安装接线，然后将编制好的电动机丫/△减压起动 PLC 控制程序下载到 PLC 中，并进行程序调试，直到设备运行满足设计要求。

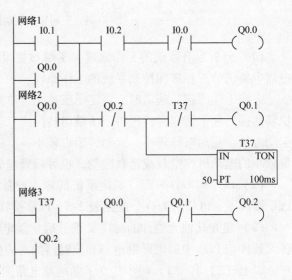

图 2-26　优化后的梯形图

2.2.5　理论基础

【读一读】

1. 基本知识

（1）定时器指令　定时器是 PLC 中最常用的指令之一，西门子 S7-200 系列 PLC 的定时器按工作方式可分为延时接通定时器 TON、延时断开定时器 TOF、保持型延时接通定时器 TONR 三种类型；按时基脉冲又可分为 1ms、10ms、100ms 三种，具体关系见表 2-6。

表 2-6　定时器编号与定时精度

定时器	定时精度/ms	最大值/s	定时器编号
TONR	1	32.767	T0、T64
	10	327.67	T1~T4、T65~T68
	100	3276.7	T5~T31、T69~T95
TON/TOF	1	32.767	T32、T96
	10	327.67	T33~T36、T97~T100
	100	3276.7	T37~T31、T69~T95

　　每个定时器均有一个16位的当前值寄存器和一个1位的状态位，当前值寄存器用于存储定时器累计的时基增量值（1~32767），而状态位用于表示定时器的状态。若当前值寄存器累计时基增量值大于等于设定值，定时器的状态位被置1（线圈得电），该定时器的触点转换。

　　定时器的当前值、设定值PT均为16位整数（INT），允许的最大值为32767。除了常数外，还可以用VW、IW、MW、QW、SMW、T、C、LW、AC、AIW、*VD、*LD、*AC、常数等整型数据作为它们的设定值。定时器的启动端IN一般使用I、Q、V、M、SM、S、T、C、L等位型数据控制。

　　（2）定时器常见的基本应用电路

　　1）延时接通定时器TON（On Delay Timer）的基本应用举例。

　　【例2】　延时接通定时器应用举例。

　　延时接通定时器TON的基本应用如图2-27所示。

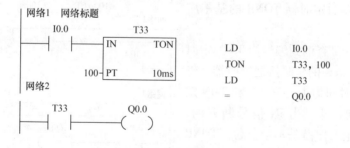

图 2-27　例 2

　　首先从表2-6可查询到编号为T33的定时器是时基脉冲为10ms的延时接通定时器。图中IN端为输入端，当IN端连接的驱动信号接通时定时器开始工作，IN端连接的驱动信号断开时定时器停止工作，并且定时器复位。PT端为设定端，用于设定定时器的设定值。定时器的定时时间等于设定值和时基脉冲的乘积。

　　图中，定时时间 = 100 × 10ms = 1s。当I0.0常开触点接通时，定时器T33开始计时。当定时器计1s时，T33常开触点闭合接通输出线圈Q0.0（此时当前值仍在增长，但不影响状态位的变化）；当I0.0常开触点断开时，定时器T33停止工作并复位，线圈Q0.0停止输出。

　　2）延时断开定时器TOF（Off Delay Timer）的基本应用举例。

　　【例3】　延时断开定时器应用举例。

　　延时断开定时器TOF的基本应用如图2-28所示。

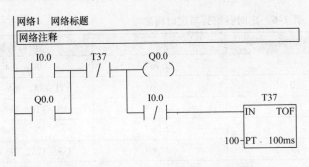

图 2-28 例 3

首先从表 2-6 可查询到编号为 T37 的定时器是时基脉冲为 100ms 的延时接通定时器。图中 IN 端为输入端，当 IN 端连接的驱动信号从接通变为断开时定时器开始工作，IN 端连接的驱动信号再次接通时定时器复位。PT 端为设定端，用于设定定时器的设定值。定时器的定时时间等于设定值和时基脉冲的乘积。

图 2-28 中，定时时间 = 100 × 100ms = 10s。当 I0.0 常开触点接通时，定时器 T37 并不工作，输出线圈 Q0.0 接通并自锁；当 10.0 断开时，T37 开始计时，计时时间到 T37 常闭触点断开，线圈 Q0.0 停止输出。

3）保持型延时接通定时器 TONR（Retentive On Delay Timer）的应用举例。

【例 4】 保持型延时接通定时器应用举例。

保持型延时接通定时器 TONR 的基本应用如图 2-29 所示。

首先从表 2-6 可查询到编号为 T3 的定时器是时基脉冲为 10ms 的延时接通定时器，经过计算可知定时时间为 1s。TONR 和 TON 定时器的主要区别在于，当 IN 信号断开时，TONR 定时器停止工作但是不会复位。TONR 定时器复位时必须使用复位指令（R）。

图 2-29 中，当 I0.0 常开触点接通时，定时器 T3 开始计时。当定时器计到 1s 时，

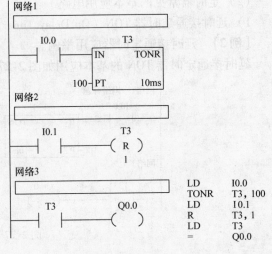

图 2-29 例 4

T3 常开触点闭合，接通输出线圈 Q0.0（此时当前值仍在增长，但不影响状态位的变化）；当 I0.0 常开触点断开时，定时器 T3 停止工作但没有复位，线圈 Q0.0 也没有停止输出；当 I0.1 常开触点接通时，T3 复位，Q0.0 停止输出。

2. 拓展知识

PLC 中的一些控制程序可以参照继电器控制电路来设计，这是由于继电器控制系统经过长期的使用和考验，已经被证明能完成系统要求的控制功能，而继电器电路图又与梯形图有很多相似之处，因此可以将继电器电路图经过适当的"替换"，从而设计出具有相同功能的 PLC 梯形图程序，所以将这种设计方法称为"移植替换设计法"。

设计时可以将输入继电器的触点想象成对应的外部输入设备的触点，将输出继电器的线

圈想象成对应的外部输出设备的线圈。外部输出设备的线圈除了受 PLC 的控制外，可能还会受外部触点的控制。用上述思想就可以将继电器电路图转换为功能相同的 PLC 外部接线图和梯形图。

移植替换设计法步骤如下：

（1）分析原有系统的工作原理　了解被控设备的工艺过程和机械的动作情况，根据继电器电路图分析和掌握控制系统的工作原理。

（2）PLC 的 I/O 分配　确定系统的输入设备和输出设备，进行 PLC 的 I/O 分配，画出 PLC 外部接线图。

（3）建立其他元器件的对应关系　确定继电器电路图中的中间继电器、时间继电器等各元器件与 PLC 中的辅助继电器和定时器的对应关系。

以上（2）和（3）两步建立了继电器电路图中所有的元器件与 PLC 内部编程元件的对应关系，对于移植设计法而言，这非常重要。在这个过程中应该处理好以下几个问题：

1）继电器电路中的执行元件应与 PLC 的输出继电器对应，如交/直流接触器、电磁阀、电磁铁、指示灯等。

2）继电器电路中的主令电器应与 PLC 的输入继电器对应，如按钮、位置开关、选择开关等。热继电器的触点可作为 PLC 的输入，也可接在 PLC 外部电路中，主要是看 PLC 的输入点是否富裕。注意处理好 PLC 内、外触点的常开和常闭的关系。

3）继电器电路中的中间继电器与 PLC 的辅助继电器对应。

4）继电器电路中的时间继电器与 PLC 的定时器或计数器对应。

（4）设计梯形图程序　根据上述对应关系，将继电器电路图"替换"成对应的"准梯形图"，再根据梯形图的编程规则将"准梯形图"转换成结构合理的梯形图。对于复杂的控制电路可化整为零，先进行局部的转换，最后再综合起来。

（5）仔细校对、认真调试　对转换后的梯形图一定要仔细校对、认真调试，以保证其控制功能与原图相符。

【想一想】

1. 尝试用移植替换法设计正反转控制的梯形图。
2. 总结 PLC 内、外触点的常开和常闭的关系。
3. 用定时器设计产生 1h 的周期定时信号。

任务 2.3　教学用模拟铣床的 PLC 控制实现

2.3.1　任务目标

1. 进一步熟悉基本逻辑指令的应用，熟悉梯形图的基本编程规则。
2. 了解经验设计法的一般步骤。
3. 学会绘制 PLC 控制系统的 PLC 接线图。
4. 学会 PLC 控制系统输入/输出端口的分配及安装方法。
5. 熟练运用编程软件进行控制系统联机调试。

2.3.2 任务描述

铣床指主要用铣刀在工件上加工各种表面的机床。通常铣刀旋转运动为主运动，工件（和）铣刀的移动为进给运动。它可以加工平面、沟槽，也可以加工各种曲面、齿轮等。铣床是用铣刀对工件进行铣削加工的机床。铣床除了能铣削平面、沟槽、轮齿、螺纹和花键轴外，还能加工比较复杂的型面，效率较刨床高，在机械制造和修理部门得到了广泛应用。通过可编程序控制器来实现对一台教学用的模拟铣床进行自动化改造，在保持原设备工艺和操作方法的前提下，让整个设备具有更好的协调性，以实现系统响应快、功能强、运行稳定可靠、控制线路简单、维修方便等特点。

任务要求：教学用模拟铣床的运动主要分为 4 个动作，即 3 个进给轴（X 轴、Y 轴、Z 轴）的正反转运动和主轴的运动。下面以 X 轴的进给来举例：当按下 X 轴正向运动按钮时，实现 X 轴电动机的正向运动；当按下 X 轴反向运动按钮时，则 X 轴电动机反向运动。要求使用 PLC 来进行电气改造，控制该教学铣床各轴的运动。

教学用模拟铣床 PLC 控制接线图如图 2-30 所示。

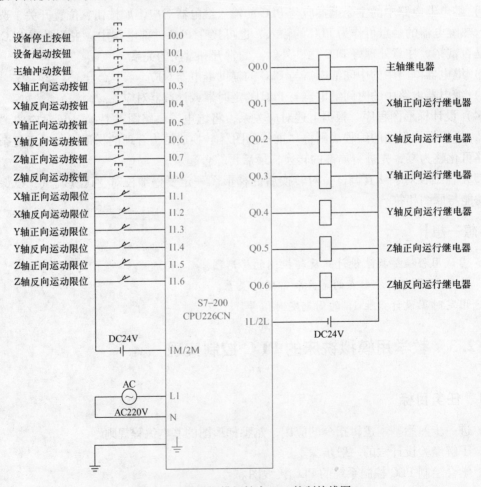

图 2-30　教学用模拟铣床 PLC 控制接线图

2.3.3　任务实现

【看一看】

观看多媒体课件，了解教学用模拟铣床的 PLC 控制系统工作过程及安装方法。

机床的运动主要分为 4 个动作：3 个进给轴的运动和 1 个主轴的运动，进给轴的运动，以 X 轴的进给来举例。当按下 SB4 按钮时，X 轴正向运动，KM2 线路接通，从而实现 X 轴电动机的正向运动；当按下 SB5 按钮时，X 轴反向运动，KM3 线路接通，从而实现 X 轴电动机的反向运动。电动机运动到限位开关（按钮替代）时电动机停止运动，电动机的运动用指示灯替代。其他运动情况如下：SB6 为 Y 轴正向运动按钮，SB7 为 Y 轴反向运动按钮，SB8 为 Z 轴正向运动按钮，SB9 为 Z 轴反向运动按钮，SB1 为设备起动按钮，SB2 为设备停止按钮，SB3 为主轴冲动按钮。

【做一做】

1. 所需的工具、设备及材料

1）常用电工工具、万用表等。

2）PC。

3）所需设备、材料见表 2-7。

表 2-7　设备、材料明细表

序　号	标准代号	器件名称	型号规格	数　量	备　注
1	PLC	S7-200CN	CPU226AC/DC/RLA	1	6ES 7216-28D23-0XB8
2	QS	隔离开关	正泰 NH2-125 3P 32A	1	
3	KM	交流接触器	CJ10-10	1	
4	M	主轴电动机	SMC-YSJ6322（0.72A、380V、250W）	1	
5	HL	指示灯	XB2BVB3LC	7	
6	SQ	限位开关	LA10-2H	6	按钮替代
7	SB	按钮	LA10-2H	9	
8	UR	电源模块	DR-120-24	1	24V 直流电源
9	PPI	通信电缆	RS232-485	1	
10	XT	接线端子	JX2-Y010	若干	
11		导线	BV-1mm²、0.75mm²	若干	

2. 系统安装与调试

1）根据表 2-7 配齐电器元件，并检查各电器元件的质量。

2）根据 PLC 接线图（见图 2-30），画出电器元件布置图，如图 2-31 所示。

3）根据电器元件布置图安装元件，各元件的安装位置应整齐、匀称、间距合理，便于元件的更换，元件紧固时用力要均匀，紧固程度适当。电器元件安装后如图 2-32 所示。

4）布线。按照 PLC 安装布线要求进行布线，PLC 和开关电源尽量远离接触器，PLC 的

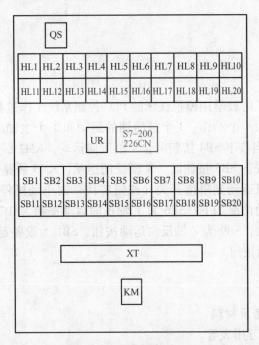

图 2-31 电器元件布置图

图 2-32 电器元件安装实物图

I/O 线和大功率线分开走，PLC 的输入、输出线分开走，合理选择接地点。安装接线图如图 2-33 所示。完成安装后如图 2-34 所示。

5）检查。通电前，认真检查有无错接、漏接等现象。

6）下载程序通电运行。仔细观察接触器情况，观察电动机运转是否正常，若有异常现象应马上断电，重新修整程序或检查线路，直到设备正常运行。图 2-35 所示为程序下载界面，图 2-36 所示为程序调试界面。

7）主轴冲动：按下 SB1 起动按钮和 SB3 主轴冲动按钮，Q0.0 得电，接触器吸合，电

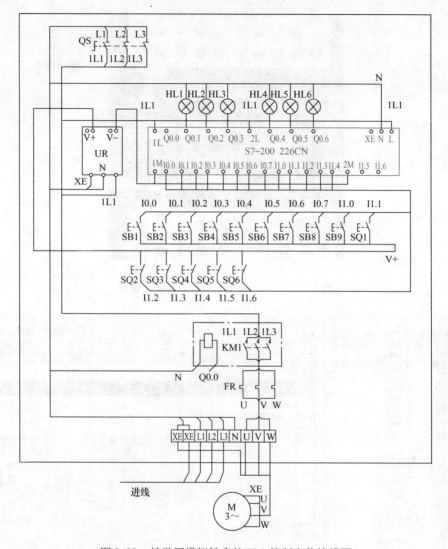

图 2-33　教学用模拟铣床的 PLC 控制安装接线图

动机正转；松开 SB3 按钮，Q0.0 失电，接触器断开，电动机停止运动。

8）X 轴正向运动：按下 SB1 起动按钮和 SB4 按钮，Q0.1 得电，指示灯 HL1 亮；按下正限位开关 SQ1，Q0.1 失电，指示灯 HL1 熄灭。

9）X 轴反向运动：按下 SB1 起动按钮和 SB5 按钮，Q0.2 得电，指示灯 HL2 亮；按下正限位开关 SQ1，Q0.2 失电，指示灯 HL2 熄灭。

2.3.4　技能实践

【学一学】

教学用模拟铣床 PLC 控制程序设计步骤如下。

1. 分析被控对象并提出控制要求

铣床运动主要分为 4 个动作：主轴的运动以及 3 个进给轴的运动。主轴运动是主轴带动

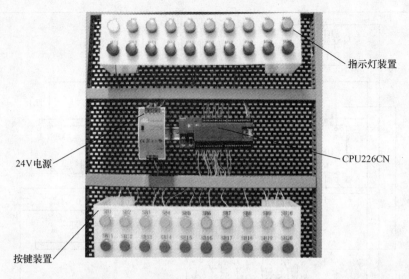

图 2-34 教学用模拟铣床 PLC 控制实物图

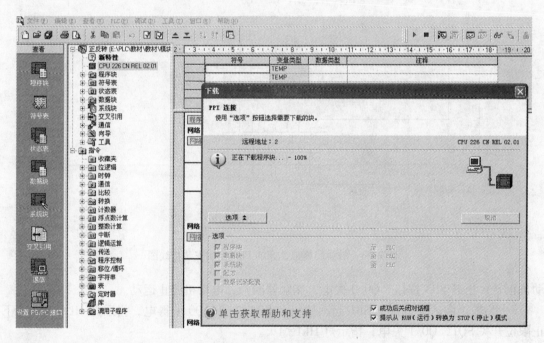

图 2-35 程序下载界面

铣刀的旋转运动,其他运动主要是铣床的工作台带动工件在上、下、左、右、前、后 6 个方向上做直线运动。进给轴运动的前提条件是主轴已经正常工作。以 X 轴的进给来举例:当按下 SB4(X 轴正向运动按钮)时,KM2 线路接通,从而实现 X 轴电动机的正向运动;当按下 SB5(X 轴反向运动按钮)时,KM3 线路接通,从而实现 X 轴电动机的反向运动。Y 轴运动分别由按钮 SB6、SB7 完成;Z 轴运动分别由按钮 SB8、SB9 完成。SB1 为设备起动按钮,SB2 为设备停止按钮,SB3 为主轴冲动按钮。

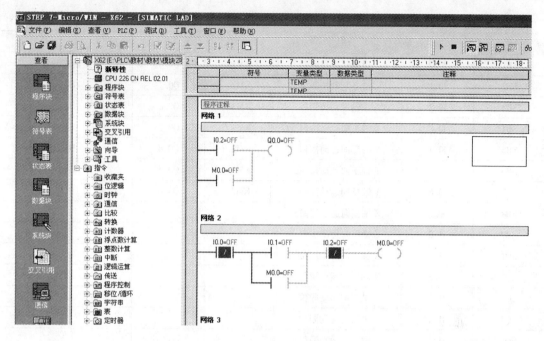

图 2-36　程序调试监控图

2. 确定输入/输出设备

根据系统的控制要求，确定系统所需的全部输入设备（如按钮、位置开关、转换开关及各种传感器等）和输出设备（如接触器、电磁阀、信号指示灯及其他执行器等），从而确定与 PLC 有关的输入/输出设备，以确定 PLC 的 I/O 点数。通过对教学铣床分析可知，主轴运动和工作台运动都是通过点动控制来实现的，所以需要 9 个输入点分配给按钮；另外，工作台运动时需要限位开关进行保护，共需要 6 个限位开关，因此需要分配 6 个输入点，总计需要 15 个输入点。输出部分主要是对 7 个接触器进行控制，共需要 7 个输出点。

3. 选择 PLC

PLC 选择包括对 PLC 的机型、容量、I/O 模块、电源等的选择。本任务中涉及的元件均为普通常见元件，以使用开关量控制为主，用于控制所需的 15 个输入、7 个输出。西门子 S7-200 系列中 CPU226CN AC/DC/RLY 为 24 输入、16 输出，可以满足本次设计要求。该型 PLC 主机使用 220V 交流电，输入/输出元件使用 24V 直流电，而原设计中控制的接触器为交流接触器，改造设计时需要通过直流中间继电器来控制交流接触器。

4. 分配 I/O 点并设计 PLC 外围硬件线路

（1）分配 I/O 点　画出 PLC 的 I/O 点与输入/输出设备的连接图或对应关系表，见表 2-8，该部分也可在第 2 步中进行。

（2）设计 PLC 外围硬件线路　画出系统其他部分的电气线路图，包括主电路和未进入 PLC 的控制电路等。由 PLC 的 I/O 连接图和 PLC 外围电气线路图组成系统的 PLC 接线图，至此系统的硬件电气线路已经确定。

5. 程序设计

本任务采用经验设计法来设计程序。

（1）被控对象对控制的要求　教学用模拟铣床控制要求：

表2-8 地址分配表

输入地址分配			输出地址分配		
SB1	I0.0	设备停止按钮	KM1	Q0.0	主轴接触器
SB2	I0.1	设备起动按钮	KM2	Q0.1	HL1
SB3	I0.2	主轴冲动按钮	KM3	Q0.2	HL2
SB4	I0.3	X轴正向运动按钮	KM4	Q0.3	HL3
SB5	I0.4	X轴反向运动按钮	KM5	Q0.4	HL4
SB6	I0.5	Y轴正向运动按钮	KM6	Q0.5	HL5
SB7	I0.6	Y轴反向运动按钮	KM7	Q0.6	HL6
SB8	I0.7	Z轴正向运动按钮			
SB9	I1.0	Z轴反向运动按钮			
SQ1	I1.1	X轴正向运动限位			
SQ2	I1.2	X轴反向运动限位			
SQ3	I1.3	Y轴正向运动限位			
SQ4	I1.4	Y轴反向运动限位			
SQ5	I1.5	Z轴正向运动限位			
SQ6	I1.6	Z轴反向运动限位			

主轴可以通过主轴冲动按钮控制，按下按钮开始工作，松开按钮则停止工作，也可以用设备起动按钮控制连续运行；主轴处于起动状态后用按钮控制加工平台在X轴、Y轴、Z轴进行正、反向运动；设备处于停止状态时，加工平台不能运动。

（2）程序设计思路 设备的起动与停止可以使用连续运行电路（起保停电路）来实现；主轴运动和平台的运动可以采用点动电路；X轴、Y轴、Z轴进行正、反向运动时，需要用互锁硬件电路进行保护；各方向运行时用限位开关控制运行范围；X轴、Y轴、Z轴的轴向运动必须要在主轴起动后根据需要采用联锁控制电路进行限制。

（3）设计梯形图程序 教学用模拟铣床PLC控制程序如图2-37所示。

6. 安装调试

根据图2-33进行安装接线，然后将编制好的教学用模拟铣床PLC控制程序下载到PLC中，并进行程序调试，直到设备运行满足设计要求。

2.3.5 理论基础

【读一读】

1. 基本知识

PLC中使用语句表编程时，往往会遇到一些较为复杂的程序结构不能直接使用触点"与"或触点"或"指令进行描述，为此各种类型的PLC均有专门用于描述复杂电路的语句表指令，称为堆栈操作指令。常用的堆栈操作指令有以下几种。

1）ALD栈装载与指令（电路块串联指令）：将堆栈中第一层和第二层的值进行逻辑与操作，结果存入栈顶，堆栈深度减1。

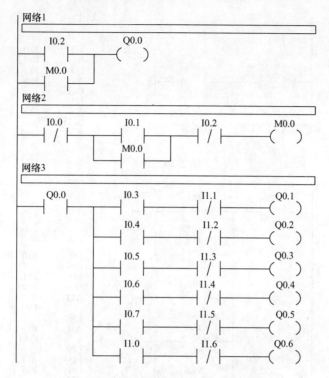

图 2-37 教学用模拟铣床 PLC 控制程序

【例 5】 ALD 指令应用举例（见图 2-38）。

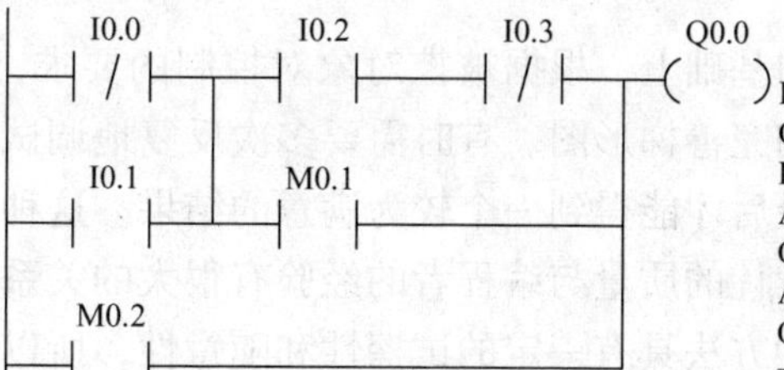

```
LDN    I0.0
O      I0.1
LD     I0.2
AN     I0.3
O      M0.1
ALD
O      M0.2
=      Q0.0
```

图 2-38 例 5

2）OLD 栈装载或指令（电路块并联指令）：将堆栈中第一层和第二层的值进行逻辑或操作，结果存入栈顶，堆栈深度减 1。

【例 6】 OLD 指令应用举例（见图 2-39）。

3）LPS 逻辑入栈指令：复制栈顶的值并将其推入栈，栈底的值被推出并丢失。

4）LRD 逻辑读栈指令：复制堆栈中第二个值到栈顶，堆栈没有推入栈或弹出栈操作，但旧的栈顶值被新的复制值取代。

5）LPP 逻辑出栈指令：弹出栈顶的值，堆栈的第二个值成为栈顶的值。

【例 7】 堆栈指令应用举例（见图 2-40）。

2. 拓展知识

经验设计法也被称为试凑法，这种方法沿用了设计继电器电路图的方法来设计梯形图程

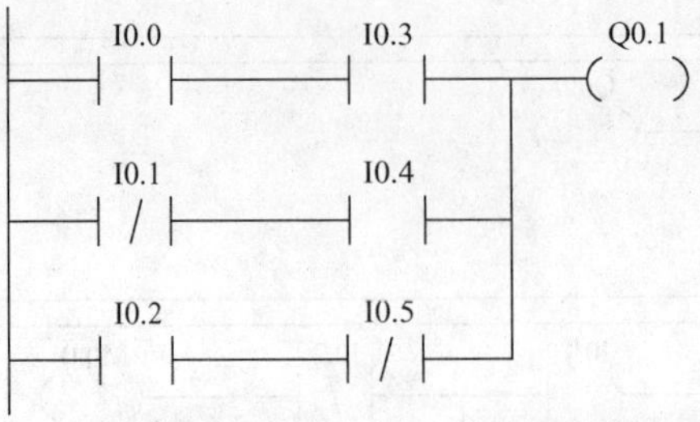

图 2-39 例 6

```
LD    I0.0
A     I0.3
LDN   I0.1
A     I0.4
OLD
LD    I0.2
AN    I0.5
OLD
=     Q0.1
```

图 2-40 例 7

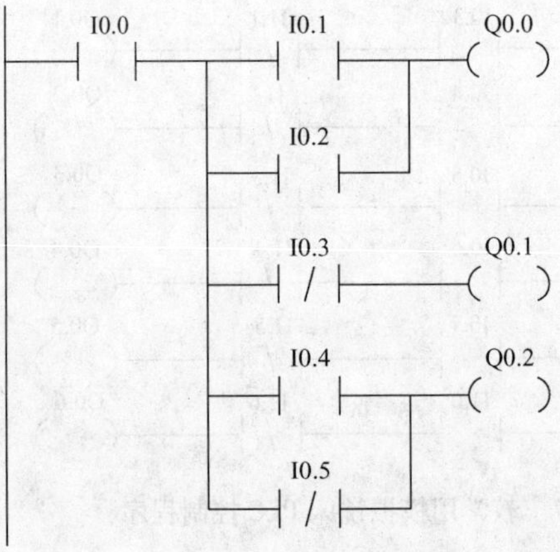

```
LD    I0.0
LPS
LD    I0.1
O     I0.2
ALD
=     Q0.0
LRD
AN    I0.3
=     Q0.1
LPP
LD    I0.4
ON    I0.5
ALD
=     Q0.2
```

序，即在掌握一些典型梯形图的基础上，根据被控对象对控制的要求，先凭经验进行选择、组合梯形图，然后不断地修改和完善梯形图。有时需要多次反复地调试和修改梯形图，不断地增加中间编程元件和触点，最后才能得到一个较为满意的结果。这种方法没有普遍的规律可以遵循，设计所用的时间、设计的质量与编程者的经验有很大的关系，有人把这种设计方法称为经验设计法，又由于这种方法具有一定的试探性和随意性，所以这种方法也被称为试凑法。它可以用于逻辑关系较简单的梯形图程序设计。对于复杂的系统，经验设计法一般设计周期较长、不易掌握，设计出的梯形图可读性差，系统维护困难，一般不建议采用这种设计方法。

用经验设计法设计 PLC 程序时大致可以按下面几步来进行：分析控制要求，选择控制方案；设计主令元件和检测元件，确定输入/输出设备；根据要求选择典型电路，确定基本控制程序；再根据制约要求在程序中加入相关触点；设置保护措施，检查、修改和完善程序。

一些典型继电器控制电路及其基本功能如下：

1）点动电路：可以控制电路工作和停止。

2）连续运行电路（起保停电路）：可以起动电路，使电路自动连续地运行并可以停止。

3）互锁电路：回路之间，利用某一回路的辅助触点，去控制对方的线圈回路，进行状态保持或功能限制。一般对象是对其他回路的控制，如正反转电路。

4）联锁控制电路：当设定的条件没有满足，或内外部触发条件变化时，引起相关联的电气、工艺控制设备发生工作状态、控制方式的改变，如顺序起动、顺序停止等电路。

【想一想】

1. 尝试将本任务中教学用模拟铣床的控制梯形图转换为 STL 语句。
2. 考虑将本设计的梯形图进行优化修改，优化后的程序有什么优势？
3. 本次设计中如要加入热继电器进行过载保护，请问应该怎么加？

任务 2.4　病房呼叫 PLC 控制系统的实现

2.4.1　任务目标

1. 熟悉置位、复位、复位优先、置位优先指令的应用。
2. 进一步熟悉编程方法和编程技巧，选择合适的编程方法设计程序。
3. 学会绘制病房呼叫系统 PLC 控制接线图。
4. 学会 PLC 控制系统输入/输出端口的分配及安装方法。
5. 熟练运用编程软件进行控制系统联机调试。

2.4.2　任务描述

病房呼叫系统设计主要包括两部分：普通病房和重病房设计。

普通病房任务设计要求：

1）每个病床床头均有紧急呼叫按钮和重置按钮，方便病人紧急呼叫。

2）设每层楼有一个护士站，每个护士站均有该楼层病人紧急呼叫和处理完毕的重置按钮。

3）当病人按下紧急呼叫按钮，并且没有在 5s 之内重置，该病人的床头和房间门口的指示灯闪烁，同时护士站的指示灯闪烁。

4）护士站紧急呼叫灯闪烁后，护士须先按下护士处理按钮取消灯的闪烁，再到病房处理紧急情况，只有病房内紧急情况处理结束后才可以按下床头的重置按钮，停止床头和房间门口灯的闪烁。如果护士直接到病房对紧急状况进行处理，那么处理后对床头灯进行复位，护士站灯的指示灯也被复位。

重病房任务设计要求：

1）重病房内有两个呼叫按钮，重病房内的看护人员需要护士协助时可以按下第一个按钮通知护士站，另一个按钮是病人有突发状况时，看护人员呼叫医师和护士用的。

2）重病房的每次紧急呼叫如果在 10min 内没有人按下重置按钮，也就是 10min 内没有对紧急状况做出判断和处理，自动向医院会诊中心进行呼叫，会诊中心的会诊指针灯闪烁和蜂鸣器响起，会诊中心专家按下重置按钮将会诊中心的呼叫信号解除，并到重病房进行会诊。

3）重病房的每次紧急呼叫进行计数，以便医生了解病人状态。

病房呼叫系统 PLC 接线图如图 2-41 所示。

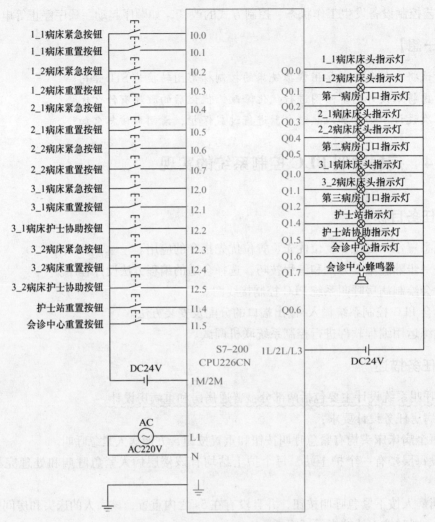

图 2-41 病房呼叫系统 PLC 控制接线图

2.4.3 任务实现

【看一看】

观看多媒体课件，了解 PLC 控制病房呼叫系统的工作过程及安装方法。

病房呼叫系统设计主要包括两部分：普通病房和重病房设计，普通病房病人可以通过床头的呼叫按钮呼叫护士；重病房病人或者护工可以通过床头呼叫按钮呼叫护士或者要求急救会诊；护士或者医生处置呼叫完成后可以通过复位按钮取消呼叫。

【做一做】

1. 所需的工具、设备及材料

1）常用电工工具、万用表等。

2）PC。

3）所需设备、材料见表 2-9。

表 2-9　设备、材料明细表

序　号	标准代号	器件名称	型号规格	数　量	备　注
1	PLC	S7-200CN	CPU226AC/DC/RLA	1	6ES 7216-28D23-0XB8
2	QS	隔离开关	正泰 NH2-125 3P 32A	1	
3	SB1~SB8	普通病房按钮	XB2-BA42C	8	
4	SB9~SB14	重病房按钮	XB2-BA42C	6	
5	SB15	护士站按钮	XB2-BA42C	1	
6	SB16	会诊中心按钮	XB2-BA42C	1	
7	HL1~HL6	普通病房指示灯	XB2BVM3LC	6	
8	HL7~HL9	重病房指示灯	XB2BVM3LC	3	
9	HL10~HL11	护士站指示灯	XB2BVM3LC	2	
10	HL12	会诊中心指示灯	XB2BVM3LC	1	
11	HA	会诊中心蜂鸣器	XB2BVM3LC LED	1	
12	UR	电源模块	DR-120-24	1	
13	XT	接线端子	JX2-Y010	若干	

2. 系统安装与调试

1）根据表 2-9 配齐电器元件，并检查各电器元件的质量。

2）根据图 2-41 所示的 PLC 接线图，画出电器元件布置图，如图 2-42 所示。

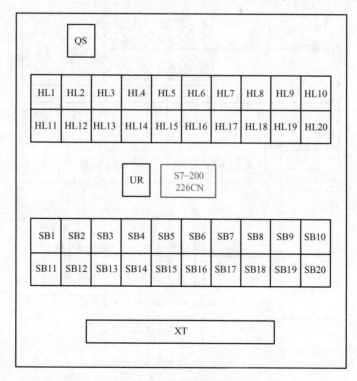

图 2-42　电器元件布置图

3）根据电器元件布置图安装元件，各元件的安装位置应整齐、匀称、间距合理，便于元件的更换，元件紧固时用力要均匀，紧固程度适当。电器元件安装后如图2-43所示。

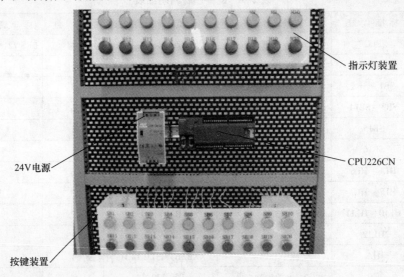

图 2-43 电器元件安装实物图

4）布线。按照 PLC 安装布线要求进线布线，PLC 和开关电源尽量远离接触器，PLC 的 I/O 线和大功率线分开走，PLC 的输入、输出线分开走，合理选择接地点。安装接线图如图2-44 所示，安装后如图2-45 所示。

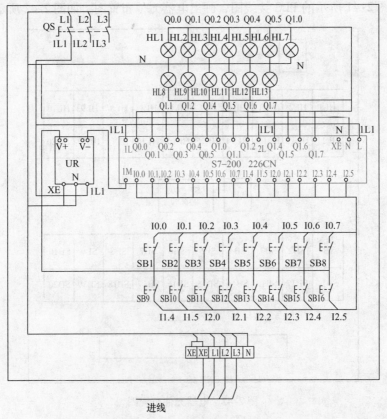

图 2-44 病房呼叫系统 PLC 控制安装接线图

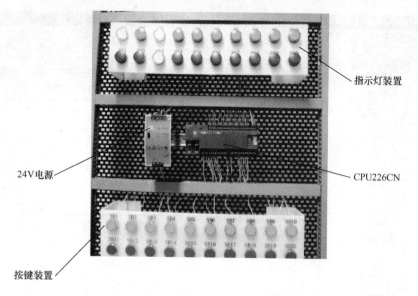

图 2-45　病房呼叫系统 PLC 控制实物图

5）检查。通电前，认真检查有无错接、漏接等现象。

6）下载程序通电运行。仔细观察，若有异常现象应马上断电，重新修整程序或检查线路，直到设备正常运行。图 2-46 所示为程序下载界面，图 2-47 所示为程序调试界面。

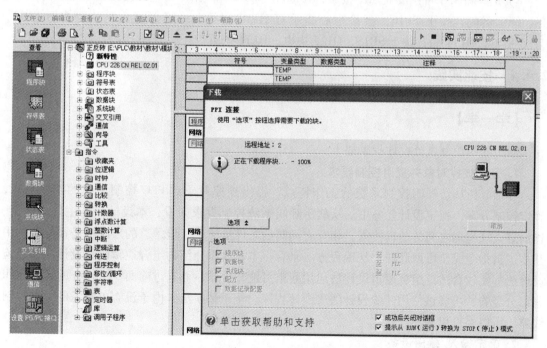

图 2-46　程序下载界面

7）1_1 病床呼叫：按下 SB1 按钮 5s 后且在 5s 内没有按下重置按钮 SB2，Q0.1、Q0.2、Q1.4 得电，1_1 病床床头指示灯 HL1、第一病房门口指示灯 HL2、护士站指示灯 HL10 亮；按下重置按钮 SB2 后，指示灯 HL1、HL2、HL10 熄灭。

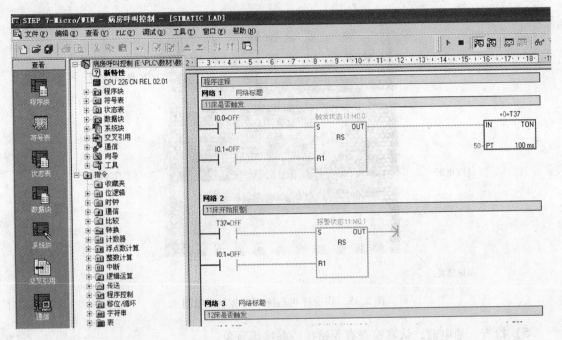

图 2-47　程序调试监控图

8）3_1 病床呼叫：按下 SB9 按钮，10min 后 Q1.6 和 Q1.7 得电，会诊中心指示灯 HL12 亮、蜂鸣器响；按下 SB16，会诊中心指示灯 HL12 熄灭、蜂鸣器停止鸣叫；按下 SB11，Q1.5 得电，HL11 亮；按下 SB15，Q1.5 失电，HL11 熄灭。

2.4.4　技能实践

【学一学】

病房呼叫控制系统设计步骤如下。

1. 分析被控对象并提出控制要求

详细分析病房呼叫控制系统的工作特点，提出被控对象对 PLC 控制系统的控制要求，确定控制方案，拟定设计任务书。从病房呼叫系统控制要求来看，本设计任务主要是按钮、指示灯、蜂鸣器之间的逻辑控制，相互之间制约条件虽然多，但是总的来说不是很复杂，用基本逻辑指令完全可以胜任。从编程方法来看，本模块中介绍的组合逻辑函数设计法和经验设计法都比较合适。组合逻辑设计法运用起来可能较困难，而通过前面 3 个任务的学习已积累部分经验，可尝试使用经验设计法来设计程序。至于替换法，由于没有可参考的电气控制线路，所以在这里并不合适。

2. 确定输入/输出设备

根据病房呼叫控制系统的控制要求，确定系统所需的全部输入设备（如按钮、位置开关、转换开关及各种传感器等）和输出设备（如接触器、电磁阀、信号指示灯及其他执行器等），从而确定与 PLC 有关的输入/输出设备，以确定 PLC 的 I/O 点数。本任务共需要输入设备：按钮 16 个，所以需要 16 个输入点；输出设备：指示灯 12 个、蜂鸣器 1 个，共 13

个输出点。

3. 选择 PLC

PLC 选择包括对 PLC 的机型、容量、I/O 模块、电源等的选择。本任务中涉及的元件均为普通常见元件，使用开关量控制为主，且控制所需的输入/输出点数较多，共需 16 输入 13 输出，为满足要求和方便使用，这里选择了 S7-200 系列较常见的 CPU226CN AC/DC/RLY。该型 PLC 主机使用 220V 交流电，输入/输出元件可使用 24V 直流电，共有 24 个输入点、16 个输出点，可以满足工作要求。

4. 分配 I/O 点并设计 PLC 外围硬件线路

（1）分配 I/O 点　画出 PLC 的 I/O 点与输入/输出设备的连接图或对应关系表，见表 2-10，该部分也可在第 2 步中进行。

表 2-10　地址分配表

输入地址分配			输出地址分配		
SB1	1_1 病床紧急按钮	I0.0	HL1	1_1 病床床头指示灯	Q0.0
SB2	1_1 病床重置按钮	I0.1	HL2	1_2 病床床头指示灯	Q0.1
SB3	1_2 病床紧急按钮	I0.2	HL3	第一病房门口指示灯	Q0.2
SB4	1_2 病床重置按钮	I0.3	HL4	2_1 病床床头指示灯	Q0.3
SB5	2_1 病床紧急按钮	I0.4	HL5	2_2 病床床头指示灯	Q0.4
SB6	2_1 病床重置按钮	I0.5	HL6	第二病房门口指示灯	Q0.5
SB7	2_2 病床紧急按钮	I0.6	HL7	3_1 病床床头指示灯	Q1.0
SB8	2_2 病床重置按钮	I0.7	HL8	3_2 病床床头指示灯	Q1.1
SB9	3_1 病床紧急按钮	I2.0	HL9	第二病房门口指示灯	Q1.2
SB10	3_1 病床重置按钮	I2.1	HL10	护士站指示灯	Q1.4
SB11	3_1 病床护士协助按钮	I2.2	HL11	护士站协助指示灯	Q1.5
SB12	3_2 病床紧急按钮	I2.3	HL12	会诊中心指示灯	Q1.6
SB13	3_2 病床重置按钮	I2.4	HA	会诊中心蜂鸣器	Q1.7
SB14	3_2 病床护士协助按钮	I2.5			
SB15	护士站重置按钮	I1.4			
SB16	会诊中心重置按钮	I1.5			

（2）设计 PLC 外围硬件线路　画出系统其他部分的电气线路图，包括主电路和未进入 PLC 的控制电路等。由 PLC 的 I/O 连接图和 PLC 外围电气线路图组成系统的 PLC 接线图，至此系统的硬件电气线路已经确定。

5. 程序设计

本设计采用经验设计法，并考虑复位优先指令进行设计。由于各床呼叫重置条件相似，所以只需完成其中一张床位的控制设计，其余仿照套用即可，这里针对 1_1 床呼叫控制进行设计。

1_1 病床状态分为触发状态 M0.0、报警状态 M0.1。触发状态用来记录呼叫按钮有无触发，开始计时，重置按钮可将触发状态复位；报警状态用来判断触发时间是否到 5s 并开始报警，重置按钮可将触发状态复位。护士站分为报警状态 M4.0 和护士开始处理状态 M4.3，护士站报警状态由病房报警触发并由病房复位按钮撤销；护士开始处理状态由护士站触发并由病房复位按钮撤销。1_1 床控制程序梯形图设计如图 2-48 所示。

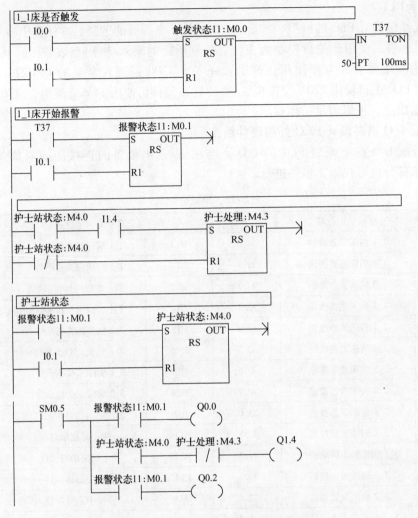

图 2-48　1_1 床控制程序梯形图

其余普通病房的呼叫控制设计和 1_1 床设计相似，重病房呼叫设计触发重置条件略有不同但大体类似，程序如图 2-49 所示（内容见光盘）。

6. 安装与调试

根据图 2-44 所示进行安装接线，然后将编制好的病房呼叫 PLC 系统控制程序下载到 PLC 中，并进行程序调试，直到设备运行满足设计要求。

2.4.5　理论基础

【读一读】

1. 基本知识

（1）置位/复位指令

1）基本置位/复位指令：S 置位（置 1）指令（Set）、R 复位（置 0）指令（Reset）。

置位指令主要是将位存储区的指定位（bit）开始的 N 个同类存储器位置位；复位指令主要是将位存储区的指定位（bit）开始的 N 个同类存储器位复位。

S/R 指令的 LAD 格式如下：

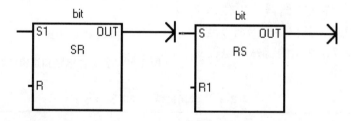

S/R 指令对应的数据类型 bit 使用位数据，N 使用字节数据或常数。位对应的操作数可以为 Q、V、M、SM、S、T、C。N 对应的操作数可以为 IB、QB、VB、SMB、SB、LB、AC、MB、常数等。

使用置位/复位指令时要注意以下几点：

① S、R 指令具有记忆功能。当使用 S 指令时，其线圈具有自保持功能；当使用 R 指令时，自保持功能消失。

② S、R 指令的编写顺序可任意安排，但当 S、R 指令同时接通时，编写顺序在后的指令执行有效。

③ 当用复位指令时，如果是对定时器 T 位或计数器 C 位进行复位，则定时器位或计数器位被复位，同时定时器或计数器的当前值被清零。

④ 为了保证程序的可靠运行，S、R 指令的驱动通常采用短脉冲信号。

2）复合置复位指令：SR 置位优先指令（Set-Dominate Bistable）。

SR 指令 S1 端接通时 bit 位置 1，当 R 端接通时 bit 位置 0。S1 端和 R 端同时接通时置位优先。

3）复合置复位指令：RS 复位优先指令（Reset-Dominate Bistable）。

SR 指令 S 端接通时 bit 位置 1，当 R1 端接通时 bit 位置 0。S 端和 R1 端同时接通时复位优先。指令的 LAD 格式如下：

（2）梯形图的基本绘制原则总结

1）NETWORK（网络）N：NETWORK 为网络段，后面的 N 是网络序号。为了使程序容易被读懂，可以在 NETWORK 后面输入程序标题或注释，程序标题和注释仅起到说明、解释的作用，并不参与程序的执行。

2）编程顺序：梯形图按照从上到下、从左到右的顺序绘制，每个逻辑行从左母线开始，到线圈或指令结束。一般来说，触点放在左侧，线圈和指令盒放在右侧，且线圈和指令盒的右边不能再有触点。线圈和指令盒不能与左母线直接相连。

3）地址分配：对外接电路各元件分配地址，输入/输出地址编号的分配必须是主机或扩展模块本身实际提供的，其他地址编号分配必须在所用系统支持范围内进行。

4）内、外触点的配合：在梯形图中应该选择设备所连接的输入继电器的触点类型。输入触点用以表示用户输入设备的输入信号，应该采用常开触点还是常闭触点，与两方面因素有关：一是输入设备所用的触点类型，二是控制电路要求的触点类型。

可编程序控制器无法识别输入设备用的是常开触点还是常闭触点，只能识别输入电路是接通还是断开。

5）软元件使用次数：软元件是指用于可编程序控制器编程使用的各种继电器、定时器、计数器及各种数据寄存器。一般来说软元件的常开、常闭触点可以任意多次重复使用，不受限制。同一个线圈不能重复使用，在同一个程序内只能使用一次。

6）能流：能流可以看成是一种虚拟的"电流"，是为了方便理解梯形图时引入的概念，就是说可以假设梯形图的母线上有"电流"，触点接通到哪里"电流"就流到哪里，"电流"通到哪里，哪里的线圈就能"得电"动作。梯形图中这种"电流"只能从左到右流动，层次改变只能先上后下。

2. 拓展知识

（1）置复位电路和逻辑电路的等价关系 置位、复位指令在某种程度上可以代替起、保、停电路。通过比较图 2-50 所示的几个梯形图可知，虽然它们外形差异明显，但从工作效果来看是一致的。I0.0 有效时 Q0.0 接通置 1，I0.1 有效时 Q0.0 断开复位，所以这些电路在编程中可以互相替代。

（2）特殊存储器（SM） PLC 中还备有若干特殊存储器，特殊存储器位提供大量的状态和控制功能，用来在 CPU 和用户程序之间交换信息，特殊存储器能以位、字节、字或双字来存取，其位存取的编号范围为 SM0.0 ～ SM179.7，常用的特殊继电器见表 2-11。

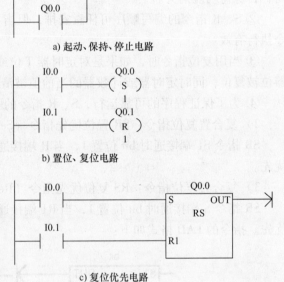

a) 起动、保持、停止电路

b) 置位、复位电路

c) 复位优先电路

图 2-50 置复位电路和逻辑电路的等价关系

表 2-11 常用的特殊继电器

特殊存储位			
SM0.0	该位始终为 1	SM1.0	操作结果 =0
SM0.1	首次扫描为 1	SM1.1	结果溢出或非法值
SM0.2	保持数据丢失时为 1	SM1.2	结果为负数
SM0.3	开机进入 RUN 时为 1，保持 1 个扫描周期	SM1.3	被 0 除
SM0.4	时钟脉冲：30s 闭合/30s 断开	SM1.4	超出表示范围
SM0.5	时钟脉冲：0.5s 闭合/0.5s 断开	SM1.5	空表
SM0.6	时钟脉冲：闭合保持 1 个扫描周期，断开保持 1 个扫描周期	SM1.6	BCD 到二进制转换出错
SM0.7	开关放置在 RUN 位置时为 1	SM1.7	ASCII 到十六进制转换出错

【想一想】

1. 置位、复位指令与 RS 触发器指令有何区别？
2. 思考复位优先指令和置位优先指令有什么区别？
3. 尝试用其他方法设计本任务要求的呼叫控制系统。

【小结】

1. PLC 的基本指令包括位逻辑指令、定时器指令和计数器指令，是 PLC 最基础的编程指令，掌握了基本指令也就初步掌握了 PLC 的使用方法。

2. 逻辑设计方法以布尔代数为理论基础，以逻辑组合或逻辑时序的方法和形式来设计 PLC 程序。逻辑编程比较适合用于小块的逻辑程序设计中，将这些小块的逻辑程序组合起来应用于其他的设计方法中，从而完成整体的程序设计任务。

3. 继电器控制电路移植法是由继电器电路图来设计控制系统梯形图。这种设计方法简单、直观，不需要改变控制面板，保持了系统原有的外部特性，而且也符合操作人员长期的操作习惯。

4. STEP 7-Micro/WIN 是 S7-200 系列 PLC 的专用编程软件，它是基于 Windows 的应用软件，其功能强大，使用十分方便，主要用于 S7-200 程序开发，以及联机调试和实时监控用户程序的执行状态。

【自主学习题】

1. 填空题

（1）输入继电器编号首字母为（　　），输出继电器编号首字母为（　　）。

（2）可编程序控制器常用的编程设计方法有（　　）、（　　）、经验设计法、顺序（步进）控制设计法等多种。

（3）可编程序控制器有两种基本的工作状态，即（　　）状态与（　　）状态。

（4）定时器指令是 PLC 中最常用的指令之一，西门子 S7-200 系列 PLC 的定时器按工作方式可分为（　　）、延时断开定时器 TOF、保持型延时接通定时器 TONR 三种类型。

2. 判断题

（1）西门子 S7-200 系列 PLC 的定时器按时基脉冲又可分为 1ms、10ms、100ms 三种。
　　　　　　　　　　　　　　　　　　　　　　　　　　　　　　　　　　　　　（　　）

（2）为简化控制，大型和中型 PLC 一般采用整体式结构。　　　　　　　　　　（　　）

（3）PLC 编程语言只有梯形图和语句表两种。　　　　　　　　　　　　　　　（　　）

（4）可编程序控制器的梯形图和功能块图可以转换为语句表。　　　　　　　　（　　）

（5）西门子公司具有品种非常丰富的 PLC 产品，其中 S7-200 系列 PLC 结构紧凑、功能强，具有很高的性能价格比，属于模块式结构。　　　　　　　　　　　　　　　　（　　）

3. 简答题

（1）S7-200 系列 PLC 有哪些编址方式？

（2）PLC 的等效电路可以分为三个部分，即输入部分、控制部分和输出部分，请简述 PLC 是如何工作的。

（3）可编程序控制器程序设计方法中移植替换法是如何定义的？

（4）S7-200 系列 CPU226 PLC 有哪些寻址方式？

4. 分析设计题

（1）请将图 2-51 中的梯形图程序以指令的形式写出。

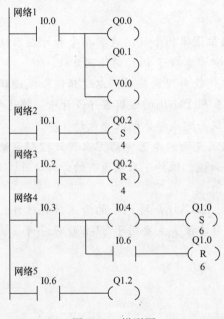

图 2-51　梯形图

（2）有两台三相异步电动机 M1 和 M2，要求：M1（Q0.0）起动后，M2（Q0.1）才能起动，M1 停止后，M2 延时 30s 后才能停止。起动按钮为 I0.0，停止按钮为 I0.1，试编写程序。

（3）图 2-52 是小车自动往返运动的主电路和继电器控制电路图。其中，KM1 和 KM2 分别是控制正转运行和反转运行的交流接触器，用 KM1 和 KM2 的主触点改变进入电动机的三相电源的相序，即可改变电动机的旋转方向；FR 是热继电器，在电动机过载时，它的常闭触点断开，使 KM1 和 KM2 的线圈断电，电动机停转。工作时，按下右行起动按钮 SB2 或左行起动按钮 SB3 后，要求小车在左限位开关 SQ1 和右限位开关 SQ2 之间不停地循环往返，直到按下停止按钮 SB1。按照上述工作要求，试画出 PLC 的硬件接线图、分配 I/O 通道，并设计小车自动往返运动的 PLC 控制程序。

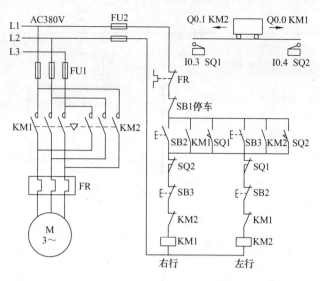

图2-52　小车自动往返运动的主电路继电器控制电路图

【考核检查】

"模块2　基本逻辑指令应用"考核标准

任务名称：						
项　　目	配分	考核要求	扣　分　点	扣分记录	得　分	
任务分析	15	1. 会提出需要学习和解决的问题，会收集相关的学习资料 2. 会根据任务要求进行主要元器件的选择	1. 分析问题笼统扣2分；资料较少扣2分 2. 选择元器件每错1个扣2分			
设备安装	20	1. 会分配输入/输出端口，画I/O接线图 2. 会按照图样正确规划安装 3. 布线符合工艺要求	1. 分配端口有错扣4分；接线图有错扣4分 2. 错、漏线或错、漏元件扣2分 3. 布线工艺差扣4分			
程序设计	25	1. 程序结构清晰，内容完整 2. 正确输入梯形图 3. 正确保存程序文件 4. 会传送程序文件	1. 程序有错扣10分 2. 输入梯形图有错扣5分 3. 保存文件有错扣4分 4. 传送程序文件错误扣6分			
运行调试	25	1. 会运行系统，结果正确 2. 会分析监控程序 3. 会调试系统程序	1. 操作错误扣4分 2. 分析结果错误扣4分 3. 监控程序错误扣4分 4. 调试程序错误扣5分			

（续）

任务名称：						
项　目	配分	考核要求	扣　分　点		扣分记录	得　分
安全文明	10	1. 用电安全，无损坏器件 2. 工作环境保持整洁 3. 小组成员协同精神好 4. 工作纪律好	1. 发生安全事故扣 10 分 2. 损坏器件扣 10 分 3. 工作现场不整洁扣 5 分 4. 成员之间不协同扣 5 分 5. 不遵守工作纪律扣 2~6 分			
任务小结	5	会反思学习过程、认真总结工作经验	总结不到位扣 3 分			
学生				组别		
指导教师			日期		得分	

模块 3 常用功能指令应用

【学习目标】

1. 熟悉 S7-200 系列 PLC 的基本配置。
2. 熟悉 PLC 的编程规则及常用功能指令。
3. 会根据任务要求分配控制系统输入/输出地址及绘制接线图。
4. 独立完成 PLC 控制系统的安装与运行。
5. 熟悉控制系统应用程序的编写与联机调试的方法。
6. 领会安全文明生产要求。

【学习任务】

1. 彩灯 PLC 控制系统的实现。
2. 交通信号灯 PLC 控制系统的实现。
3. 密码锁 PLC 控制系统的实现。

【学习建议】

本模块主要围绕 PLC 常用功能指令的应用展开介绍，结合 3 个控制系统的实现，主要以经验设计方法进行程序设计。在学习经验设计方法的时候，要注意结合实际任务要求边做边进行相应的学习。经验设计方法没有固定的设计步骤，因此，在学习过程中要学会思考在任务实施过程中遇到的问题，并归纳解决问题的方法，以此积累经验，为后续学习任务提供有效帮助。

【关键词】

S7-200CN、基本配置、编程规则、功能指令、接线图、地址分配、安装与运行、联机调试。

任务 3.1 彩灯 PLC 控制系统的实现

3.1.1 任务目标

1. 进一步熟悉梯形图的基本编程规则。
2. 进一步熟悉定时器指令的应用。
3. 掌握数据传送指令、移位指令及其应用。

3.1.2　任务描述

随着社会市场经济的不断繁荣和发展，各种装饰彩灯、广告彩灯越来越多地出现在城市中。小型彩灯多为采用霓虹灯管做成的各种各样和多种色彩的灯管，这些灯的控制设备多为数字电路。而在现代生活中，大型楼宇的轮廓装饰或大型晚会的灯光布景，由于其变化多、功率大，数字电路则不能胜任，适宜采用 PLC 控制。

任务要求：用 PLC 控制 7 组彩灯进行工作，要求控制彩灯按照 1～7 号的顺序依次点亮，再全亮，并且可以重复循环。

图 3-1 所示为彩灯控制系统 PLC 接线图。

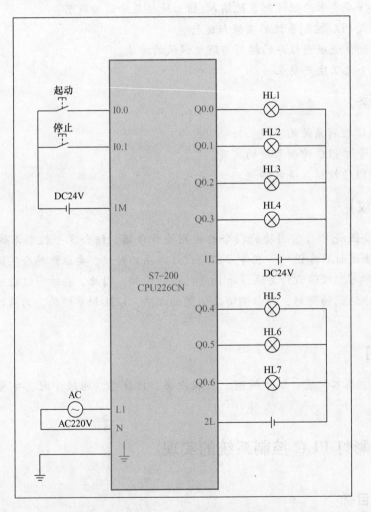

图 3-1　彩灯控制系统 PLC 接线图

3.1.3　任务实现

【看一看】

观看多媒体课件，了解彩灯 PLC 控制系统的工作过程及安装方法。

工作过程：按下起动按钮，彩灯开始工作，按照彩灯的编号逐个点亮，每组灯亮 0.5s 然后熄灭 0.5s，再点亮后一组灯，工作顺序为 HL1—HL2—HL3—HL4—HL5—HL6—HL7，第 7 组灯熄灭后所有灯点亮 0.5s 然后熄灭，开始下一轮循环。按下停止按钮后所有灯停止工作。

【做一做】

1. 所需的工具、设备及材料

1）常用电工工具、万用表等。

2）PC。

3）所需设备、材料见表 3-1。

表 3-1　设备、材料明细表

序　号	标准代号	器件名称	型号规格	数　量	备　注
1	PLC	S7-200CN	CPU226AC/DC/RLA		6ES 7216-28D23-0XB8
2	SB1	停止按钮	LA10-2H	1	红色
3	SB2	起动按钮	LA10-2H	1	绿色
4	HL1~HL7	彩灯	24V 直流电源指示灯	7	红、黄、绿
5	QS	隔离开关	正泰 NH2-125 3P 32A	1	
6	UR	电源模块	DR-120-24	1	24V 直流电源
7	PPI	通信电缆	RS232-485	1	
8	XT	接线端子	JX2-Y010	若干	

2. 系统安装与调试

1）根据表 3-1 配齐电器元件，并检查各电器元件的质量。

2）根据 PLC 接线图（见图 3-1），画出电器元件布置图，如图 3-2 所示。

3）根据电器元件布置图安装元件，各元件的安装位置应整齐、匀称、间距合理，便于元件的更换，元件紧固时用力要均匀，紧固程度适当。

4）接线。按照图 3-3 安装接线图，先接 PLC、开关电源的电源和 PLC 输入/输出点的电源，再接输入电路，最后接输出电路。完成后的安装实物图如图 3-4 所示。

5）检查电路。通电前，认真检查有无错接、漏接等现象。

6）传送 PLC 程序。PLC 通信设置参见任务 2.1。

7）PLC 程序运行、监控。

第一步：工作模式选择。将 PLC 的工作模式开关拨至运行，或者通过 STEP 7-Micro/WIN 编程软件执行"PLC"菜单下的"运行"子菜单命令。

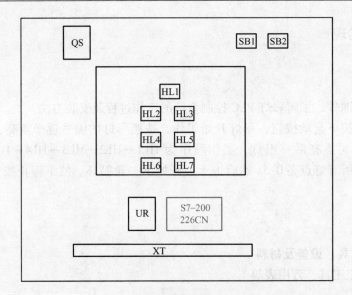

图 3-2 电器元件布置图

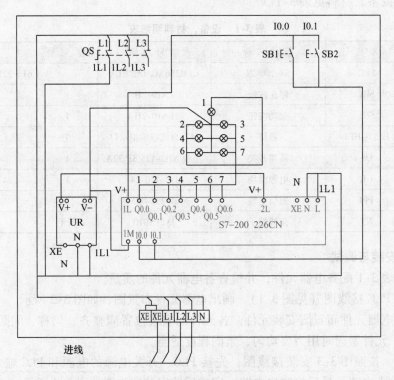

图 3-3 彩灯 PLC 控制系统安装接线图

第二步：监控。单击执行"调试"菜单下的"开始程序状态监控"子菜单命令，梯形图程序进入监控状态。监控图如图 3-5 所示。

第三步：运行彩灯。按下起动按钮 SB2，观察 PLC 输出线圈 Q0.0 ~ Q0.6，线圈 Q0.0 ~ Q0.6 按照 0.5s 亮 0.5s 熄灭的频率依次工作，第 7s 时线圈 Q0.0 ~ Q0.6 全部得电，HL1 ~ HL7 这 7 盏灯依次亮 0.5s 熄灭 0.5s，第 7 盏灯熄灭后所有灯点亮 0.5s 然后熄灭，开始下一轮循环。

第四步：停止彩灯运行。按下停止按钮 SB1，观察 PLC 输出线圈 Q0.0 ~ Q0.6，线圈 Q0.0 ~ Q0.6 全部失电，HL1 ~ HL7 这 7 盏灯全部熄灭。

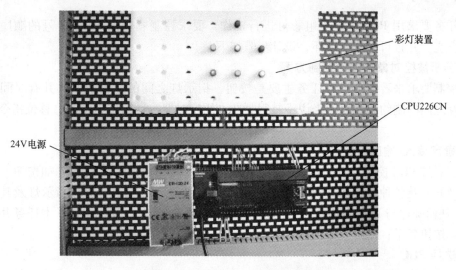

图 3-4 彩灯 PLC 控制系统安装实物图

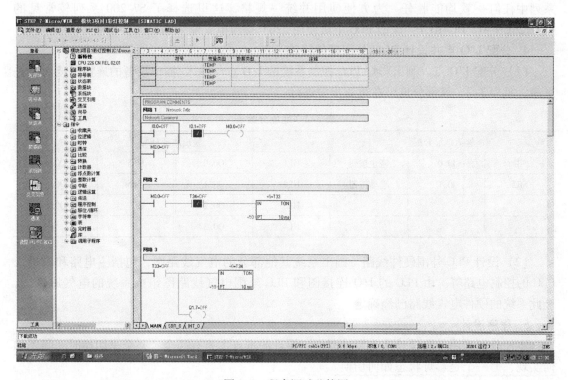

图 3-5 程序调试监控图

3.1.4 技能实践

【学一学】

本任务要求用 PLC 控制 7 组彩灯进行工作，要求控制彩灯按照 1~7 号的顺序依次点亮，再全亮，并且可以重复循环，设计步骤如下。

1. 分析被控对象并提出控制方案

从控制要求来看，本设计任务主要是按钮、指示灯之间的逻辑控制，并有时间控制要求，相互之间的制约条件总的来说不是很复杂，用定时器、数据传送指令、移位指令就可以实现。

2. 确定输入/输出设备

根据彩灯 PLC 控制系统的控制要求，确定系统所需的全部输入设备（如按钮、位置开关、转换开关及各种传感器等）和输出设备（如接触器、电磁阀、信号指示灯及其他执行器等），从而确定与 PLC 有关的输入/输出设备，以确定 PLC 的 I/O 点数。本任务共需要输入设备：按钮 2 个；输出设备：彩灯 7 个。

3. 选择 PLC

PLC 选择包括对 PLC 的机型、容量、I/O 模块、电源等的选择。本任务中涉及的元件均为普通常见元件，使用开关量控制为主，且控制所需的输入/输出点数很少，西门子 S7-200 系列中任何一款均能胜任。为方便使用并统一规格，这里选择了 S7-200 系列较常见的 CPU226CN AC/DC/RLY。该型 PLC 主机使用 220V 交流电，输入输出元件使用 24V 直流电。

4. 分配 I/O 点并设计 PLC 外围硬件线路

（1）分配 I/O 点　画出彩灯 PLC 控制系统的 I/O 点与输入/输出设备的连接图或对应关系表，见表 3-2，该部分也可在第 2 步中进行。

表 3-2　地址分配表

输入地址分配			输出地址分配			
SB1	I0.0	停止按钮	HL1	Q0.0	HL5	Q0.4
SB2	I0.1	起动按钮	HL2	Q0.1	HL6	Q0.5
			HL3	Q0.2	HL7	Q0.6
			HL4	Q0.3		

（2）设计 PLC 外围硬件线路　画出系统其他部分的电气线路图，包括主电路和未进入 PLC 的控制电路等。由 PLC 的 I/O 连接图和 PLC 外围电气线路图组成系统的电气原理图，至此系统的硬件电气线路已经确定。

5. 程序设计

本任务可采用经验设计法来设计程序，设计的难点主要有两个：一个是切换时间间隔如何实现，另一个是彩灯状态如何切换。

切换时间间隔可以用定时器来实现，通过两个定时器配合来产生周期信号。如图 3-6 所示，通过 T34、T33 两个定时器可以在 Q1.7 上产生 0.5s 通 0.5s 断开的周期输出信号。

彩灯的工作状态，一共是 8 种状态，分别是 7 组灯单独依次点亮外加 7 组灯同时点亮，每一组状态可以用 1 位二进制状态表示，该位二进制为 1 时表示该状态有效，该位为 0 时表示该状态无效，8 组工作状态可以用 8 位二进制数来表现。HL1 工作时 8 位二进制数可表示为 00000001，HL2 工作时 8 位二进制数可表示为 00000010，HL3 工作时 8 位二进制数可表示为 00000100，HL4 工作时 8 位二进制数可表示为 00001000，依次类推，最后灯全点亮时 8 位二进制数可表示为 10000000。从二进制状态的变化可以发现，每次变换 1 的位置发生了移位，这种情形与移位指令的功能相符合，可以用移位指令来实现。如图 3-7 所示，Q1.7 每次信号到来都使 VB0 中的 8 位二进制值循环左移 1 位。

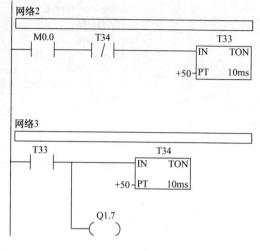

图 3-6 定时器使用梯形图

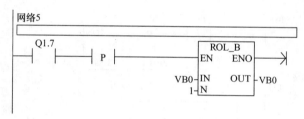

图 3-7 移位指令程序

本设计任务的梯形图如图 3-8 所示（内容见光盘）。

6. 安装与调试

根据图 3-3 进行安装接线，然后将编制好的彩灯 PLC 控制程序下载到 PLC 中并进行程序调试，直到设备运行满足设计要求。

3.1.5 理论基础

【读一读】

1. 基本知识

（1）定时器的应用举例

1）定时器的扩展应用。PLC 的定时器有一定的时间设定范围，如果需要超出定时设定范围，可通过几个定时器串联，达到扩充设定值的目的，如图 3-9 所示。

图中通过两个定时器的串联使用，可以实现延时 3500s。T37 设定值为 3000s，T38 设定值为 500s。当 I0.0 闭合时，T37 就开始计时，达到 3000s 时 T37 常开触点闭合，使 T38 得电开始计时，再延迟 500s 后，T38 的常开触点闭合，Q0.0 线圈得电，获得延时 3500s 的输出信号。

2）当设计程序时有时需要周期信号，可以通过定时器产生周期信号来实现，这里有两种方法。

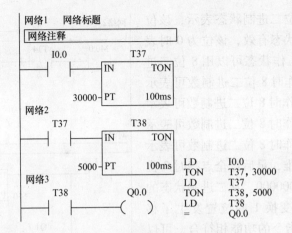

图 3-9　定时器串联使用实例

方法 1：两个定时器产生周期信号，如图 3-10 所示。

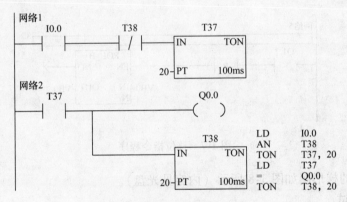

图 3-10　两个定时器产生周期信号

图中通过两个定时器实现了周期为 4s 的连续信号。当 I0.0 闭合时，T37 开始计时，达到 2s 后 T37 常开触点闭合，Q0.0 线圈得电，定时器 T38 开始计时，T38 计时 2s 后其常闭触点断开，定时器 T37、T38、Q0.0 线圈同时失电完成一个周期工作。与此同时，当定时器 T38 失电时，T38 常闭触点恢复导通，开始第二周期工作，这种工作过程将周而复始地进行，直到 I0.0 断开。

方法 2：一个定时器产生周期信号（自复位），如图 3-11 所示。

图中 M0.0 常闭触点导通，T37 计时 2s 后常开触点 T37 导通，M0.0 线圈得电，M0.0 常闭触点断开，定时器 T37 断开复位后开始下一周期工作。

若采用图 3-12 来实现周期信号，会因为定时器刷新方式的影响导致无法正常实现。

注意：S7-200 系列 PLC 的定时器中 1ms、10ms、100ms 定时器的刷新方式是不同的。

① 1ms 定时器。由系统每隔 1ms 刷新一次，与扫描周期及程序处理无关。所以当扫描周期较长时，在一个周期内可能被多次刷新，其当前值在一个扫描周期内不一定保持一致。

② 10ms 定时器，由系统在每个扫描周期开始时自动刷新，由于是每个扫描周期只刷新一次，在每次程序处理期间，其当前值为常数。

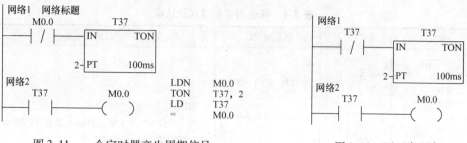

图 3-11　一个定时器产生周期信号　　　　　　图 3-12　不正常程序

③ 100ms 定时器。在该定时器指令执行时被刷新，因而要留意，如果该定时器线圈被激励而该定时器指令并不是每个扫描周期都执行的话，那么该定时器由于不能及时刷新，会丢失时基脉冲，造成计时失准。若同一个 100ms 定时器指令在一个扫描周期中多次被执行，则该定时器就会数多了时基脉冲个数，相当于时钟走快了。

（2）数据传送指令　数据传送指令的主要作用是将常数或某存储器中的数据传送到另一存储器中。它包括单一数据传送和成组数据传送（块传送）两大类，通常用于设定参数、协助处理有关数据及建立数据或参数表格等。

单一数据传送指令是指将输入的数据 IN 传送到输出 OUT，在传送的过程中不改变数据的原始值。根据传送数据的类型，MOV 可分为字节传送 MOVB、字传送 MOVW、双字传送 MOVD 和实数传送 MOVR。其格式及功能见表 3-3。

表 3-3　单一数据传送指令的格式及功能

梯形图 LAD	语句表 STL	功能及说明
MOV_B EN　ENO ????-IN　OUT-????	MOVB　IN, OUT	功能： 　当使能位 EN 为 1 时，将输入的数据 IN 传送到输出 OUT，在传送的过程中不改变数据的原始值
MOV_W EN　ENO ????-IN　OUT-????	MOVW　IN, OUT	
MOV_DW EN　ENO ????-IN　OUT-????	MOVD　IN, OUT	说明： （1）操作数 IN、OUT 的寻址范围要与指令码中的数据类型一致。其中字节传送不能寻址专用的字及双字存储器，如 T、C 及 HC 等；OUT 不能寻址常数
MOV_R EN　ENO ????-IN　OUT-????	MOVR　IN, OUT	（2）影响允许输出 ENO 正常工作的出错条件是：0006（间接寻址）

（3）移位指令　移位指令的作用是将存储器中的数据按要求进行某种移位操作。在控制系统中，它可用于数据处理、跟踪和步进控制。根据移位方向的不同，移位指令可分为数据左/右移位、数据循环左/右移位等指令。

1）数据左/右移位指令 SHL/SHR：将输入端 IN 指定的数据左/右移 N 位，结果存在 OUT 中。根据移位的数据类型，SHL/SHR 可分为字节移位 SLB/SRB、字移位 SLW/SRW、双字移位 SLD/SRD。其格式及功能见表 3-4。

表3-4 移位指令的格式及功能

梯形图 LAD	语句表 STL	功能及说明
SHL_B EN ENO ????-IN OUT-???? ????-N	SLB OUT, N	功能： 当使能位 EN 为 1 时，将输入数据 IN 左/右移 N 位后，再把结果输出到 OUT 中
SHR_B EN ENO ????-IN OUT-???? ????-N	SRB OUT, N	
SHL_W EN ENO ????-IN OUT-???? ????-N	SLW OUT, N	说明： (1) 操作数 N 为移位位数，对字节、字、双字的最大移位位数分别为 8、16、32，字节寻址时，不能寻址专用字及双字存储器，如 T、C 及 HCS 等
SHR_W EN ENO ????-IN OUT-???? ????-N	SRW OUT, N	(2) IN、OUT 寻址范围要与指令码中的数据类型一致，不能寻址 T、C、HC 等专用存储器。操作数 OUT 不能寻址常数
SHL_DW EN ENO ????-IN OUT-???? ????-N	SLD OUT, N	(3) 移位指令影响特殊存储器 SM1.0 和 SM1.1 位 (4) 影响允许输出 ENO 正常工作的出错条件是：0006（间接寻址） 5）被移位的字节数据为无符号数，字、双字数据如果为有符号数，则符号位也将被移位
SHR_DW EN ENO ????-IN OUT-???? ????-N	SRD OUT, N	

2）数据循环左/右移位指令 ROL/ROR：将输入端 IN 指定的数据循环左/右移 N 位，结果存在 OUT 中。根据移位的数据类型，ROL/ROR 可分为字节循环移位 RLB/RRB、字循环移位 RLW/RRW、双字循环移位 RLD/RRD。其格式及功能见表3-5。

表3-5 循环移位指令的格式及功能

梯形图 LAD	语句表 STL	功能及说明
ROL_B EN ENO ????-IN OUT-???? ????-N	RLB OUT, N	功能： 当使能位 EN 为 1 时，将输入数据 IN 循环左/右移 N 位后，再把结果输出到 OUT 中
ROL_W EN ENO ????-IN OUT-???? ????-N	RLW OUT, N	说明： (1) 操作数 N 为移位位数，对字节、字、双字的最大移位位数分别为 8、16、32，字节寻址时，不能寻址专用字及双字存储器，如 T、C 及 HC 等
ROL_DW EN ENO ????-IN OUT-???? ????-N	RLD OUT, N	

（续）

梯形图 LAD	语句表 STL	功能及说明
ROR_B —EN ENO— ????—IN OUT—???? ????—N	RRB　OUT，N	（2）IN、OUT 寻址范围要与指令码中的数据类型一致，不能寻址 T、C、HC 等专用存储器。操作数 OUT 不能寻址常数
ROR_W —EN ENO— ????—IN OUT—???? ????—N	RRW　OUT，N	（3）循环移位是环形的，即被移出的位将返回到另一端空出来的位 （4）循环移位指令影响特殊存储器 SM1.0 和 SM1.1 位 （5）影响允许输出 ENO 正常工作的出错条件是：0006（间接寻址）
ROR_DW —EN ENO— ????—IN OUT—???? ????—N	RRD　OUT，N	（6）被循环移位的字节数据为无符号数，字、双字数据如果有符号数，则符号位也将被移位

2. 拓展知识

1）块传送指令 BLKMOV：将输入 IN 指定地址的 N 个连续数据传送到从输出 OUT 指定地址开始的 N 个连续单元中，在传送的过程中不改变数据的原始值。根据传送数据的类型，BLKMOV 可分为字节块传送 BMB、字块传送 BMW、双字块传送 BMD。其格式及功能见表 3-6。

表 3-6　块传送指令的格式及功能

梯形图 LAD	语句表 STL	功能及说明
BLKMOV_B —EN ENO— ????—IN OUT—???? ????—N	BMB　IN，OUT，N	功能： 当使能位 EN 为 1 时，将从 IN 存储器单元开始的 N 个数据传送到从 OUT 开始的连续的 N 个存储单元中，在传送的过程中不改变数据的原始值
BLKMOV_W —EN ENO— ????—IN OUT—???? ????—N	BMW　IN，OUT，N	说明： （1）操作数 N 指定被传送数据块的长度，可寻址常数及存储器字地址，不能寻址专用字及双字存储器，如 T、C 及 HC 等，可取值范围为 1～255 （2）操作数 IN、OUT 不能寻址常数，寻址范围要与指令码中的数据类型一致。其中字节传送不能寻址
BLKMOV_D —EN ENO— ????—IN OUT—???? ????—N	BMD　IN，OUT，N	专用的字及双字存储器，如 T、C 及 HC 等 （3）影响允许输出 ENO 正常工作的出错条件是：0006（间接寻址）、0091（操作数超出范围）

2）字节交换指令 SWAP：用于字型数据高位与低位字节的交换，其格式及功能见表 3-7。

3）填充指令 FILL：用于处理字型数据，其格式及功能见表 3-8。

4）移位寄存器指令 SHRB：可以指定移位寄存器的长度和移位方向的移位指令，其指令格式如图 3-13 所示。

表 3-7　字节交换指令的格式及功能

梯形图 LAD	语句表 STL	功能及说明
SWAP -EN　ENO- ????-IN	SWAP　IN	功能：当使能位 EN 为 1 时，将输入字 IN 中的高字节与低字节交换 说明：操作数 IN 不能寻址常数，只能对字地址寻址

表 3-8　填充指令的格式及功能

梯形图 LAD	语句表 STL	功能及说明
FILL_N -EN　ENO- ????-IN　　OUT-???? ????-N	FILL　IN, OUT, N	功能：当使能位 EN 为 1 时，将指定的 N 个字（IN）填充到从输出字（OUT）开始的存储器中 说明：操作数 N 采用字节寻址，也可寻址常数，其范围为 1～255；OUT 不能寻址常数

说明：

① 移位寄存器指令 SHRB 将 DATA 数值移入移位寄存器。在图 3-13 所示的梯形图中，EN 为使能输入端，连接移位脉冲信号，每次使能有效时，整个移位寄存器移动 1 位。DATA 为数据输入端，连接移入移位寄存器的二进制数值，执行指令时将该位的值移入寄存器。S_BIT 指定移位寄存器的最低

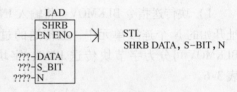

图 3-13　SHRB 指令格式

位。N 指定移位寄存器的长度和移位方向，移位寄存器的最大长度为 64 位，N 为正值表示左移位，输入数据（DATA）移入移位寄存器的最低位(S_BIT)，并移出移位寄存器的最高位，移出的数据被放置在溢出内存位（SM1.1）中。N 为负值表示右移位，输入数据移入移位寄存器的最高位中，并移出最低位（S_BIT），移出的数据被放置在溢出内存位（SM1.1）中。

② DATA 和 S-BIT 的操作数为 I、Q、M、SM、T、C、V、S、L，数据类型为 BOOL 变量。N 的操作数为 VB、IB、QB、MB、SB、SMB、LB、AC、常量，数据类型为字节。

③ 使 ENO＝0 的错误条件：0006（间接地址）、0091（操作数超出范围）、0092（计数区错误）。

④ 移位指令影响特殊内部标志位：SM1.1（为移出的位值设置溢出位）。

移位寄存器应用举例，程序及运行结果如图 3-14 所示。

【想一想】

1. 如何用定时器定时 1h？

2. 本任务输出信号可否用数据传送指令来控制？如何实现？

3. 尝试用移位寄存器指令来实现本任务要求。

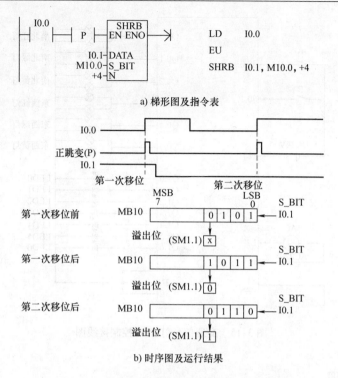

a) 梯形图及指令表

b) 时序图及运行结果

图 3-14　梯形图、指令表、时序图及运行结果

任务 3.2　交通信号灯 PLC 控制系统的实现

3.2.1　任务目标

1. 进一步熟悉梯形图的基本编程规则。
2. 进一步熟悉定时器指令的应用。
3. 掌握比较指令、译码、编码、段码指令及其应用。
4. 能完成交通信号灯 PLC 控制系统的设计与调试。

3.2.2　任务描述

实现路口交通信号灯系统的控制方法很多，可以用标准逻辑器件、PLC、单片机等方案来实现。其中用标准逻辑器件来实现时，电路在很大程度上要受到逻辑器件如门电路等的影响，调试工作极为不易，而单片机编程复杂不容易掌握，而用 PLC 来实现具有可靠性高、维护方便、用法简单、通用性强等特点。

任务要求：应用 PLC 控制交通信号灯各灯按要求亮灭，并通过七段 LED 数码管对红灯点亮时间进行倒计时显示，并且可以重复循环。

图 3-15 所示为交通信号灯 PLC 控制接线图。

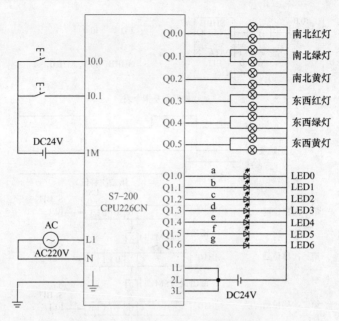

图 3-15 交通信号灯 PLC 控制接线图

3.2.3 任务实现

【看一看】

观看多媒体课件，了解交通信号灯 PLC 控制系统的工作过程及安装方法。

按下起动按钮，交通信号灯开始工作，南北向红灯亮并维持 10s，同时东西向绿灯亮 4s，接着以 1Hz 的频率闪烁 3s，最后熄灭，绿灯熄灭同时东西向黄灯亮并维持 3s；黄灯熄灭时东西向红灯开始工作并维持 10s，同时南北向绿灯亮 4s，以 1Hz 的频率闪 3s，最后熄灭，绿灯熄灭同时南北向黄灯亮并维持 3s，黄灯熄灭时南北向红灯再次亮起……循环反复。交通信号灯工作的同时一个七段 LED 数码管对红灯点亮时间进行倒计时显示，先对南北向红灯倒计时，显示 9—8—7—6—5—4—3—2—1—0，然后对东西向红灯倒计时。

按下停止按钮，交通信号灯控制系统停止工作。

【做一做】

1. 所需的工具、设备及材料

1）常用电工工具、万用表等。

2）PC。

3）所需设备、材料见表 3-9。

2. 系统安装与调试

1）根据表 3-9 配齐电器元件，并检查各电器元件的质量。

2）根据 PLC 接线（见图 3-15），画出电器元件布置图，如图 3-16 所示。

3）根据图 3-16 所示的电器元件布置图安装元件，各元件的安装位置应整齐、匀称、间距合理，便于元件的更换，元件紧固时用力要均匀，紧固程度适当。

表3-9　设备、材料明细表

序　号	标准代号	器件名称	型号规格	数　量	备　注
1	PLC	S7-200CN	CPU226AC/DC/RLA	1	6ES 7216-28D23-0XB8
2	SB1	停止按钮	LA10-2H	1	红色
3	SB2	起动按钮	LA10-2H	1	绿色
4	HL1~HL6	指示灯	24V 直流电源指示灯	6	红、黄、绿
5	LED	数码管	LG23011AH		
6	QS	隔离开关	正泰 NH2-125 3P 32A	1	
7	UR	电源	DR-120-24	1	24V 直流电源
8	PPI	通信电缆	RS232-485	1	
9	XT	接线端子	JX2-Y010	若干	

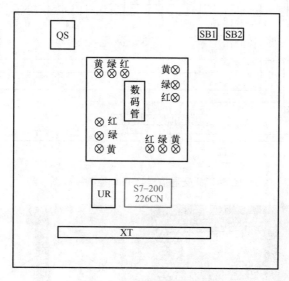

图3-16　电器元件布置图

4）接线。按照图3-17所示的电气接线图，先接PLC、开关电源的电源和PLC输入/输出点的电源，再接输入电路，最后接输出电路。完成后的电气接线图如图3-18所示。

5）检查电路。通电前，认真检查有无错接、漏接等现象。

6）传送PLC程序。PLC通信设置参见任务2.1。

7）PLC程序运行、监控。

第一步：工作模式选择。将PLC的工作模式开关拨至运行，或者通过STEP7-Micro/WIN编程软件执行"PLC"菜单下的"运行"子菜单命令。

第二步：监控。单击执行"调试"菜单下的"开始程序状态监控"子菜单命令，梯形图程序进入监控状态。程序调试监控图如图3-19所示。

第三步：运行交通信号灯。按下起动按钮SB2，观察输出线圈Q0.0~Q0.5、Q1.0~Q1.6和所有指示灯和数码管的现象，南北向红灯亮起并维持10s，同时东西向绿灯亮4s，接着以1Hz的频率闪烁3s，最后熄灭，绿灯熄灭的同时东西向黄灯亮并维持3s；黄灯熄灭时东西向红灯开始工作并维持10s，同时南北向绿灯亮4s，以1Hz的频率闪3s，最后熄灭，

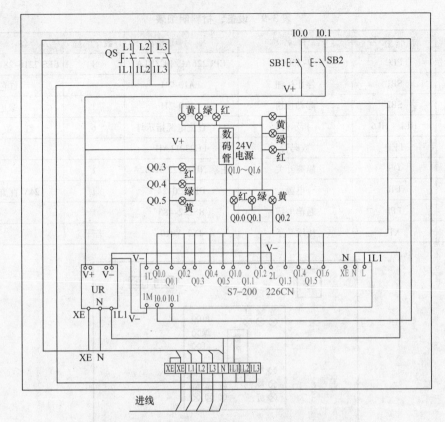

图 3-17 交通信号灯 PLC 控制接线图

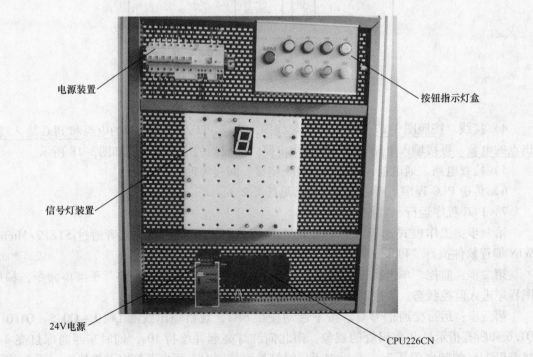

图 3-18 交通信号灯 PLC 控制实物图

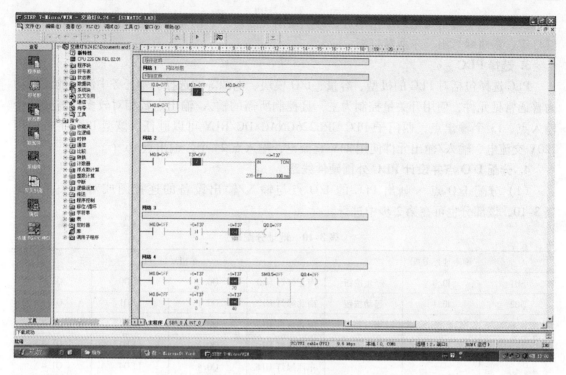

图 3-19　程序调试监控图

绿灯熄灭同时南北向黄灯亮并维持 3s，黄灯熄灭时南北向红灯再次亮起……循环反复。交通信号灯工作时数码管对红灯点亮时间进行倒计时显示，先对南北向红灯倒计时，显示 9—8—7—6—5—4—3—2—1—0，然后对东西向红灯倒计时。

第四步：停止交通信号灯运行。按下停止按钮 SB1，观察 PLC 输出线圈 Q0.0 ~ Q0.5、Q1.0 ~ Q1.6，线圈 Q0.0 ~ Q0.5、Q1.0 ~ Q1.6 全部失电，交通信号灯全部熄灭，数码管熄灭。

3.2.4　技能实践

【学一学】

交通信号灯 PLC 控制系统设计步骤如下。

1. 分析被控对象并提出控制方案

从控制要求来看，本设计任务主要是按钮、指示灯之间的逻辑控制，并有时间控制要求，相互之间的制约条件总的来说不是很复杂，可以分为两个部分来完成：交通信号灯部分可以用定时器指令、比较指令来实现；红灯倒计时数的显示可以用段码指令来实现。

2. 确定输入/输出设备

根据交通信号灯 PLC 控制系统的控制要求，确定系统所需的全部输入设备（如按钮、位置开关、转换开关及各种传感器等）和输出设备（如接触器、电磁阀、信号指示灯及其他执行器等），从而确定与 PLC 有关的输入/输出设备，以确定 PLC 的 I/O 点数。本任务共需要输入设备：按钮 2 个；输出设备：指示灯组 6 组、7 个发光二极管构成的七段 LED 数码显示装置。指示灯组每组两个指示灯，分别是南北红灯组、南北绿灯组、南北黄灯组、东西红灯组、东西绿灯组、东西黄灯组。

3. 选择 PLC

PLC 选择包括对 PLC 的机型、容量、I/O 模块、电源等的选择。本任务中涉及的元件均为普通常见元件，使用开关量控制为主，且控制所需的输入/输出点数相对较多，需要 2 个输入点、13 个输出点，西门子 PLC CPU226CNAC/DC/RLY 可以胜任。该型 PLC 主机使用 220V 交流电，输入/输出元件使用 24V 直流电，输入点 24 个、输出点 16 个。

4. 分配 I/O 点并设计 PLC 外围硬件线路

（1）分配 I/O 点 画出 PLC 的 I/O 点与输入/输出设备的连接图或对应关系，见表 3-10，该部分也可在第 2 步中进行。

表 3-10 地址分配表

输入地址分配			输出地址分配		
SB1	I0.0	停止按钮	南北红灯 HL1	Q0.0	LED0	Q1.0
SB2	I0.1	起动按钮	南北绿灯 HL2	Q0.1	LED1	Q1.1
			南北黄灯 HL3	Q0.2	LED2	Q1.2
			东西红灯 HL4	Q0.3	LED3	Q1.3
			东西绿灯 HL5	Q0.4	LED4	Q1.4
			东西黄灯 HL6	Q0.5	LED5	Q1.5
					LED6	Q1.6

（2）设计 PLC 外围硬件线路 画出系统其他部分的电气线路图，包括主电路和未进入 PLC 的控制电路等。由 PLC 的 I/O 连接图和 PLC 外围电气线路图组成系统的电气原理图，至此系统的硬件电气线路已经确定。

5. 程序设计

本设计可以采用经验设计法来完成，经过分析，本设计任务可以分成两部分来完成，控制交通信号灯转换部分和红灯倒计时显示部分。

分析交通信号灯转换部分可以发现，交通信号灯一次完整的工作周期为 20s，每一组灯都在这 20s 中的固定时间段进行工作，由此可以把每组灯的工作时间用比较指令标示出来，并控制相应的灯组在该时间段点亮工作，程序如图 3-20 所示。另外 20s 的工作周期可以用定时器指令来实现。

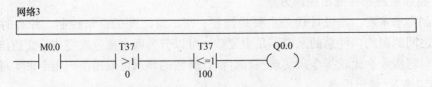

图 3-20 比较指令程序

红灯倒计时的显示主要是通过七段 LED 数码管显示来实现，在 S7-200 的指令中，段码指令可以实现七段 LED 数码管显示控制，程序如图 3-21 所示。

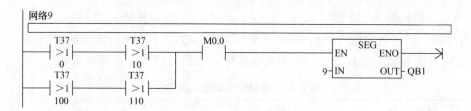

图 3-21　段码指令程序

本设计任务的梯形图如图 3-22 所示（内容见光盘）。

6. 安装与调试

根据图 3-15 进行安装接线，然后将编制好的交通信号灯 PLC 控制程序下载到 PLC 中，并进行程序调试，直到设备运行满足设计要求。

3.2.5　理论基础

【读一读】

1. 基本知识

（1）数据比较指令　数据比较指令用于比较两个数据的大小，并根据比较结果实现某种控制要求。根据比较数据的类型，它可分为字节比较、字整数比较、双字整数比较和实数比较。其格式及功能见表 3-11。

表 3-11　数据比较指令的格式及功能

LAD	STL	功　　能
IN1 ─┤ FX ├─ IN2	LDXF　IN1，IN2 AXF　IN1，IN2 OXF　IN1，IN2	比较两个数据 IN1 和 IN2 的大小，若比较结果为真，则该触点闭合

说明：

1）操作码中的 F 代表比较符号，可分为 "＝"、"＜＞"、"＞＝"、"＜＝"、"＞" 及 "＜" 6 种。

2）操作码中的 X 代表数据类型，分为字节（B）、字整数（I）、双字整数（D）和实数（R）4 种。

3）操作数的寻址范围要与指令码中的 X 一致。

4）字节指令是无符号的，字整数、双字整数及实数比较都是有符号的。

5）比较指令中的 <>、<、> 指令不适用于 CPU21X 系列机型。为了实现这 3 种比较功能，在 CPU21X 系列机型编程时，可采用 NOT 指令与 ＝、＞＝、＜＝ 指令组合的方法实现。例如，要想表达 VD10 <> 100，写成语句表程序即为

$$LDD =\quad VD10，100$$

$$NOT$$

（2）段码指令　在 S7-200 系列 PLC 中，有一条可直接驱动七段显示 LED 数码管的指令 SEG（Segment），其格式及功能见表 3-12。如果在 PLC 的输出端用一个字节的前 7 个端

口（0~6）与数码管的7个段（a、b、c、d、e、f、g）对应连接，当 SEG 指令的允许输入端 EN 有效时，将字节型输入数据 IN 的低 4 位对应的数据（0~F）输出到 OUT 指定的字节单元（实际只用到前 7 位），这时 IN 端的数据即可直接通过数码管显示出来。

表 3-12　段码指令的格式及功能

梯形图 LAD	语句表 STL	功　能
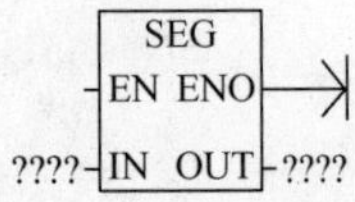 SEG EN ENO → ????-IN OUT-????	SEG IN, OUT	当使能位 EN 为 1 时，将输入字节 IN 的低 4 位有效数字值，转换为七段显示码，并输出到字节 OUT

说明：

1）操作数 IN、OUT 寻址范围不包括专用的字及双字存储器，如 T、C、HC 等，其中 OUT 不能寻址常数。

2）七段显示码的编码规则如图 3-23 所示。

IN	OUT ·g f e d c b a	段码显示	IN	OUT ·g f e d c b a
0	0 0 1 1 1 1 1 1	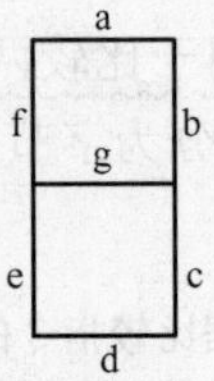	8	0 1 1 1 1 1 1 1
1	0 0 0 0 0 1 1 0		9	0 1 1 0 0 1 1 1
2	0 1 0 1 1 0 1 1		A	0 1 1 1 0 1 1 1
3	0 1 0 0 1 1 1 1		B	0 1 1 1 1 1 0 0
4	0 1 1 0 0 1 1 0		C	0 0 1 1 1 0 0 1
5	0 1 1 0 1 1 0 1		D	0 1 0 1 1 1 1 0
6	0 1 1 1 1 1 0 1		E	0 1 1 1 1 0 0 1
7	0 0 0 0 0 1 1 1		F	0 1 1 1 0 0 0 1

图 3-23　七段显示码的编码规则

2. 拓展知识

（1）ASCII 码与十六进制数转换指令　目前计算机中用得最广泛的字符集及编码是由美国国家标准局（ANSI）制定的 ASCII 码（American Standard Code for Information Interchange，美标准信息交换码），它已被国际标准化组织（ISO）定为国际标准，称为 ISO 646 标准，适用于所有拉丁文字字母。ASCII 码有 7 位码和 8 位码两种形式。

在 PLC 中，ASCII 码与十六进制数转换指令只能实现部分转换，其格式及功能见表 3-13。

表 3-13　ASCⅡ码与十六进制数转换指令的格式及功能

梯形图 LAD	语句表 STL	功　能
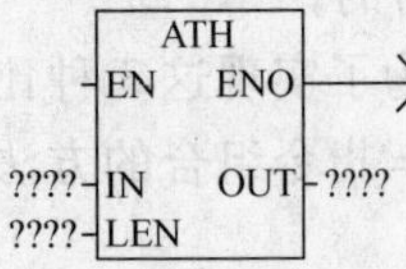 ATH -EN ENO → ????-IN OUT-???? ????-LEN	ATH IN, OUT, LEN	当使能位 EN 为 1 时，把从 IN 字符开始，长度为 LEN 的 ASCⅡ码字符串转换成从 OUT 开始的十六进制数
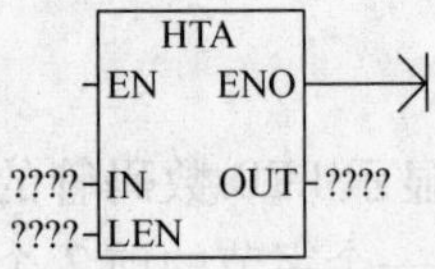 HTA -EN ENO → ????-IN OUT-???? ????-LEN	HTA IN, OUT, LEN	当使能位 EN 为 1 时，把从 IN 开始，长度为 LEN 的十六进制数转换为从 OUT 开始的 ASCⅡ码字符串

说明：

1）操作数 LEN 为要转换字符的长度，IN 定义被转换字符的首地址，OUT 定义转换结果的存放地址。

2）各操作数按字节寻址，不能对一些专用字及双字存储器如 T、C、HC 等寻址，LEN 还可寻址常数。

3）在 ATH 指令中，ASCⅡ码字符串的最大长度为 255 个字符；在 HTA 指令中，可转换的十六进制数的最大个数也为 255。合法的 ASCⅡ码字符的十六进制值在 30～39 和 41～46 之间。

（2）编码指令　编码指令的格式及功能见表 3-14。

表 3-14　编码指令的格式及功能

梯形图 LAD	语句表 STL	功能及说明
ENCO -EN ENO-→ ????-IN OUT-????	ENCO　IN，OUT	功能：当使能位 EN 为 1 时，将输入字 IN 中最低有效位的位号，转换为输出字节 OUT 中的低 4 位数据 说明：OUT 不能寻址常数及专用的字、双字存储器 T、C、HC 等

（3）译码指令　译码指令的格式及功能见表 3-15。

表 3-15　译码指令的格式及功能

梯形图 LAD	语句表 STL	功能及说明
DECO -EN ENO-→ ????-IN OUT-????	DECO　IN，OUT	功能：当使能位 EN 为 1 时，根据输入字节 IN 的低 4 位所表示的位号（十进制数）值，将输出字 OUT 相应位置 1，其他位置 0 说明：操作数 IN 不能寻址专用的字及双字存储器 T、C、HC 等；OUT 不能对 HC 及常数寻址

【想一想】

1. 尝试用不同的方法编写程序控制交通信号灯切换。

2. SEG 段码指令显示的字符包含哪些？

3. 尝试用不同的方法控制七段 LED 显示。

任务 3.3　密码锁 PLC 控制系统的实现

3.3.1　任务目标

1. 进一步熟悉梯形图的基本编程规则。

2. 进一步熟悉计数器指令的应用。

3. 了解 S7-200 的高速计数器及高速计数器指令。

3.3.2　任务描述

任务要求：设计一个用 PLC 控制的具有 8 个按键（SB1～SB8）的密码锁控制系统，若按照要求操作该控制系统可以打开密码锁，否则会触发报警。

图 3-24 所示为密码锁 PLC 控制接线图。

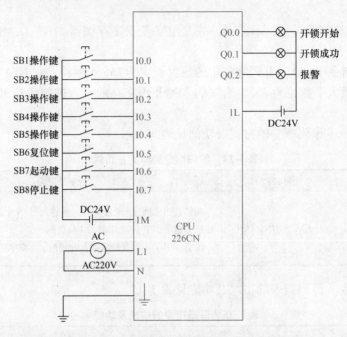

图 3-24 密码锁 PLC 控制接线图

3.3.3 任务实现

【看一看】

观看多媒体课件，了解密码锁 PLC 控制系统的工作过程及安装方法。

工作过程：按下开锁起动按键，开锁起动指示灯亮起，15s 内按照顺序：SB1 按下 3 次，SB2 按下 2 次，SB5 按下 4 次，时间到后开锁成功指示灯亮起。若没有按照按键次数、顺序进行操作或者时间超时，报警指示灯都会亮起。

开锁过程中，或者开锁成功后要终止开锁，需按压开锁停止按键。

一旦报警，需要通过开锁复位按键进行系统复位，才能停止报警，并使系统恢复到初始状态。

【做一做】

1. 所需的工具、设备及材料

1）常用电工工具、万用表等。

2）PC。

3）所需设备、材料见表 3-16。

2. 系统安装与调试

1）根据表 3-16 配齐电器元件，并检查各电器元件的质量。

表3-16　设备、材料明细表

序　号	标准代号	器件名称	型号规格	数　量	备　注
1	PLC	S7-200CN	CPU226AC/DC/RLA	1	6ES 7216-28D23-0XB8
2	SB1~SB5	密码锁操作按键	LA10-2H	5	
3	SB6	复位按键	LA10-2H	1	
4	SB7	停止按键	LA10-2H	1	
5	SB8	起动按键	LA10-2H	1	
6	HL1~HL3	指示灯	24V 直流电源指示灯	6	红、黄、绿
7	QS	隔离开关	正泰 NH2-125 3P 32A	1	
8	UR	电源模块	DR-120-24	1	24V 直流电源
9	PPI	通信电缆	RS232-485	1	
10	XT	接线端子	JX2-Y010	若干	

2）根据接线图（见图3-24），画出电器元件布置图，如图3-25所示。

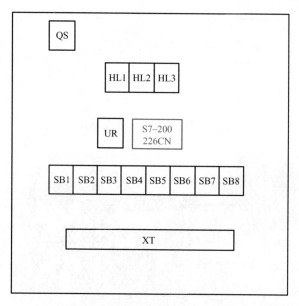

图3-25　电器元件布置图

3）根据电器元件布置图安装元件，各元件的安装位置应整齐、匀称、间距合理，便于元件的更换，元件紧固时用力要均匀，紧固程度适当。

4）接线。按照图3-24给出的安装接线图，先接PLC、开关电源的电源和PLC输入/输出点的电源，再接输入电路，最后接输出电路。电气接线图如图3-26所示，完成后的电气接线图如图3-27所示。

5）检查电路。通电前，认真检查有无错接、漏接等现象。

6）传送PLC程序。PLC通信设置参见任务2.1。

7）PLC程序运行、监控。

第一步：工作模式选择。将PLC的工作模式开关拨至运行，或者通过 STEP 7-Micro/

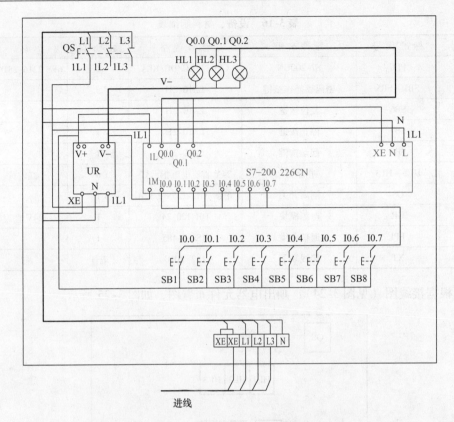

图 3-26 密码锁 PLC 控制安装接线图

图 3-27 密码锁 PLC 控制实物图

WIN 编程软件执行"PLC"菜单下的"运行"子菜单命令。

第二步：监控。单击执行"调试"菜单下的"开始程序状态监控"子菜单命令，梯形图程序进入监控状态。监控图如图 3-28 所示。

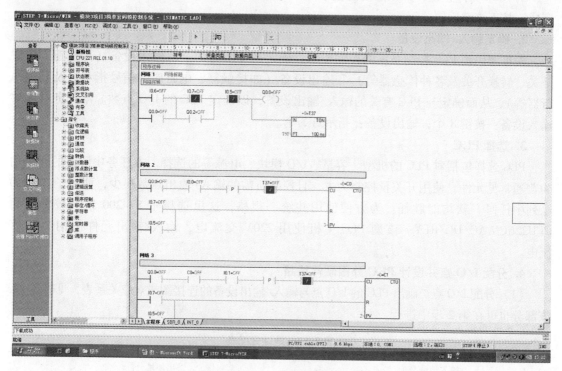

图 3-28　程序调试监控图

第三步：运行密码锁。按下起动按钮 SB7 和规定要求的按钮后，观察输出线圈 Q0.0 和 Q0.1，线圈 Q0.0 和 Q0.1 得电，相应指示灯亮；不按照规定要求按下密码按钮，输出线圈 Q0.2 得电，报警指示灯亮。

第四步：停止密码锁。按下停止按钮 SB8，所有数据清零，可以重新开锁。

3.3.4 技能实践

【学一学】

密码锁 PLC 控制设计过程如下。

1. 分析被控对象并提出控制方案

从密码锁控制要求来看，本设计任务主要是按键、指示灯之间的逻辑控制，并有时间控制次数控制要求，相互之间的制约条件总的来说不是很复杂，用定时器、计数器指令、比较指令和常用逻辑指令就可以实现。

1）SB7 为起动键，按下 SB7 键，才可以进行开锁作业，起动键按下后 15s 内需完成按键输入。若按键次数错误、按键顺序错误或按键超时，都将触发报警。

2）SB1、SB2、SB5 可按压。开锁条件为：SB1 设定按压次数为 3 次，SB2 设定按压次数为 2 次，SB5 设定按压次数为 4 次。

3）SB3、SB4 为不可按压键，开锁过程中一旦按压就发出警报。

4）SB6 为复位键，如果已经报警，则必须进行复位操作，所有状态都被复位。

5）SB8 为停止键，开锁起动键按下后 15s 内按下停止键，可停止开锁过程。若开锁已完成，按下该键后锁关闭。

2. 确定输入/输出设备

根据密码锁 PLC 控制系统的控制要求，确定系统所需的全部输入设备（如按钮、位置开关、转换开关及各种传感器等）和输出设备（如接触器、电磁阀、信号指示灯及其他执行器等），从而确定与 PLC 有关的输入/输出设备，以确定 PLC 的 I/O 点数。本任务共需要输入设备：按键 8 个；输出设备：指示灯 3 个。

3. 选择 PLC

PLC 选择包括对 PLC 的机型、容量、I/O 模块、电源等的选择。本任务中涉及的元件均为普通常见元件，使用开关量控制为主，且控制所需的输入/输出点数很少，西门子 S7-200系列中任何一款均能胜任。为方便使用并统一规格，这里选择了 S7-200 系列较常见的CPU226CN AC/DC/RLY。该型 PLC 主机使用 220V 交流电，输入/输出元件使用 24V 直流电。

4. 分配 I/O 点并设计 PLC 外围硬件线路

（1）分配 I/O 点　画出 PLC 的 I/O 点与输入/输出设备的连接图或对应关系表，见表 3-17，该部分也可在第 2 步中进行。

表 3-17　地址分配表

输入地址分配				输出地址分配	
SB1 操作键	I0.0	SB5 操作键	I0.4	HL1 开锁开始指示灯	Q0.0
SB2 操作键	I0.1	SB6 复位键	I0.5	HL2 开锁成功指示灯	Q0.1
SB3 操作键	I0.2	SB7 起动键	I0.6	HL3 报警指示灯	Q0.2
SB4 操作键	I0.3	SB8 停止键	I0.7		

（2）设计 PLC 外围硬件线路　画出密码锁 PLC 控制系统其他部分的电气线路图，包括主电路和未进入 PLC 的控制电路等。由 PLC 的 I/O 连接图和 PLC 外围电气线路图组成系统的电气接线图，至此系统的硬件电气线路已经确定。

5. 程序设计

本任务可采用经验设计法来设计程序。

本程序主要使用计数器对操作按键进行计数，然后在开锁操作开始 15s 后进行比较，若操作正确就执行开锁动作，否则就报警。图 3-29 为操作键计数程序。

本设计任务的程序如图 3-30 所示（内容见光盘）。

6. 安装与调试

根据图 3-26 进行安装接线，然后将编制好的密码锁 PLC 控制程序下载到 PLC 中，并进行程序调试，直到设备运行满足设计要求。

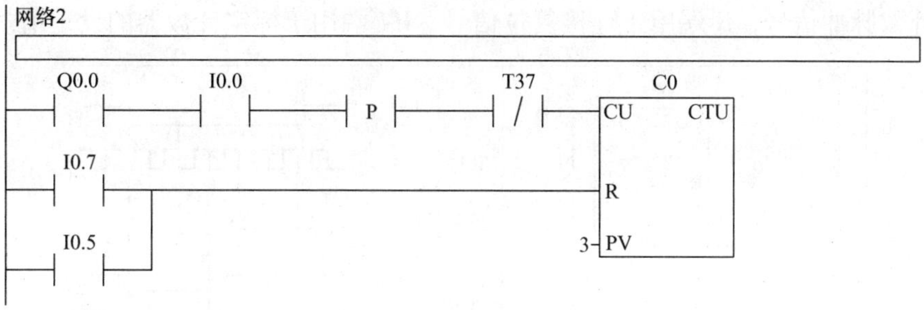

网络2

图 3-29　操作键计数程序

3.3.5　理论基础

【读一读】

1. 基本知识

（1）计数器指令　S7-200 系列 PLC 的计数器按工作方式可分为加计数器、减计数器和加/减计数器。相关参数见表 3-18。

表 3-18　计数器的相关参数

梯形图 LAD	语句表 STL	操作数的类型及范围
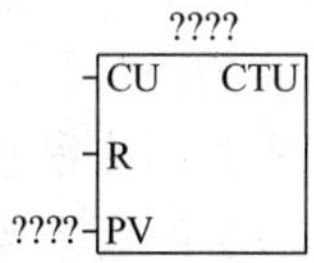	CTU C××，PV	C××：计数器编号，常数（C0～C255） CU：加计数器输入端，位型（I、Q、M、SM、T、C、V、S、L、使能位）
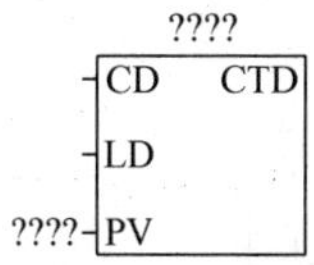	CTD C××，PV	CD：减计数器输入端，位型（I、Q、M、SM、T、C、V、S、L、使能位） R：加计数器复位输入端，位型（I、Q、M、SM、T、C、V、S、L、使能位） LD：减计数器复位输入端，位型（I、Q、M、SM、T、C、V、S、L、使能位）
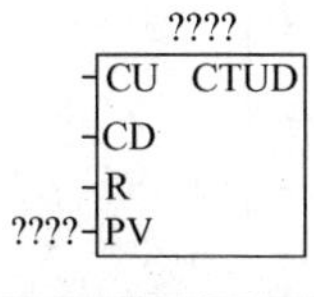	CTUD C××，PV	PV：设定值输入端，整数（VW、IW、QW、MW、SW、SMW、LW、AIW、T、C、AC、常数、*VD、*LD、*AC）

　　计数器用来累计输入脉冲的次数，在实际应用中，它常用来对产品进行计数或完成复杂的逻辑控制任务。计数器的结构与定时器基本相同，每个计数器有一个 16 位的当前值寄存器，用于存储计数器累计的脉冲数（1～32767），另有一个状态位表示计数器的状态。当当前值寄存器累计的脉冲数大于等于设定值时，计数器的状态位被置 1，该计数器的触点转换。

　　与定时器一样，计数器的当前值、设定值均为 16 位有符号整数（INT），允许的最大值为 32767。除了常数外，还可以用 VW、IW 等作它们的设定值。

　　1）加计数器 CTU（Counter Up）：加计数器 C5 的梯形图如图 3-31a 所示。图中的 CU 端用于连接计数脉冲信号，R 端用于连接复位信号，PV 端用于标定计数器的设定值。

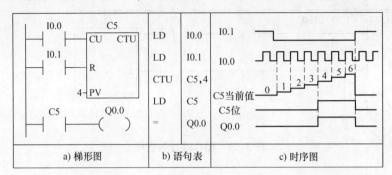

图 3-31 加计数器的控制程序及时序图

加计数器 C5 的工作过程（时序图）如图 3-31c 所示。当连接于 R 端的 I0.1 常开触点为断开状态时，计数脉冲有效，此时每接收到来自 CU 端的 I0.0 触点由断到通的信号，计数器的值即加 1 成为当前值，直至计数至最大值 32767；当计数器的当前值大于或等于设定值 4 时，计数器 C5 的状态位被置 1，C5 的触点转换，Q0.0 线圈得电；当连接于 R 端的 I0.1 触点接通时，C5 状态位置 0，C5 的触点恢复到原始状态，Q0.0 线圈失电，当前值清 0。

2）减计数器 CTD（Counter Down）：减计数器 C5 的梯形图如图 3-32a 所示。图中的 CD 端用于连接计数脉冲信号，LD 端用于连接复位信号，PV 端用于标定计数器的设定值。

减计数器 C5 的工作过程（时序图）如图 3-32c 所示。当连接于 LD 端的 I0.1 常开触点为断开状态时，计数脉冲有效，此时每接收到来自 CD 端的 I0.0 触点由断到通的信号，计数器的值即减 1 成为当前值；当计数器的当前值减为 0 时，计数器的状态位被置 1，C5 的触点转换，Q0.0 线圈得电；当连接于 LD 端的 I0.1 触点接通时，C5 状态位置 0，C5 的触点恢复原始状态，Q0.0 线圈失电，当前值恢复为设定值。

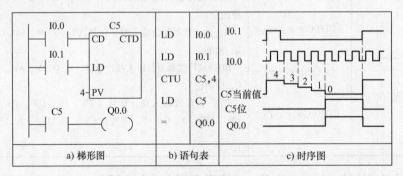

图 3-32 减计数器的控制程序及时序图

3）加/减计数器 CTUD（Counter Up/Down）：加/减计数器 C5 的梯形图如图 3-33a 所示。图中的 CD 端为减计数脉冲输入端，其他符号的意义同加计数器 CTU。

加/减计数器 C5 的工作过程（时序图）如图 3-33c 所示。当连接于 R 端的 I1.0 常开触点为断开状态时，计数脉冲有效，此时每接收到来自 CU 端 I0.0 触点由断到通的信号，计数器的当前值即加 1，而每接收到来自 CD 端 I0.1 触点由断到通的信号，计数器的当前值即减 1；当计数器的当前值大于或等于设定值 3 时，计数器 C5 的状态位被置 1，C5 的触点转换；当连

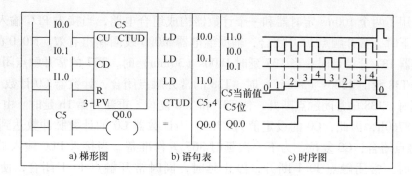

a) 梯形图	b) 语句表	c) 时序图

图 3-33 加/减计数器的控制程序及时序图

接于 R 端的 I1.0 触点接通时，C5 的状态位置 0，C5 的触点恢复到原始状态，当前值清 0。

加/减计数器 CTUD 的计数范围为 $-32768 \sim 32767$，当前值为最大值 32767 时，下一个 CU 端输入脉冲使当前值变为最小值 -32768；当前值为最小值 -32767 时，下一个 CD 端输入脉冲使当前值变为最大值 32767。

<u>注意</u>：不同类型的计数器不能共用同一编号。

（2）计数器应用

【例1】 设计计数次数为 30 万次的电路。

说明：S7-200 系列 PLC 的计数器的最大计数值是 32767，若需要更大的计数值，则必须进行扩展。图 3-34 所示为计数器的扩展电路。

图中采用两个计数器构成组合电路，C1 为一个设定值为 100 次的自复位计数器，对 CU 端输入信号 I0.1 的接通次数进行计数。I0.1 的触点每闭合 100 次，C1 自复位开始重新计数。同时，C1 的常开触点闭合，使 C2 计数 1 次，当 C2 计数到 3000 次时，I0.1 共接通 100×3000 次 $=300000$ 次，C2 的常开触点闭合，线圈 Q0.0 得电。该电路的计数值为两个计数器设定值的乘积，$C_{总} = C1 \times C2$。

【例2】 设计一个 365 天定时器电路。

说明：365 天定时器电路可以采用多个定时器串联实现，也可以采用计数器与定时器两者相结合来实现，如图 3-35 所示。

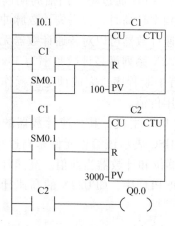

图 3-34 计数器的扩展电路

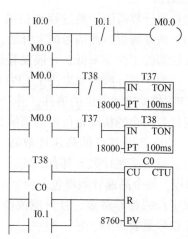

图 3-35 计数器与定时器组合的电路

图中采用了两个100ms定时器和一个计数器构成组合电路，当接入 PLC 输入端 I0.0 的起动按钮按下时，常开触点 I0.0 闭合，辅助继电器 M0.0 线圈输出有效，M0.0 的常开触点闭合，定时器 T37 开始延时；当 T37 延时1800s（30min）时，T37 的常开触点闭合，T38 开始延时；当 T38 延时1800s（30min）时，T38 的常开触点闭合，计数器 C0 计数1次，延时达到 1h；同时，T38 的常闭触点断开，使 T37 和 T38 复位，重新开始 1h 延时。由于365天 = 24h×365 = 8760h，因此，C0 的设定值为8760。当计数器 C0 的计数脉冲数达到设定值时，C0 的常开触点闭合，C0 复位，为下一次延时365天作准备。当接入 PLC 输入端 I0.1 的停止按钮按下时，常闭触点 I0.1 断开，停止延时，同时常开触点 I0.1 闭合，使计数器 C0 复位。

【例3】 采用计数器与特殊存储器实现365天定时电路。

说明：在对特殊存储器 SM 的了解过程中，可知 SM0.4、SM0.5 可分别产生 1min 和 1s 的时钟脉冲，若将时钟脉冲信号送入计数器作为计数信号，便可起到定时器的作用。下面采用 SM0.5 和计数器实现365天定时，如图3-36所示。

当接入 PLC 输入端 I0.0 的起动按钮按下时，常开触点 I0.0 闭合，辅助继电器 M0.0 线圈输出有效，M0.0 的常开触点闭合，计数器 C0 开始对 SM0.4 产生的 1min 时钟脉冲进行计数，当计满60次时（1h = 1min×60），实现 1h 延时，计数器 C0 的一个常开触点闭合，作为计数器 C1 的计数脉冲使 C1 计数1次，C0 的另一个常开触点闭合，使 C0

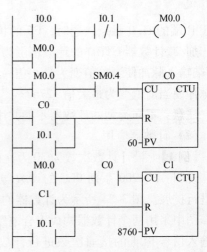

图 3-36　计数器与特殊存储器组合的电路

自复位，重新开始对 SM0.4 产生的 1min 时钟脉冲进行计数。当 C1 计数达到设定值 8760 时，实现365天定时，C1 的常开触点闭合，C1 自复位。当接入 PLC 输入端 I0.1 的停止按钮按下时，常闭触点 I0.1 断开，停止延时，同时常开触点 I0.1 闭合使计数器 C0、C1 复位。

2. 拓展知识

PLC 的普通计数器的计数过程与扫描工作方式有关，CPU 通过每一扫描周期读取一次被测信号的方法来捕捉被测信号的上升沿，被测信号的频率较高时，会丢失计数脉冲，这是因为普通计数器的工作频率低，一般仅有几十赫兹。高速计数器可以对普通计数器无能为力的事件进行计数，其计数频率取决于 CPU 的类型，CPU22X 系列最高计数频率为 30kHz，用于捕捉比 CPU 扫描速度更快的事件，并产生中断，执行中断程序，完成预定的操作。高速计数器在现代自动化的精确定位控制领域具有重要的应用价值。

（1）S7-200 系列 PLC 的高速计数器　不同型号的 PLC 主机，其高速计数器的数量不同，使用时，每个高速计数器都有地址编号（HCSn）。HSC 表示该编程元件是高速计数器，n 为地址编号。每个高速计数器包含两方面信息：计数器位和计数器当前值。高速计数器的当前值为双字长的符号整数，且只能读值。S7-200 系列 PLC 中，CPU22X 的高速计数器的数量与地址编号见表3-19。

表 3-19　CPU22X 的高速计数器的数量与地址编号

主　机	CPU221	CPU222	CPU224/CPU224X	CPU226
可用 HSC 数量	4	4	6	6
HSC 地址	HSC0、HSC3 HSC4、HSC5	HSC0、HSC3 HSC4、HSC5	HSC0 ~ HSC6	HSC0 ~ HSC6

（2）中断事件类型　高速计数器的计数和动作可采用中断方式进行控制。各种型号的 CPU 采用高速计数器的中断事件大致分为 3 种方式：当前值等于预设值中断、输入方向改变中断和外部复位中断。所有高速计数器都支持当前值等于预设值中断，但并不是所有高速计数器都支持这 3 种方式。高速计数器产生的中断事件有 14 个。中断源优先级等详情可查阅有关技术手册。

（3）高速计数器指令　高速计数器指令有两条：HDEF 和 HSC。其指令格式及功能描述见表 3-20。

表 3-20　高速计数器指令的格式及功能描述

梯形图 LAD	语句表 STL	功　能　描　述
HDEF EN　ENO ????-HSC ????-MODE	HDEF　HSC, MODE	高速计数器定义指令，当使能输入有效时，为指定的高速计数器分配一种操作模式
HSC EN　ENO ????-N	HSC　N	高速计数器指令，当使能输入有效时，根据高速计数器特殊存储器位的状态，并按照 HDEF 指令指定的操作模式，设置高速计数器并控制其工作

说明：

1）在高速计数器指令 HDEF 中，操作数 HSC 指定高速计数器编号（0 ~ 5），MODE 指定高速计数器的操作模式（0 ~ 11），每个高速计数器只能用一条 HDEF 指令。

2）在高速计数器指令 HSC 中，操作数 N 指定高速计数器编号（0 ~ 5）。

（4）操作模式和输入端的连接

1）操作模式。每种高速计数器有多种功能不同的操作模式，操作模式与中断事件密切相关。使用一个高速计数器，首先要定义它的操作模式，可以用 HDEF 指令来进行设置。

S7-200 系列 PLC 的高速计数器最多可设置 12（用常数 0 ~ 11 表示）种不同的操作模式。不同的高速计数器有不同的模式，见表 3-21。

表 3-21　高速计数器的操作模式

高速计数器	操　作　模　式
HSC0、HSC4	0、1、3、4、6、7、9、10
HSC1、HSC2	0 ~ 11
HSC3、HSC5	0

2）输入端的连接。使用高速计数器时，需要定义它的操作模式和正确进行输入端连接。S7-200系列PLC为高速计数器定义了固定的输入端。高速计数器与输入端的对应关系见表3-22。

表3-22　高速计数器与输入端的对应关系

高速计数器	使用的输入端
HSC0	I0.0、I0.1、I0.2
HSC1	I0.6、I0.7、I1.0、I1.1
HSC2	I1.2、I1.3、I1.4、I1.5
HSC3	I0.1
HSC4	I0.3、I0.4、I0.5
HSC5	I0.4

使用时必须注意，高速计数器的输入端、输入/输出中断的输入端都包括在一般数字量输入端的编号范围内，同一个输入端只能有一种功能。如果程序使用了高速计数器，则只有高速计数器不用的输入端才可以用来作为输入/输出中断或一般数字量的输入端。

【想一想】

1. 定时器与计数器有什么关系？

2. 当加/减计数器CTUD的当前值为最大值32767时，下一个CU端输入脉冲使当前值变为多少？当前值为-32768时，下一个CD端输入脉冲使当前值变为多少？为什么？

3. S7-200系列中哪些型号的PLC具备高速计数器？

【小结】

1. S7-200指令系统的功能指令包括比较、逻辑处理、数学运算等指令，这些指令可以为用户的PLC功能开发、编程和使用提供方便。S7-200系列PLC中不同型号的CPU支持使用的功能指令数量有所不同，从某种程度上来说，功能指令支持的情况反映了CPU功能的强弱。

2. 经验设计法也被称为试凑法，在掌握一些典型梯形图的基础上，根据被控对象对控制的要求，先凭经验进行选择、组合梯形图，然后不断地修改和完善梯形图。

3. PLC控制系统设计的一般步骤

（1）分析被控对象并提出控制方案。

（2）确定输入/输出设备。

（3）选择PLC。

（4）分配I/O点并设计PLC外围硬件线路。

（5）系统程序设计。

（6）系统的硬件安装与软件调试。

【自主学习题】

1. 填空题

（1）S7-200系列PLC的计数器按工作方式可分为加计数器、减计数器和（　　）。

（2）单一数据传送指令是指将输入的数据IN传送到输出OUT，在传送的过程中（　　）数据的原始值。

（3）加/减计数器CTUD的计数范围为（　　）。

（4）比较指令中的<>、<、>指令不适用于（　　）系列机型。

2. 判断题

（1）S7-200系列PLC的定时器中1ms、10ms、100ms定时器的刷新方式是相同的。
（　　）

（2）每个计数器有一个8位的当前值寄存器用于存储计数器累计的脉冲数（1～32767）。
（　　）

（3）CPU226 PLC中高速计数器的个数为6个。（　　）

（4）S7-200中的比较指令大致可以分为"="、"<>"、">="、"<="、">"及"<"6种。
（　　）

3. 简答题

（1）功能指令有哪些常用的输入/输出端？各有什么作用？

（2）简述数据比较指令的作用和分类。

（3）普通计数器的工作过程是怎样的？

4. 分析设计题

（1）设计一个每隔20s产生一个脉冲的定时脉冲电路。

（2）设计一个设定值为2000000的计数器。

（3）利用PLC实现8个指示灯从左到右循环依次闪亮的控制程序，每个指示灯的闪亮时间为0.5s。设指示灯从左到右由Q0.7～Q0.0来控制，尝试用移位指令实现。

（4）利用PLC实现8个指示灯从左到右循环依次闪亮的控制程序，每个指示灯的闪亮时间为0.5s。设指示灯从左到右由Q0.7～Q0.0来控制，尝试用比较指令实现。

【考核检查】

"模块3 常用功能指令应用"考核标准

任务名称：					
项　目	配分	考核要求	扣 分 点	扣分记录	得 分
任务分析	15	1. 会提出需要学习和解决的问题，会收集相关的学习资料 2. 会根据任务要求进行主要元器件的选择	1. 分析问题笼统扣2分；资料较少扣2分 2. 选择元器件每错1个扣2分		

（续）

项　　目	配分	考核要求	扣 分 点	扣分记录	得 分
设备安装	20	1. 会分配输入/输出端口，画I/O接线图 2. 会按照图样正确规划安装 3. 布线符合工艺要求	1. 分配端口有错扣4分；接线图有错扣4分 2. 错、漏线或错、漏元件扣2分 3. 布线工艺差扣4分		
程序设计	25	1. 程序结构清晰，内容完整 2. 正确输入梯形图 3. 正确保存程序文件 4. 会传送程序文件	1. 程序有错扣10分 2. 输入梯形图有错扣5分 3. 保存文件有错扣4分 4. 传送程序文件错误扣6分		
运行调试	25	1. 会运行系统，结果正确 2. 会分析监控程序 3. 会调试系统程序	1. 操作错误扣4分 2. 分析结果错误扣4分 3. 监控程序错误扣4分 4. 调试程序错误扣5分		
安全文明	10	1. 用电安全，无损坏器件 2. 工作环境保持整洁 3. 小组成员协同精神好 4. 工作纪律好	1. 发生安全事故扣10分 2. 损坏器件扣10分 3. 工作现场不整洁扣5分 4. 成员之间不协同扣5分 5. 不遵守工作纪律扣2~6分		
任务小结	5	会反思学习过程、认真总结工作经验	总结不到位扣3分		
学生			组别		
指导教师			日期		得分

模块 4 顺序控制应用

【学习目标】

1. 熟悉 S7-200 系列 PLC 的基本配置。
2. 熟悉 PLC 的编程规则和普通顺序控制方法。
3. 会根据任务要求分配控制系统输入/输出地址及绘制接线图。
4. 独立完成 PLC 控制系统的安装与运行。
5. 熟悉控制系统应用程序的编写与联机调试的方法。
6. 领会安全文明生产要求。

【学习任务】

1. 送料小车 PLC 控制系统的实现。
2. 机械手 PLC 控制系统的实现。

【学习建议】

本模块结合 2 个 PLC 控制系统的实现，介绍顺序控制设计方法。建议在学习过程中，首先要通过观看多媒体导学课件了解每一个控制系统的工作过程，并学会画出顺序功能图，然后根据顺序功能图设计相应的梯形图。此外本章还涉及了程序控制类指令的应用，这一类指令对合理安排程序结构、提高程序功能以及实现某些技巧型运算具有重要意义。在这些内容的基础上进一步学习控制程序的调试和修改，不断提高编程的能力。

【关键词】

S7-200CN、顺序功能图、顺序控制设计方法、接线图、地址分配、安装与调试。

任务 4.1 送料小车 PLC 控制系统的实现

4.1.1 任务目标

1. 进一步熟悉梯形图的基本编程规则。
2. 掌握顺序功能图的基本构成。
3. 掌握顺序控制设计法。

4.1.2 任务描述

如果一个控制系统可以分解成几个独立的控制动作，且这些动作必须严格按照一定的先后次序执行才能保证生产过程的正常运行，这样的控制系统称为顺序控制系统，也称为步进控制系统，其控制总是一步一步按顺序进行。在工业控制领域中，顺序控制系统的应用很广，尤其在机械行业，几乎无一例外地利用顺序控制来实现加工的自动循环。

任务要求：送料小车运行示意图如图4-1所示。小车向前运行为装货，时间为7s；向后运行为卸货，时间为5s，这一过程为完成一次动作。运行过程中按下停止按钮，小车运行完本轮停止运行。

图4-2所示为送料小车控制系统PLC接线图。

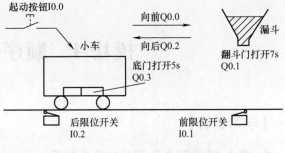

图4-1 送料小车运行示意图

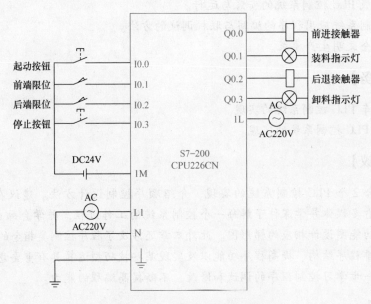

图4-2 送料小车控制系统PLC接线图

4.1.3 任务实现

【看一看】

观看多媒体课件，了解送料小车PLC控制系统的工作过程及安装方法。

工作过程描述：当小车处于左端时，按下起动按钮，小车向前运行。行进到前端压下前限位开关，翻斗门打开装货，7s后关闭翻斗门，小车向后运行。行进至后端压下后限位开关，打开小车底门卸货，5s后底门关闭，完成一次动作。小车自动连续往复运行，运行过程中按下停止按钮，小车运行完本轮停止运行。

【做一做】

1. 所需的工具、设备及材料

1）常用电工工具、万用表等。

2）PC。

3）所需设备、材料见表4-1。

表4-1 设备、材料明细表

序 号	标准代号	器件名称	型号规格	数 量	备 注
1	PLC	S7-200CN	CPU226AC/DC/RLA		6ES 7216-28D23-0XB8
2	SB1	起动按钮	LA10-2H	1	
3	SB2	停止按钮	LA10-2H	1	
4	SQ1	前限位开关	LA10-2H	1	按钮替代
5	SQ2	后限位开关	LA10-2H	1	按钮替代
6	HL1 ~ HL4	指示灯	AD51-25/41、GZAC2020V	4	
7	QS	隔离开关	正泰 NH2-125 3P 32A	1	
8	M	三相交流异步电动机	Y-112M-4/0.75kW	1	380V，2A，1440r/min
9	KM	交流接触器	CJ10-10，380V	2	
10	XT	接线端子	JX2-Y010	若干	

2. 系统安装步骤

1）根据表4-1配齐电器元件，并检查各电器元件的质量。

2）根据图4-2所示送料小车控制系统 PLC 接线图，画出元件布置图和接线图，如图4-3和图4-4所示。以 HL1 为例说明接线方法：给 HL1 编号为4号元件，HL1 上有2个

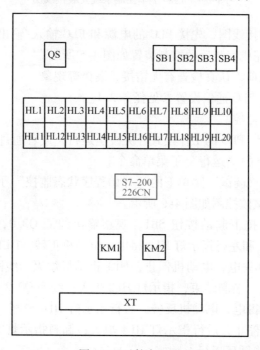

图4-3 元件布置图

接线柱，分别标为 1 和 2，1 号端子接 Q0.1，也就是接 PLC Q0.1 的输出端；2 号端子接 11：2，即接第 11 个元件的 2 号端子，也就是接触器 KM2 的线圈 2 号端子，该端子接 X1：4，即第 1 个线排的第 4 个端子。

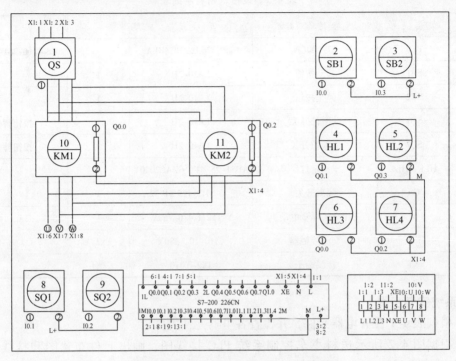

图 4-4　送料小车控制系统安装接线图

3）接线。按照安装接线图，先接 PLC 的电源和 PLC 输入/输出点的电源，再接输入电路，最后接输出电路。完成安装后的控制装置如图 4-5 所示。

4）检查电路。通电前，认真检查有无错接、漏接等现象。

5）传送 PLC 程序。PLC 通信设置参见任务 2.1。

6）PLC 程序运行、监控。

① 工作模式选择。将 PLC 的工作模式开关拨至运行，或者通过 STEP7-Micro/WIN 编程软件执行"PLC"菜单下的"运行"子菜单命令。

② 监控，单击执行"调试"菜单下的"开始程序状态监控"子菜单命令，梯形图程序进入监控状态。程序调试监控图如图 4-6 所示。

③ 运行小车系统：按下起动按钮 SB1，观察输出线圈 Q0.0，线圈 Q0.0 得电；线圈 Q0.0 控制的接触器 KM1 和左行指示灯 HL1 得电，电动机正转，HL1 指示灯亮；按下前限位开关 SQ1 后，线圈 Q0.0 失电，电动机停止，HL1 指示灯熄灭；线圈 Q0.1 得电，装料指示灯 HL2 灯亮，延时 7s 后，装料结束，指示灯 HL2 熄灭；线圈 Q0.2 得电，线圈 Q0.2 控制的 KM2 和后行指示灯 HL4 得电，电动机反转，后行指示灯 HL4 变亮；按下后行限位开关 SQ2 后，Q0.1 失电，电动机停止，后行指示灯 HL4 熄灭；卸料指示灯 HL3 亮，延时 5s 后，电动机正转，按照以上方式循环运行。

④ 停止小车系统：按下停止按钮 SB2，运行小车系统运行完一个周期后停止。

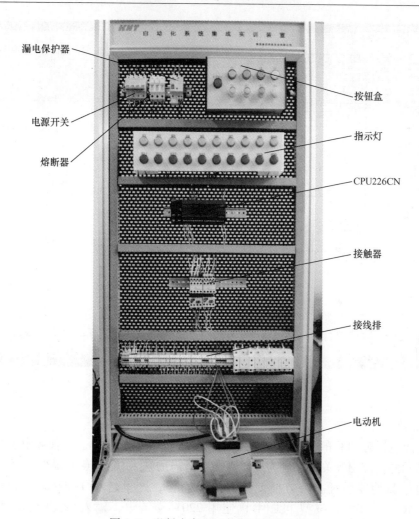

图 4-5　送料小车 PLC 控制系统实物图

4.1.4　技能实践

【学一学】

送料小车 PLC 控制系统设计步骤如下。

1. 分析被控对象并提出控制要求

从送料小车控制系统的控制要求来看，本设计任务主要可以采用顺序控制设计法，需要先分析并获得顺序功能图，并最终将顺序功能图转换为控制程序，所需指令使用普通逻辑指令即可。

2. 确定输入/输出设备

根据送料小车控制系统的控制要求，确定系统所需的全部输入设备（如按钮、位置开关、转换开关及各种传感器等）和输出设备（如接触器、电磁阀、信号指示灯及其他执行器等），从而确定与 PLC 有关的输入/输出设备，以确定 PLC 的 I/O 点数。本任务共需要输入设备：按钮 2 个，限位开关 2 个（可用按钮替代）；输出设备：指示灯 4 个，接触器 2 个。

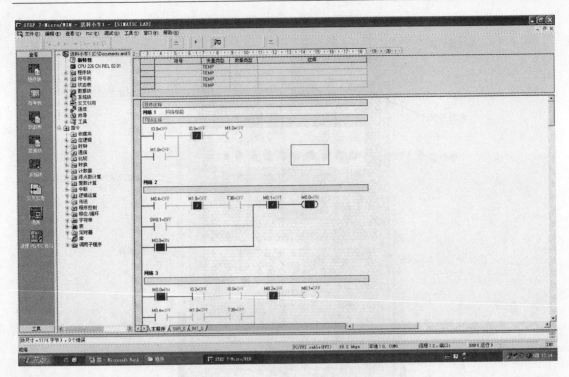

图 4-6 程序调试监控图

3. 选择 PLC

PLC 选择包括对 PLC 的机型、容量、I/O 模块、电源等的选择。本任务中涉及的元件均为普通常见元件，使用开关量控制为主，且控制所需的输入/输出点数很少，西门子 S7-200 系列中任何一款均能胜任。为方便使用并统一规格，这里选择了 S7-200 系列较常见的 CPU226CN AC/DC/RLY，该型 PLC 主机使用 220V 交流电，输入/输出元件使用 24V 直流电。

4. 分配 I/O 点并设计 PLC 外围硬件线路

（1）分配 I/O 点 画出 PLC 的 I/O 点与输入/输出设备的连接图或对应关系表，见表 4-2，该部分也可在第 2 步中进行。

表 4-2 地址分配表

输入地址分配		输出地址分配	
SB1 起动按钮	I0.0	HL1 前行指示灯	Q0.0
SQ1 前限位开关	I0.1	HL2 装料指示灯	Q0.1
SQ2 后限位开关	I0.2	HL3 卸料指示灯	Q0.2
SB2 停止按钮	I0.3	HL4 后行指示灯	Q0.3

（2）设计 PLC 外围硬件线路 画出系统其他部分的电气线路图，包括主电路和未进入 PLC 的控制电路等。由 PLC 的 I/O 连接图和 PLC 外围电气线路图组成系统的电气原理图，至此系统的硬件电气线路已经确定。

5. 程序设计

本任务可采用顺序控制设计法来设计程序。

由自动送料小车的工作过程可知，从按下起动按钮允许小车装料到小车卸料完成，共有4 个工作步，再考虑所必需的初始步，整个过程共由 5 步构成。用中间寄存器位 M0.0 ~ M0.4 表示初始步及各工作步。5 个步分别是 M0.0 初始步、M0.1 前进步、M0.2 装料步、M0.3 后退步、M0.4 卸料步。将步编号、各步转换条件、各步执行动作填写到顺序功能图中，如图 4-7 所示。整个程序属于分支循环混合结构，卸料完成后根据是否按下过停止按钮来进行选择，若整个运行过程中没有按下过停止按钮，则 M1.0 始终为 1，程序走左边分支向上循环到 M0.1，小车将继续工作；若运行过程中曾经按下过停止按钮，则 M1.0 为 0，程序走右边分支向上循环到 M0.0，小车将停止工作，程序停在初始步，等待再次按下起动按钮。得到顺序功能图后再根据"起保停"电路的格式结构将顺序功能图转换为梯形图，如图 4-7 所示。参考程序如图 4-8 所示（内容见光盘）。

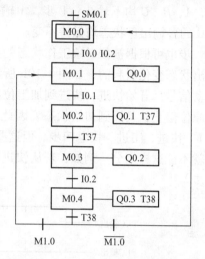

图 4-7　送料小车 PLC 控制顺序功能图

6. 系统安装与调试

根据图 4-3 进行安装接线，然后将编制好的送料小车 PLC 控制程序下载到 PLC 中，并进行程序调试，直到设备运行满足设计要求。

4.1.5　理论基础

【读一读】

1. 基本知识

顺序控制设计法就是针对顺序控制系统的一种专门的设计方法。这种设计方法很容易被初学者接受，对于有经验的工程师，也会提高设计的效率，程序的调试、修改和阅读也很方便。PLC 的设计者们为顺序控制系统的程序编制提供了大量通用和专用的编程元件，开发了专门供编制顺序控制程序用的功能表图，使这种设计方法成为当前 PLC 程序设计的主要方法。

（1）功能图的概念　功能图是描述控制系统的控制过程、功能和特性的一种图形。功能图并不涉及所描述的控制功能的具体技术，是一种通用的技术语言。因此，功能图也可用于不同专业的人员进行技术交流。

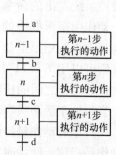

图 4-9 所示为功能图的一般形式，它由步、转换、转换条件、有向连线和动作等组成。

1）步与动作。

① 步的划分。顺序控制设计法最基本的思想是将系统的一

图 4-9　功能图的一般形式

个工作周期划分为若干个顺序相连的阶段，这些阶段称为步，并且用编程元件（辅助继电器 M 或状态寄存器 S）来代表各步。

步是根据 PLC 输出量的状态划分的，只要系统的输出量状态发生变化，系统就从原来的步进入新的步，如图 4-10a 所示，某液压动力滑台的整个工作过程可划分为四步，即 0 步，A、B、C 均不输出；1 步，A 输出；2 步，A、C 输出；3 步，B 输出。在每一步内，PLC 的各输出量状态均保持不变。

步也可根据被控对象工作状态的变化来划分，但被控对象的状态变化应该是由 PLC 的输出状态变化引起的，如图 4-10b 所示，液压动力滑台的初始状态是停在原位不动，当得到起动信号后开始快进，快进到加工位置后转为工进，到达终点后加工结束又转为快退，快退到原位停止，又回到初始状态。因此，液压动力滑台的整个工作过程可以划分为停止（原位）、快进、工进、快退四步。但这些状态的改变都必须是由 PLC 输出量的变化引起的，否则就不能这样划分。例如，若从快进转为工进与 PLC 的输出无关，那么快进、工进只能算一步。

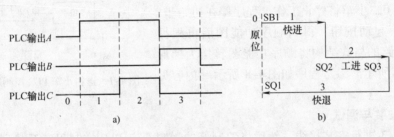

图 4-10 步的划分

总之，步应以 PLC 输出量状态的变化来划分，因为这是为了设计 PLC 控制的程序，所以当 PLC 输出状态没有变化时，就不存在程序的变化。

② 步的表示。步在功能图中用矩形框表示，框内的数字是该步的编号。步分为初始步、工作步两种形式。

● 初始步：顺序过程的初始状态用初始步说明。初始步用双线框表示，每个功能图至少应该有一个初始步。

● 工作步：工作步说明控制系统的正常工作状态。当系统正工作于某一步时，该步处于活动状态，称为"活动步"。

③ 动作。所谓"动作"是指某步活动时，PLC 向被控系统发出的命令，或被控系统应该执行的动作。动作用矩形框中的文字或符号表示，该矩形框应与相应步的矩形框相连接。如果某一步有几个动作，则可以用图 4-11 中的两种画法来表示，但并不隐含这些动作之间的任何顺序。

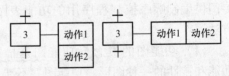

图 4-11 多个动作的画法

当步处于活动状态时，相应的动作被执行，但应注意表明动作是保持型还是非保持型的。保持型的动作是指该步活动时执行该动作，该步变为不活动后继续执行该动作。非保持型动作是指该步活动时执行该动作，该步变为不活动时动作也停止执行。一般保持型的动作在功能图中应该用文字或助记符标注，而非保持型动作不要标注。

2）有向连线、转换及转换条件。如图4-9所示，步与步之间用有向连线连接，并且用转换将步分隔开。步的活动状态进展是按有向连线规定的路线进行的。当有向连线上无箭头标注时，其进展方向是从上到下、从左到右。如果不是上述方向，则应在有向连线上用箭头注明方向。

步的活动状态进展是由转换来完成的，转换是用与有向连线垂直的短划线来表示的。步与步之间不允许直接相连，必须用转换隔开，而且转换与转换之间也同样不能直接相连，必须用步隔开。

转换条件是与转换相关的逻辑命题，可以用文字语言、布尔代数表达式或图形符号标注在表示转换的短划线旁边。转换条件 I 和 $\bar{I}$，分别表示当二进制逻辑信号 I 为"1"和"0"状态时条件成立；转换条件 I↓ 和 I↑ 分别表示当 I 从"1"（接通）到"0"（断开）和从"0"（断开）到"1"（接通）状态时条件成立。

确定各相邻步之间的转换条件是顺序控制设计法的重要步骤之一。转换条件是使系统从当前步进入下一步的条件。常见的转换条件有按钮、行程开关、定时器和计数器触点的动作（通/断）等。

在图4-10b 中，滑台由停止（原位）转为快进，其转换条件是按下起动按钮 SB1（即 SB1 的常开触点接通）；由快进转为工进的转换条件是行程开关 SQ2 动作；由工进转为快退的转换条件是终点行程开关 SQ3 动作；由快退转为停止（原位）的转换条件是原位行程开关 SQ1 动作。转换条件也可以是若干个信号的逻辑（与、或、非）组合，如 A1·A2、B1 + B2。

3）转换的实现。步与步之间实现转换应同时具备两个条件：①前级步必须是"活动步"；②对应的转换条件成立。当同时具备这两个条件时，才能实现步的转换，即所有由有向连线与相应转换符号相连的后续步都变为活动的，而所有由有向连线与相应转换符号相连的前级步都变为不活动的。例如，图4-9中 n 步为活动步的情况下转换条件 c 成立，则转换实现，即 $n+1$ 步变为活动的，而 n 步变为不活动的。如果转换的前级步或后续步不止一个，则同步实现转换。

（2）功能图的基本结构形式　根据步与步之间转换的不同情况，功能图有3种不同的基本结构形式：单序列、选择序列和并行序列。

1）单序列结构。功能图的单序列结构形式最为简单，它由一系列按顺序排列、相继激活的步组成。每一步的后面只有一个转换，每一个转换后面只有一步，如图4-9所示。

2）选择序列结构。选择序列有开始和结束之分。选择序列的开始称为分支，选择序列的结束称为合并。选择序列的分支是指一个前级步后面紧接着有若干个后续步可供选择，各分支都有各自的转换条件。分支中表示转换的短划线只能标在水平线之下。图4-12a 所示为选择序列的分支。假设步3为活动步，如果转换条件 a 成立，则步3向步4实现转换；如果转换条件 b 成立，则步3向步5转换；如果转换条件 c 成立，则步3向步6转换。分支中一般同时只允许选择其中一个序列。

选择序列的合并是指几个选择分支合并到一个公共序列上。各分支都有各自的转换条件，转换条件只能标在水平线之上。图4-12b 所示为选择序列的合并。如果步7为活动步，且转换条件 d 成立，则由步7向步10转换；如果步8为活动步，且转换条件 e 成立，则步8向步10转换；如果步9为活动步，且转换条件 f 成立，则步9向步10转换。

3）并行序列结构。并行序列也有开始与结束之分。并行序列的开始也称为分支，并行

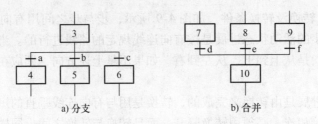

a) 分支   b) 合并

图4-12 选择序列

序列的结束也称为合并。图4-13a所示为并行序列的分支,它是指当转换实现后将同时使多个后续步激活。为了强调转换的同步实现,水平连线用双线表示。如果步3为活动步,且转换条件a也成立,则4、5、6三步同时变成活动步,而步3变为不活动步。应当注意,当步4、5、6被同时激活后,每一序列接下来的转换将是独立的。图4-13b所示为并列序列的合并,当接在双线上的所有前级步7、8、9都为活动步,且转换条件f成立时,才能使转换实现。即步10变为活动步,而步7、8、9均变为不活动步。

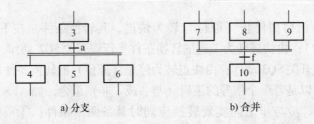

a) 分支   b) 合并

图4-13 并行序列

功能图除有以上3种基本结构外,在绘制复杂控制系统的功能图时,为了使总体设计容易抓住系统的主要矛盾,能更简洁地表示系统的整体功能和全貌,通常采用"子步"的结构形式,这样可避免一开始就陷入某些细节中。此外,在实际使用中还经常碰到一些特殊序列,如跳步、重复和循环序列等。

4)子步结构。子步结构是指在功能图中,某一步包含一系列子步和转换,图4-14所示的功能图便采用了子步的结构形式。该功能图中步5包含了5.1、5.2、5.3、5.4四个子步。

这些子步序列通常表示整个系统中的一个完整子功能,类似于计算机编程中的子程序。因此,设计时只要先画出简单的描述整个系统的总功能图,然后再进一步画出更详细的子功能图即可。子步中可以包含更详细的子步。这种采用子步的结构形式,逻辑性强,思路清晰,可以减少设计错误,缩短设计时间。

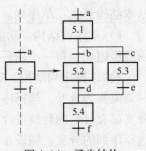

图4-14 子步结构

5)跳步、重复和循环序列。除以上单序列、选择序列、并行序列和子步4种基本结构外,在实际系统中还经常使用跳步、重复和循环等特殊序列。这些序列实际上都是选择序列的特殊形式。

图4-15a所示为跳步序列。当步3为活动步时,如果转换条件e成立,则跳过步4和步5直接进入步6。

图4-15b所示为重复序列。当步6为活动步时,如果转换条件d不成立而条件e成立,

则重新返回步 5，重复执行步 5 和步 6。直到转换条件 d 成立，重复结束，转入步 7。

图 4-15c 为循环序列，即在序列结束后，用重复的办法直接返回初始步 0，形成系统的循环。

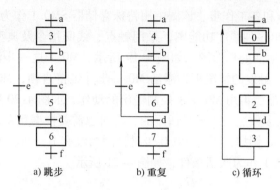

a) 跳步   b) 重复   c) 循环

图 4-15 跳步、重复和循环序列

在实际控制系统中，功能图中往往不是单一地含有上述某一种序列，而经常是上述各种序列结构的组合。

（3）功能图中应注意的问题

1）循环系统的起动。由图 4-16 可以看出，在循环过程中，初始步是由循环的最后一步完成后激活的，因此只要初始步的转换条件成立，就进入一个新的循环。但是在第一次循环中，初始步怎样才能被激活呢？通常采用的办法是另加一个短信号（也就是图中的转换条件 Q），专门在初始阶段激活初始步。它只在初始阶段出现一次，一旦建立循环，它不能干扰循环的正常进行。可以采用按钮或 PLC 的起动脉冲来获得这种短信号。起动脉冲用虚线框表示，如图 4-16 所示。

2）小闭环的处理。由图 4-17a 可以看出，功能图中含有仅由两步组成的小闭环，当采用触点及线圈指令编程时，则相应的步将无法被激活。例如，当步 1 活动且转换条件 a 成立时，步 2 本应该被激活，但此时步 1 又变成了步 2 的后续步，又要将步 2 关断，因此步 2 无法变为活动步。解决办法是在小闭环中增设一空步 3，如图 4-17b 所示。实际应用中，步 3 往往执行一个很短的延时动作，用延时结果作为激活步 1 的转换条件，这是因为延时时间很短，对系统的运行不会有什么影响，如图 4-17c 所示。

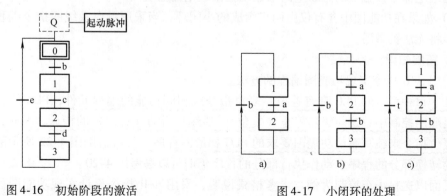

图 4-16 初始阶段的激活   图 4-17 小闭环的处理

（4）使用起动、保持、停止电路的编程方式 起保停电路是PLC中最常见、使用最方便的程序结构，所以这种编程方式适用于各种型号PLC。

编程时先用辅助继电器M来代表各步。如在图4-18中用辅助继电器M0.0～M0.2来代表系统工作时的初始步和各工作步。该图中用特殊存储器SM0.1作为初始起动信号。

根据图4-18所示单序列顺序功能图，采用触点、线圈指令及典型的起动、保持、停止电路，画出控制M0.1激活的梯形图，如图4-19所示，M0.1这一步激活的条件是M0.0为工作步，转换条件I0.1触发的情况下，激活M0.1步并维持自锁，M0.1步的停止条件为下一步M0.2步激活时，然后再用M0.1来控制输出的动作，如图4-20所示。其他各步可以参照这个格式来编写，大多数这个格式是通用的，有时也需要根据触发条件、停止条件等具体情况的变化而适当变化。例如，编写M0.0步时，因为没有上一步，所以上一步编号不需填写，只有转换条件SM0.1作为激活条件，如图4-21所示。

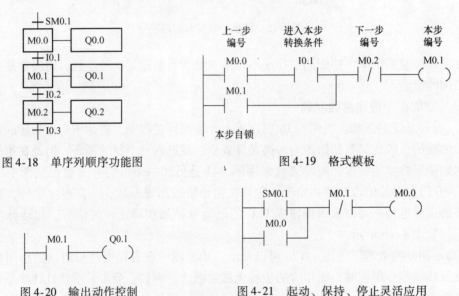

图4-18 单序列顺序功能图　　　　　图4-19 格式模板

图4-20 输出动作控制　　　　图4-21 起动、保持、停止灵活应用

（5）使用触点、线圈指令的编程方式应注意的问题

1）不允许出现双线圈输出现象。如果某输出继电器在几步中都被接通，只能用相应步的辅助继电器常开触点的并联电路来驱动输出继电器的线圈。

2）如果在功能图中含有仅由两步组成的小闭环，当采用触点及线圈指令编程时，则相应的步将无法被激活。

2. 拓展知识

采用S/R指令实现功能图编程的方法。

几乎每种型号的PLC都有置位、复位指令或相同功能的编程元件，PLC的这种功能正好满足顺序控制中总是前级步停止（复位）、后续步活动（置位）的特点。因此，可利用置位、复位指令来编写满足功能图要求的PLC梯形图程序。可以借助图4-22所示的格式来编写步的转换部分的程序，动作执行部分的程序仍旧可以参考图4-20。

下面以送料小车控制为例，参考格式说明，采用S/R指令设计实现功能图程序。同样用辅助存储器位M0.0～M0.4表示初始步及各工作步，根据图4-7所示的送料小车控制顺序

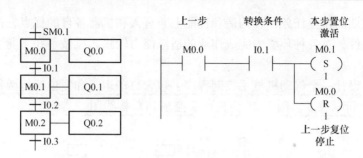

图4-22 采用S/R指令实现功能图的编程

功能图，编制出图4-23所示的梯形图程序（内容见光盘）。

在图4-23中，当前级步为活动步且转换条件成立时，将代表后续步的辅助继电器置位变成活动步，而将代表前级步的辅助继电器复位，变成不活动的。因此，这里将代表前级步辅助继电器的常开触点和对应的转换条件串联作为后续步置位（激活）的条件，同时也作为将前级步复位（变为不活动）的条件。例如，图中用M0.0常开触点与I0.0、I0.1常开触点串联作为M0.1置位和M0.0复位的条件。每一个转换都对应这样一个控制置位（S）和复位（R）的电路块，有多少个转换就有多少个这样的电路块。这种编程方法特别有规律，不容易遗漏和出错，适用于复杂的功能图的梯形图设计。

本例的功能图是含单序列、选择序列分支的循环结构，它的前级步和后续步都只有一个，因此需要置位和复位的辅助继电器也只有一个。当功能图中含有并行序列时，情况就有所不同，对于并行序列的分支，需要置位的辅助继电器不止一个；而对于并行序列的合并，应该用所有前级步对应的辅助继电器的常开触点与对应转换条件串联作为后续步置位和前级步复位的条件，而且被复位的辅助继电器（前级步）的个数与并行序列的分支数相等。

【想一想】

1. 在"初始步"中允许有动作存在吗？"初始步"是否只能由初始脉冲激活？
2. 如何理解选择序列和并行序列中的"分支"与"合并"？它们之间有什么不同？
3. 可否用置位优先、复位优先指令来实现顺序功能图？

任务4.2 机械手PLC控制系统的实现

4.2.1 任务目标

1. 进一步熟悉梯形图的基本编程规则。
2. 进一步掌握顺序功能图。
3. 掌握使用顺序控制继电器指令编写顺序控制程序的方法。
4. 掌握子程序调用指令的使用方法。
5. 了解跳转指令的基本情况。

4.2.2 任务描述

机械手是在机械化、自动化生产过程中发展起来的一种新型装置。它的特点是可通过编程来完成各种预期的作业任务，在构造和性能上兼有人和机器各自的优点，机械手工作时具有准确性、灵活性，在各种环境中完成作业的适应能力较强，机械手在工业生产中有着广阔的发展前景。

任务要求：设计一个气动机械手控制程序，包含自动运行和复位运行两种工作模式，图 4-24 为机械手运行示意图。图 4-25 为机械手控制 PLC 接线图。

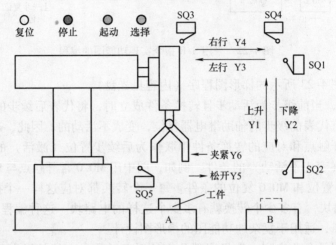

图 4-24　机械手运行示意图

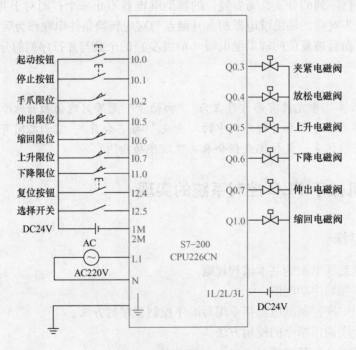

图 4-25　机械手控制 PLC 接线图

4.2.3　任务实现

【看一看】

观看多媒体课件，了解机械手 PLC 控制的工作过程。

工作过程：选择开关旋到自动运行模式，按下起动按钮，机械手从原位开始运行，先下降，然后手爪夹紧，机械手上升，接着水平伸出到位后再次下降，松开手爪再次上升，然后水平缩回实现机械手一周期的动作。若再次按下起动按钮开始新一轮运行，运行时按下停止按钮，机械手停止工作。选择开关旋到复位运行模式，按下复位按钮，机械手回到原始位置。机械手自动运行过程中拨动选择开关不起作用。

【做一做】

1. 所需的工具、设备及材料

1）常用电工工具、万用表等。

2）PC。

3）所需设备、材料见表 4-3。

表 4-3　电器元件明细表

序　号	标准代号	器件名称	型号规格	数　量	备　注
1	PLC	S7-200CN	CPU226AC/DC/RLA		6ES 7216-28D23-0XB8
2	SB1~SB3	按钮	LA10	3	
3	S1	选择开关	LA18-22X/2	1	
4	SQ1~SQ2	上下限位开关	SMC 型 D-C73	5	
5	SQ3~SQ4	平伸缩限位开关	SMC 型 D-Z73		
6	SQ5	手爪限位开关	SMC 型 D-M9B		
7	Y1~Y6	二位五通电磁阀	4V120-06	6	
8	UR	开关电源	DR-120-24	1	
9	QS	隔离开关	正泰 NH2-125 3P 32A	1	
10	XT	接线端子	JX2-Y010	若干	

2. 系统安装与调试

1）根据表 4-3 配齐电器元件，并检查各电器元件的质量。

2）根据图 4-25 所示的 PLC 接线图，画出机械手 PLC 控制安装接线图，如图 4-26 所示。

3）根据电器元件接线图安装元件，各元件的安装位置应整齐、匀称、间距合理，便于元件的更换，元件紧固时用力要均匀，紧固程度适当。完成安装后的控制装置实物如图 4-27 所示。

4）检查电路。通电前，认真检查有无错接、漏接等现象。

5）传送 PLC 程序。PLC 通信设置参见任务 2.1。

6）PLC 程序运行、监控。

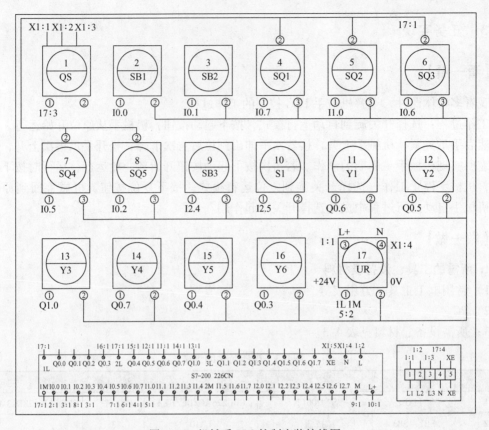

图 4-26　机械手 PLC 控制安装接线图

① 工作模式选择。将 PLC 的工作模式开关拨至运行或者通过 STEP7-Micro/WIN 编程软件执行"PLC"菜单下的"运行"子菜单命令。

② 监控，单击执行"调试"菜单下的"开始程序状态监控"子菜单命令，梯形图程序进入监控状态。程序调试监控图如图 4-28 所示。

③ 复位机械手：选择开关拨到复位模式，按下复位按钮 SB3 后，机械手回到缩回、上升、松开的状态，该状态也称为原位。仔细观察线圈 Q0.4、Q0.6、Q1.0 的现象。

④ 自动运行机械手：选择开关拨到自动运行模式，按下起动按钮 SB1 后，机械手从原位开始运行，运行的顺序是下降—加紧—上升—伸出—下降—松开—上升—缩回，观察对应 PLC 的输出线圈。机械手在运行过程中拨动选择开关，观察机械手的运动情况。机械手自动运行过程中拨动选择开关不起作用。

4.2.4　技能实践

【学一学】

本任务设计步骤如下。

1. 分析被控对象并提出控制要求

从控制要求来看，本设计任务主要可以采用顺序控制设计法，需要先分析并获得顺序功能图，并最终将顺序功能图转换为控制程序。所需指令为 S7-200 特有的顺序继电器控制指令。

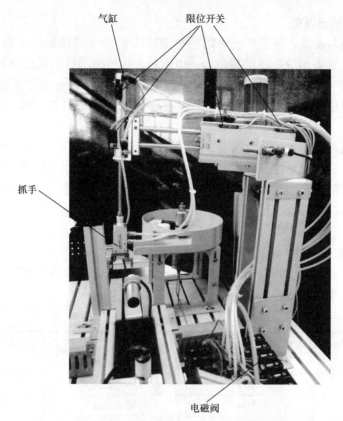

图4-27　机械手PLC控制安装实物图

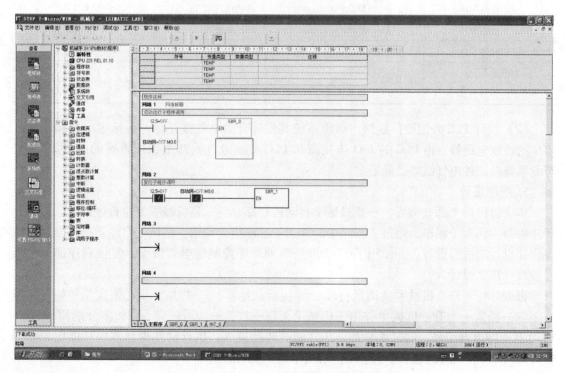

图4-28　程序调试监控图

2. 确定输入/输出设备

根据系统的控制要求，确定系统所需的全部输入设备（如按钮、位置开关、转换开关及各种传感器等）和输出设备（如接触器、电磁阀、信号指示灯及其他执行器等），从而确定与 PLC 有关的输入/输出设备，以确定 PLC 的 I/O 点数。本任务共需要输入设备：按钮3个、开关1个、限位开关5个；输出设备：电磁阀6个。

3. 选择 PLC

PLC 选择包括对 PLC 的机型、容量、I/O 模块、电源等的选择。本任务中涉及的元件均为普通常见元件，以开关量控制为主，且控制所需的输入/输出点数很少，西门子 S7-200 系列中任何一款均能胜任。为方便使用并统一规格，这里选择了 S7-200 系列较常见的 CPU226CN AC/DC/RLY。该型 PLC 主机使用 220V 交流电，输入/输出元件使用 24V 直流电。

4. 分配 I/O 点并设计 PLC 外围硬件线路

（1）分配 I/O 点　画出 PLC 的 I/O 点与输入/输出设备的连接图或对应关系表，见表4-4，该部分也可在第2步中进行。

表4-4　地址分配表

输入地址分配		输出地址分配	
起动按钮 SB1	I0.0	夹紧电磁阀 Y6	Q0.3
停止按钮 SB2	I0.1	放松电磁阀 Y5	Q0.4
复位按钮 SB3	I2.4	下降电磁阀 Y2	Q0.5
选择开关 S1	I2.5	上升电磁阀 Y1	Q0.6
手爪检测 SQ5	I0.2	伸出电磁阀 Y4	Q0.7
伸出检测 SQ4	I0.5	缩回电磁阀 Y3	Q1.0
缩回检测 SQ3	I0.6		
上升检测 SQ1	I0.7		
下降检测 SQ2	I1.0		

（2）设计 PLC 外围硬件线路　画出系统其他部分的电气线路图，包括主电路和未进入 PLC 的控制电路等。由 PLC 的 I/O 连接图和 PLC 外围电气线路图组成系统的电气原理图，至此系统的硬件电气线路已经确定。

5. 程序设计

本项目由两个部分构成，一是机械手自动运行部分，二是机械手复位程序部分。两部分程序编写为两个子程序，通过主程序中的调用子程序指令调用。机械手自动运行部分采用顺序程序设计法进行设计，并使用了 S7-200 特有的顺序控制继电器指令。复位程序部分采用经验设计法来设计。

根据分析可知，机械手自动运行部分（包括初始步）一共是9步，依次是初始—机械手下降—抓紧—上升—机械手伸出—机械手下降—放松—上升—缩回。9步分别用 S0.0 ~ S1.0 状态继电器编号，同时填写每一步之间的转换指令，执行动作得到顺序功能图，如图4-29 所示。再根据转换格式可将顺序功能图转换为梯形图。

参考程序如图4-30 ~ 图4-32 所示（图4-32 内容见光盘）。

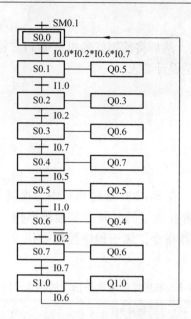

图 4-29   机械手自动控制顺序功能图

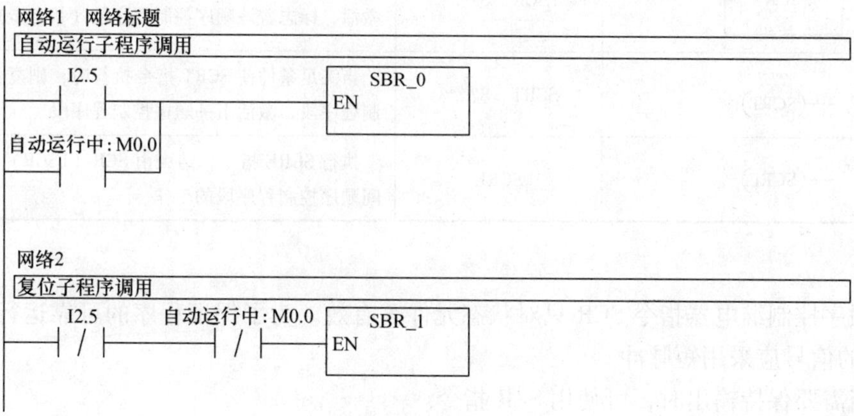

网络1   网络标题

自动运行子程序调用

```
    I2.5                          SBR_0
────┤ ├──────┬──────────────────┤EN

自动运行中：M0.0
────┤ ├──────┘
```

网络2

复位子程序调用

```
    I2.5      自动运行中：M0.0      SBR_1
────┤/├──────────┤/├──────────────┤EN
```

图 4-30   主程序部分

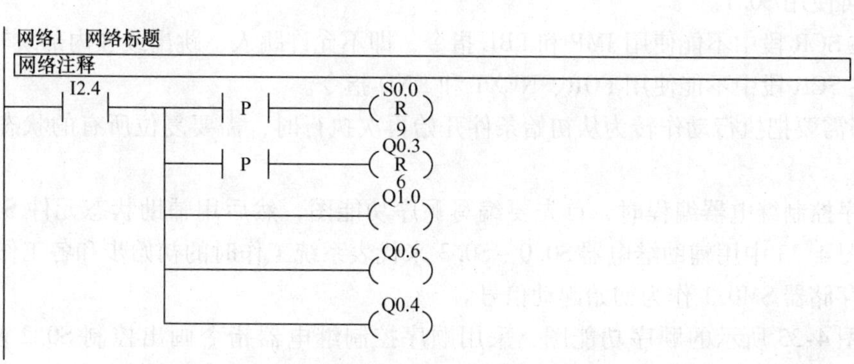

网络1   网络标题

网络注释

```
    I2.4                           S0.0
────┤ ├──────┬───────┤P├──────────( R )
    │        │                      9
    │        │                     Q0.3
    │        └───────┤P├──────────( R )
    │                               6
    │                              Q1.0
    ├──────────────────────────────( )
    │                              Q0.6
    ├──────────────────────────────( )
    │                              Q0.4
    └──────────────────────────────( )
```

图 4-31   机械手控制复位子程序

6. 安装与调试

根据图 4-26 进行安装接线，然后将编制好的机械手 PLC 控制程序下载到 PLC 中，并进行程序调试，直到设备运行满足设计要求。

4.2.5 理论基础

【读一读】

1. 基本知识

（1）顺序控制继电器指令 在 S7-200 系列 PLC 中，提供了专门用于设计顺序控制程序的步进型指令，它可以使初学者在较短的时间内掌握顺序控制程序的编制方法。S7-200 系列 PLC 共有 3 条顺序控制继电器指令，属于程序控制类指令。顺序控制继电器指令的格式及功能见表 4-5。

表 4-5 顺序控制继电器指令的格式及功能

梯形图 LAD	语句表 STL	功 能
??? ┤ SCR │	LSCR S?.?	当顺序控制继电器位为 1 时，SCR（LSCR）指令被激活，标志着该顺序控制程序段（状态步）的开始
??.? ——（SCRT）	SCRT S?.?	当满足条件使 SCRT 指令执行时，则复位本顺序控制程序段，激活下一顺序控制程序段
——（SCRE）	SCRE	执行 SCRE 指令，结束由 SCR（LSCR）到 SCRE 之间顺序控制程序段的工作

说明：

1）顺序控制继电器指令 SCR 只对状态元件 S 有效。为了保证程序的可靠运行，驱动状态元件 S 的信号应采用短脉冲。

2）当需要保持输出时，可使用 S/R 指令。

3）不能把同一编号的状态元件用在不同的程序中，如在主程序中用了 S0.1，在子程序中就不能再使用 S0.1。

4）在 SCR 段中不能使用 JMP 和 LBL 指令，即不允许跳入、跳出或在内部跳转。

5）在 SCR 段中不能使用 FOR、NEXT 和 END 指令。

6）当需要把执行动作转为从初始条件开始再次执行时，需要复位所有的状态，包括初始状态。

用顺序控制继电器编程时，首先要编写顺序功能图，然后用辅助状态元件 S 来代表各步。如在图 4-33 中用辅助继电器 S0.0 ~ S0.3 来代表系统工作时的初始步和各工作步。该图中用特殊存储器 SM0.1 作为初始起动信号。

根据图 4-33 所示的顺序功能图，采用顺序控制继电器指令画出控制 S0.2 步的程序，S0.2 这一步通过 SCR 指令表示开始；用 SM0.0 来控制输出的动作，Q0.2 置位输出，Q0.1 复位停止；I0.3 为下一步转换条件，SCRT 上填写触发的下一步编号；SCRE 表示本步到此结束，如图 4-34 所示。其他各步可以参照这个格式来编写，大多数这个格式是通用的，有时也需要根据触发条件、停止条件等具体情况的变化而适当变化。例如编写 S0.0 步时，因为是初始步，首次触发可以用置位指令直接触发，如图 4-35 所示。

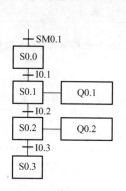

图 4-33　顺序功能图

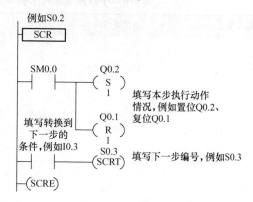

图 4-34　S0.2 步的程序

（2）子程序调用指令及应用　S7-200 系列 PLC 的程序结构分为主程序、子程序和中断程序。在 STEP 7- Micro/WIN 编程软件的程序编辑窗口中，这三者都有各自独立的页。

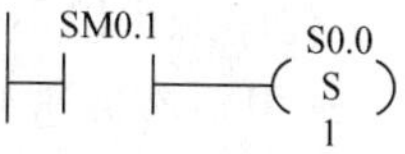

将具有特定功能，并且多次使用的程序段作为子程序。可以在主程序、其他子程序或中断程序中调用子程序，调用某个子程序时将执行该子程序的全部指令，直到子程序结束，然后返回调用程序中该子程序调用指令的下一条指令处。

图 4-35　置位指令直接触发

子程序用于程序的分段和分块，使其成为较小的、更易于管理的块；它只有在需要时才调用，可以更加有效地使用 PLC。

子程序的调用是有条件的，未调用它时不会执行子程序中的指令，因此使用子程序可以减少扫描时间。

子程序在结构化程序设计中是一种方便、有效的工具。在程序中使用子程序时，需要进行的操作有建立子程序、调用子程序和子程序返回。

1）建立子程序。在 STEP 7- Micro/WIN 编程软件中可以采用以下方法建立子程序。

① 执行菜单命令"编辑"→"插入"→"子程序"。

② 在指令树中用鼠标右键单击"程序块"图标，从弹出的菜单选项中选择"插入"下的"子程序"命令。

③ 在"程序编辑器"的空白处单击鼠标右键，从弹出的快捷菜单选项中选择"插入"下的"子程序"命令。

注意，此时仅仅是建立了子程序的标号，子程序的具体功能需要在当前子程序的程序编辑器中进行程序编辑。

建立了子程序后，子程序的默认名为 SBR_n，编号 n 从 0 开始按递增顺序递增生成。在 SBR_n 上单击鼠标右键，从弹出的快捷菜单选项中选择"重命名"命令或在 SBR_n 上双击鼠标左键，可以更改子程序名称。

2）调用子程序及子程序返回。子程序编辑好后，返回主调程序的程序编辑器页面，将光标定位在需要调用的子程序处，双击指令树中对应的子程序或直接用鼠标将子程序拖到需要调用子程序处。子程序调用及子程序返回指令的格式及功能见表 4-6。

表 4-6　子程序调用及子程序返回指令的格式及功能

梯形图 LAD	语句表 STL	功　能
SBR_0 —EN	CALL　SBR_n	子程序调用与标号指令（CALL）把程序的控制权交给子程序（SBR_n）
——（RET）	CRET	有条件子程序返回指令（CRET）根据该指令前面的逻辑关系，决定是否终止子程序（SBR_n） 无条件子程序返回指令（RET）立即终止子程序的执行

说明：

① 子程序调用指令编写在主调程序中，子程序返回指令编写在子程序中。

② 子程序标号 n 的范围：CPU221/222/224 为 0 ~ 63，CPU224XP/226 为 0 ~ 127。

③ 子程序既可以不带参数调用，也可以带参数调用。带参数调用的子程序必须事先在局部变量表里对参数进行定义，且最多可以传递 16 个参数，参数的变量名最多为 23 个字符。传递的参数有 IN、IN_OUT、OUT 三类，IN（输入）是传入子程序的输入参数；IN_OUT（输入/输出）将参数的初始值传给子程序，并将子程序的执行结果返回给同一地址；OUT（输出）是子程序的执行结果，它被返回给调用它的程序。被传递参数的数据类型有BOOL、BYTE、WORD、INT、DWORD、DINT、REAL、STRINGL 八种。

④ 在现行的编程软件中，无条件子程序返回指令（RET）为自动默认，不需要在子程序结束时输入任何代码。执行完子程序以后，控制程序回到子程序调用前的下一条指令。子程序可嵌套，嵌套深度最多为 8 层；但在中断服务程序中，不能嵌套调用调用子程序。

⑤ 当有一个子程序被调用时，系统会保存当前的逻辑堆栈，并将栈顶值置 1，堆栈的其他值为 0，把控制权交给被调用的子程序；当子程序完成后，恢复逻辑堆栈，将控制权交还给调用程序。

2. 拓展知识

程序控制类指令的作用是控制程序的运行方向，如程序的跳转、程序的循环以及按步序进行控制等。程序控制类指令包括跳转/标号指令、循环指令、顺序控制继电器指令、子程序调用指令、结束及子程序返回指令、看门狗复位指令等。

（1）跳转/标号指令　跳转/标号指令在工程实践中常用来解决一些生产流程的选择性分支控制，可以使程序结构更加灵活，缩短扫描周期，从而加快系统的响应速度。跳转/标号指令的格式及功能见表 4-7。

表 4-7　跳转/标号指令的格式及功能

梯形图 LAD	语句表 STL	功　能
n ——（JMP）	JMP　n	条件满足时，跳转指令（JMP）可使程序转移到同一程序的具体标号（n）处
n —| LBL	LBL　n	标号指令（LBL）标记跳转目的地的位置（n）

说明：

1）跳转标号 n 的取值范围是 0 ~ 255。

2）跳转指令及标号指令必须配对使用，并且只能用于同一程序段（主程序或子程序）中，不能在主程序段中用跳转指令，而在子程序段中用标号指令。

3）由于跳转指令具有选择程序段的功能，所以在同一程序且位于因跳转而不会被同时执行的两段程序中的同一线圈不被视为双线圈。

跳转/标号指令应用：图 4-36 所示为跳转/标号指令的功能示意图。

执行程序 A 后，当转移条件成立（I0.0 常开触点闭合）时，跳过程序 B，执行程序 C；若转移条件不成立（I0.0 常开触点断开），则执行程序 A 后，再执行程序 B，然后执行程序 C。这两条指令的功能是传统继电器控制所没有的。

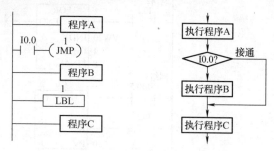

图 4-36　跳转/标号指令的功能示意图

跳转/标号指令在工业现场控制中常用于操作方式的选择。

（2）循环指令　在控制系统中经常遇到对某项任务需要重复执行若干次的情况，这时可使用循环指令。循环指令由循环开始指令 FOR 和循环结束指令 NEXT 组成，当驱动 FOR 指令的逻辑条件满足时，该指令会反复执行 FOR 与 NEXT 之间的程序段。循环指令的格式及功能见表 4-8。

表 4-8　循环指令的格式及功能

梯形图 LAD	语句表 STL	功　能
FOR —EN　ENO—▷ ????—INDX ????—INIT ????—FINAL	FOR INDX, INIT, FINAL	INDX：当前循环计数值 INIT：循环初值 FINAL：循环终值 　当使能位 EN 为 1 时，执行循环体，INDX 从 1 开始计数。每执行一次循环体，INDX 自动加 1，并且与终值相比较，如果 INDX 大于 FINAL，循环结束
—（NEXT）	NEXT	

说明：

1）FOR 和 NEXT 必须配对使用，在 FOR 与 NEXT 之间构成循环体，并允许嵌套使用，最多允许嵌套深度为 8 次。

2）INDX、INIT、FINAL 的数据类型为字整型数据。

3）如果 INIT 的值大于 FINAL 的值，则不执行循环。

【例 1】　在图 4-37 所示的梯形图中，当 I0.0 = 1 时，进入外循环，并循环执行"网络 1"至"网络 6"6 次；当 I0.1 = 1 时，进入内循环，每次外循环、内循环都要循环执行"网络 3"至"网络 5"8 次。如果 I0.1 = 0，在执行外循环时，则跳过"网络 2"至"网络 4"。

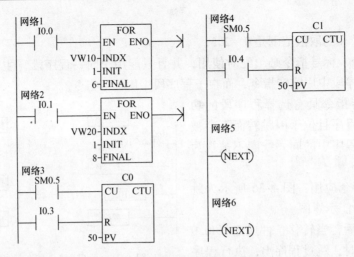

图 4-37 循环指令的应用实例

（3）停止模式切换指令　停止模式切换指令为条件指令，它一般将诊断故障信号作为条件，当条件为真时，则将 PLC 切换到 STOP 模式，以保护设备或人身安全。停止模式切换指令的格式及功能见表 4-9。

表 4-9　停止模式切换指令的格式及功能

梯形图 LAD	语句表 STL	功　　能
—(STOP)	STOP	检测到 I/O 错误时，强制转至 STOP（停止）模式

说明：停止模式切换指令无操作数。

（4）看门狗复位指令　PLC 系统在正常执行时，操作系统会周期性地对看门狗监控定时器进行复位，如果用户程序有一些特殊的操作需要延长看门狗定时器的时间，则可以使用看门狗复位指令。该指令不可滥用，如果使用不当会导致系统产生严重故障，如无法通信、输出不能刷新等。看门狗复位指令的格式及功能见表 4-10。

表 4-10　看门狗复位指令的格式及功能

梯形图 LAD	语句表 STL	功　　能
—(WDR)	WDR	当执行条件成立时触发看门狗复位

说明：看门狗复位指令无操作数。

（5）有条件结束指令　有条件结束指令的格式及功能见表 4-11。

表 4-11　有条件结束指令的格式及功能

梯形图 LAD	语句表 STL	功　　能
—(END)	END	当执行条件成立时终止主程序，但不能在子程序或中断程序中使用

说明：有条件结束指令无操作数。

【例 2】　图 4-38 所示为 STOP、WDR、END 指令应用举例。

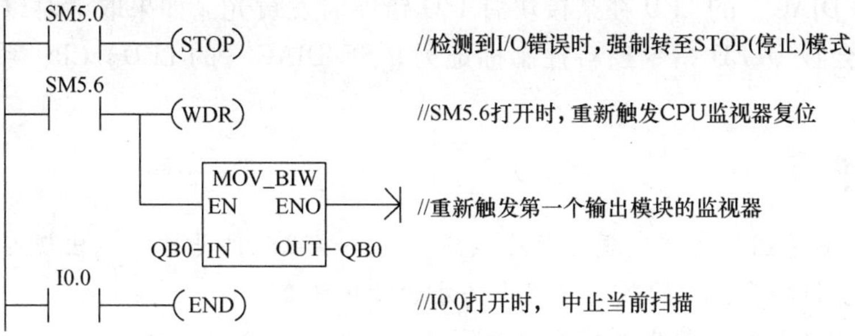

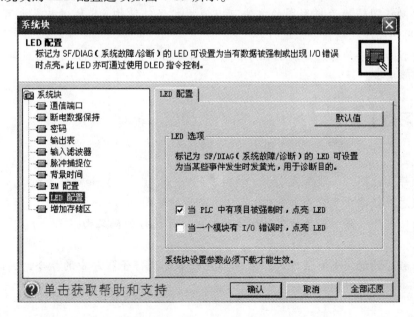

图 4-38　STOP、WDR、END 指令的应用举例

（6）LED 诊断指令　LED 诊断指令可用来设置 S7-200 CPU 上的 LED 状态。LED 诊断指令的格式及功能见表 4-12。

表 4-12　LED 诊断指令的格式及功能

梯形图 LAD	语句表 STL	功　能
DIAG_LED EN　ENO ????-IN	DLED	当使能位为 1 时，如果输入参数 IN 的数值为 0，则诊断 LED 会被设置为不发光。如果输入参数 IN 的数值大于 0，则诊断 LED 会被设置为发光（黄色）

说明：LED 诊断指令无操作数。

在 STEP 7-Micro/WIN 的系统块内可以对 S7-200 CPU 上标记为"SF/DIAG"的 LED 进行配置，系统块的 LED 配置选项如图 4-39 所示。

图 4-39　系统块的 LED 配置选项

如果勾选"当 PLC 中有项目被强制时，点亮 LED"选项，则当 DLED 指令的 IN 参数大于 0 或有 I/O 点被强制时发黄光。如果勾选"当一个模块有 I/O 错误时，点亮 LED"选项，则标记为"SF/DIAG"的 LED 在某模块有 I/O 错误时发黄光。如果取消对以上两个配置选项的选择，就会让 DLED 指令独自控制标记为"SF/DIAG"的 LED。CPU 系统故障（SF）用红光表示。

【想一想】

1. S7-200 系列 PLC 怎样实现子程序调用？同一编程元件是否可以出现在不同的子程序中？停止调用子程序后，它控制的编程元件处于什么状态？

2. 尝试使用跳转指令替代本项目中的子程序调用指令来组织程序。

3. 比较使用顺序控制继电器指令和普通顺序控制指令编写顺序控制程序各有什么特点。

【小结】

1. 顺序功能图（状态转移图）是描述控制系统的控制过程、功能和特性的一种图形。功能图并不涉及所描述的控制功能的具体技术，是一种通用的技术语言。功能图一般由步、转换、转换条件、有向连线和动作等组成。功能图的基本结构形式有单序列、选择序列和并行序列。

2. 顺序控制设计方法是指按照生产工艺预先规定的顺序，在各个输入信号的作用下，根据内部状态和时间的顺序，在生产过程中使各个执行机构自动地、有序地进行操作。使用顺序控制设计法时，首先根据系统的工艺过程画出顺序功能图，然后根据顺序功能图设计梯形图。顺序功能图是描述控制系统的控制过程、功能和特性的一种图形，也是设计 PLC 的顺序控制程序的有力工具。

3. 顺序功能图转换为梯形图的方法可以使用起保停结构、S-R 结构，也可以使用 S7-200 PLC 专用的顺序控制指令来进行。

4. 程序控制指令的作用是影响程序执行流向和内容，主要包括程序的跳转、程序的循环、子程序调用等。

【自主学习题】

1. 填空题

（1）顺序功能图的一般形式由步、转换、（   ）、（   ）和动作等组成。

（2）顺序功能图中步分为初始步、（   ）两种形式。

（3）PLC 程序代码由可执行代码和注释组成，可执行代码又由（   ）、（   ）和中断程序组成。

（4）子程序的调用是有条件的，未调用它时不会执行子程序中的指令，因此使用子程序可以（   ）扫描时间。

2. 判断题

（1）功能图有 3 种不同的基本结构形式：单序列、选择序列和并行序列。   （   ）

（2）功能图中含有仅由两步组成的小闭环，当采用触点及线圈指令编程时，则相应的步将无法被激活。　　　　　　　　　　　　　　　　　　　　　（　　）

（3）在 S7-200 系列 PLC 中，提供了专门用于设计顺序控制程序的步进型指令，共有 4 条指令。　　　　　　　　　　　　　　　　　　　　　　　　　（　　）

（4）跳转指令及标号指令必须配对使用，并且只能用于同一程序段（主程序或子程序）中。　　　　　　　　　　　　　　　　　　　　　　　　　　（　　）

3. 简答题

（1）顺序控制功能图编程一般应用于什么场合？

（2）顺序功能图中的动作表示什么？

（3）简述在顺序功能图的基本结构中，单序列、选择序列和并行序列之间的区别。

（4）S7-200 指令中步进指令包含哪几条指令？具体代表什么含义？

4. 分析设计题

（1）画出图 4-40 所示单分支顺序功能图的梯形图。

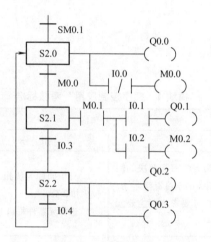

图 4-40　顺序功能图

（2）图 4-41 所示为一台剪板机装置图，其控制要求如下：按起动按钮 I0.0，开始送料，当板料碰到限位开关 I0.1 时停止，压钳下行将板料压紧时限位开关 I0.2 动作，剪刀下行将板料剪断后触及限位开关 I0.3，压钳和剪刀同时上行，分别碰到上限位开关时停止。试画出顺序功能图。

（3）某一钻床用于在工作台上对工件钻孔，钻床工作示意图如图 4-42 所示。钻床的工作过程如下：钻头在原位，限位开关 SQ1 受压。按下起动按钮 SB1，主轴电动机 M1 带动钻头转动，同时进给电动机 M2 得电正转，钻头快进。当碰到限位开关 SQ2 时，工进电磁阀 Y 得电，转为工作进给。当碰到限位开关 SQ3 时，Y 和 M2 失电，停止工进。5s 后，进给电动机 M2 得电反转，钻头快退，当碰到 SQ1 时，电动机 M1、M2 均失电，停止工作。试画出 PLC 接线图、顺序功能图。

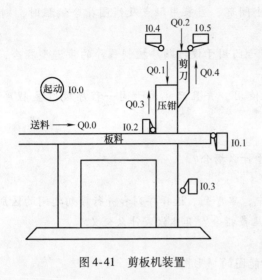

图 4-41 剪板机装置

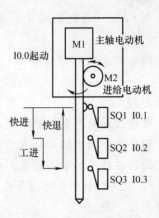

图 4-42 钻床工作示意图

【考核检查】

"模块 4 顺序控制应用"考核标准

任务名称:					
项 目	配分	考 核 要 求	扣 分 点	扣分记录	得 分
任务分析	15	1. 会提出需要学习和解决的问题，会收集相关的学习资料 2. 会根据任务要求进行主要元器件的选择	1. 分析问题笼统扣 2 分；资料较少扣 2 分 2. 选择元器件每错 1 个扣 2 分		
设备安装	20	1. 会分配输入/输出端口，画 I/O 接线图 2. 会按照图样正确规划安装 3. 布线符合工艺要求	1. 分配端口有错扣 4 分；接线图有错扣 4 分 2. 错、漏线或错、漏元件扣 2 分 3. 布线工艺差扣 4 分		
程序设计	25	1. 程序结构清晰，内容完整 2. 正确输入梯形图 3. 正确保存程序文件 4. 会传送程序文件	1. 程序有错扣 10 分 2. 输入梯形图有错扣 5 分 3. 保存文件有错扣 4 分 4. 传送程序文件错误扣 6 分		
运行调试	25	1. 会运行系统，结果正确 2. 会分析监控程序 3. 会调试系统程序	1. 操作错误扣 4 分 2. 分析结果错误扣 4 分 3. 监控程序错误扣 4 分 4. 调试程序错误扣 5 分		

（续）

任务名称：					
项　目	配分	考核要求	扣　分　点	扣分记录	得　分
安全文明	10	1. 用电安全，无损坏器件 2. 工作环境保持整洁 3. 小组成员协同精神好 4. 工作纪律好	1. 发生安全事故扣 10 分 2. 损坏器件扣 10 分 3. 工作现场不整洁扣 5 分 4. 成员之间不协同扣 5 分 5. 不遵守工作纪律扣 2 ~ 6 分		
任务小结	5	会反思学习过程、认真总结工作经验	总结不到位扣 3 分		
学生			组别		
指导教师		日期		得分	

模块5 常用指令综合应用

【学习目标】

1. 熟悉 S7-200 系列 PLC 的基本配置。
2. 熟悉 PLC 的编程规则及功能指令的综合应用。
3. 独立完成控制系统输入/输出地址分配及绘制接线图。
4. 独立完成 PLC 控制系统的安装与运行。
5. 熟悉控制系统应用程序的编写与联机调试的方法。
6. 领会安全文明生产要求。

【学习任务】

1. 立体仓库 PLC 控制系统的实现。
2. 多层电梯 PLC 控制系统的实现。

【学习建议】

本模块围绕 PLC 应用系统的整体设计，以两个实例讲解的方式展开。鉴于文字表述的局限性，兼之本模块内容深入理解的程度关系到综合性实践提高的成效，因此建议学习过程中务必学习多媒体导学课件的相关内容，阅读本模块【读一读】栏目内容，尝试独立完成硬件设计及编写相应的程序并上机调试。如此，学习效果将事半功倍。

【关键词】

S7-200CN、扩展模块、程序设计方法、PLC 控制系统设计。

任务5.1 立体仓库 PLC 控制系统的实现

5.1.1 任务目标

1. 进一步熟悉梯形图的基本编程规则。
2. 进一步熟悉各种常用指令的应用。
3. 熟悉控制系统应用程序的编写与联机调试的方法。

5.1.2 任务描述

货架自动化立体仓库简称立体仓库，一般是指采用几层、十几层乃至几十层高的货架储存单元货物，用相应的物料搬运设备进行货物入库和出库作业的仓库。由于这类仓库能充分利用空间储存货物，故常形象地将其称为"立体仓库"。

立体仓库主要由货物储存系统、货物存取和传送系统、控制和管理系统 3 大系统所组成。货物储存系统由立体货架的货格（托盘或货箱）组成，货架按照排、列、层组合而成立体仓库储存系统；货物存取和传送系统承担货物存取、出入仓库的功能，它由有轨或无轨堆垛机、出入库输送机、装卸机械等组成。立体仓库视情况不同采取不同的控制方式：有的仓库只采取对存取堆垛机、出入库输送机的单台 PLC 控制，机与机无联系；有的仓库对各单台机械进行联网控制。

任务要求：使用 PLC 控制堆垛机完成货物的入库控制。设备由控制机构、堆垛机、货架组成，共设有 9 个库位，可用手动或自动两种模式完成入库、出库操作。系统具有急停运行功能。

5.1.3　任务实现

【看一看】

观看多媒体课件，了解立体仓库 PLC 控制系统的工作过程。

若选择开关拨到手动位置，此时会断开与 PLC 的连接，可以使用摇杆直接控制减速电动机，控制堆垛机上下、左右移动，控制托盘前进、后退。

若选择开关拨到自动位置，此时进入 PLC 控制状态，按下复位按钮，设备回原点，在原点时托盘缩回，堆垛机停在出料口。先按选号按钮选仓库号，然后按下起动按钮，堆垛机将货物从出料口搬运到选择的仓库号。按下急停按钮，设备停止运行。仓库编号见表 5-1。

表 5-1　仓库编号

3 号	2 号	1 号
6 号	5 号	4 号
9 号	8 号	7 号

图 5-1 所示为立体仓库 PLC 控制接线图。

【做一做】

1. 所需的工具、设备及材料

1）常用电工工具、万用表等。

2）PC。

3）所需设备、材料见表 5-2。

表 5-2　设备、材料明细表

序　号	标准代号	器件名称	型号规格	数量	备　注
1	PLC	S7-200CN	CPU226AC/DC/RLA	1	6ES 7216-28D23-0XB8
2	QS	隔离开关	正泰 NH2-125 3P 32A	1	
3	UR1	开关电源	DR-120-24	1	
4	KF1 ~ KF7	继电器	MY4NJ/DJ24V	7	
5	SB3 ~ SB5	带灯按钮	LA42（B）PD-11/24V	3	

（续）

序　号	标准代号	器件名称	型号规格	数　量	备　注
6	SE1	急停按钮	LA42（B）J-11/R	1	
7	SA1	带灯选择按钮	LA42（S）XD2-2/DC24V	1	
8	SB1～SB2	摇柄开关	LA42C4A-40/B	2	
9	B1～B7	超小型微型开关	SS-5GL2-F	7	
10	S1～S4	微型光电开关	PM-T54P	4	
11	M1～M2	直流减速电动机（TH37JB32-C）	24V/10W/200r/s	2	
12	M3	直流减速电动机（TH37JB540/545）	24V/3W/20r/s	1	
13	XT	接线端子	J42-1.5	3	

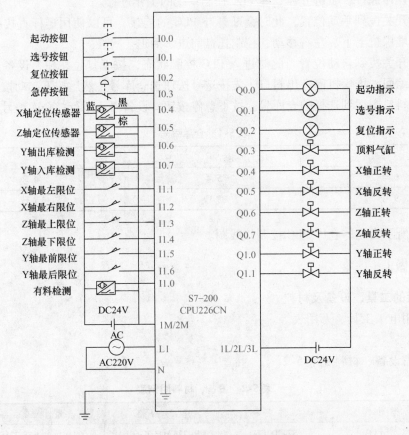

图 5-1　立体仓库 PLC 控制接线图

2. 系统安装与调试

1）根据表 5-2 配齐电器元件，并检查各电器元件的质量。

2）根据 PLC 接线图画出立体仓库 PLC 控制安装接线图，如图 5-2 所示。

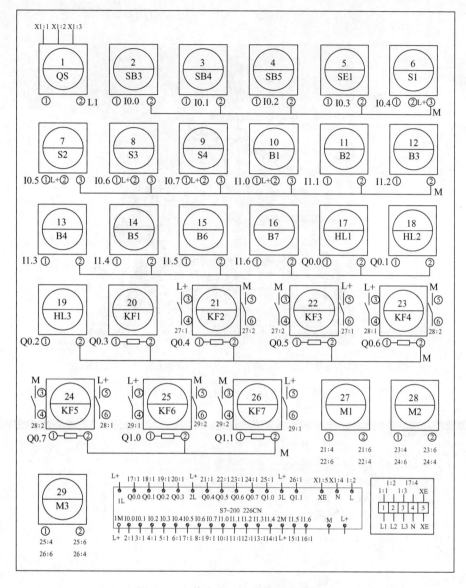

图5-2 立体仓库PLC控制安装接线图

3）根据电器元件接线图安装元件，各元件的安装位置应整齐、匀称、间距合理，便于元件的更换，元件紧固时用力要均匀，紧固程度适当。电器元件安装后如图5-3所示。

4）检查电路。通电前，认真检查有无错接、漏接等现象。

5）传送PLC程序。PLC通信设置参见任务2.1。

6）PLC程序运行、监控。

①工作模式选择。将PLC的工作模式开关拨至运行或者通过Micro/WIN编程软件执行"PLC"菜单下的"运行"子菜单命令。

②监控，单击执行"调试"菜单下的"开始程序状态监控"子菜单命令，梯形图程序进入监控状态，如图5-4所示。

③运行立体仓库：以送货到6号仓为例，按下复位按钮SB5，堆垛机回到原始位置；

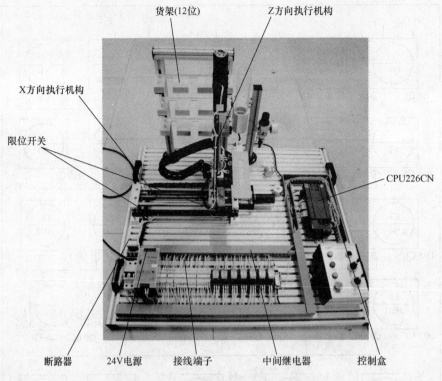

图 5-3 立体仓库 PLC 控制实物图

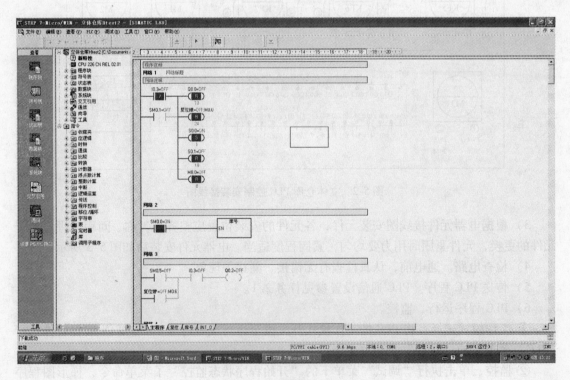

图 5-4 程序调试监控图

按压 SB4 按钮 6 次设定送货位置为 6 号仓库, 按下起动按钮 SB3, 当有料传感器检测到投料口有料后开始执行程序。首先是从投料口取料, Q0.7 输出信号, 堆垛机 Z 轴垂直下降到位, Q1.1 输出信号, 堆垛机托盘 Y 轴方向伸出到位, Q0.6 输出信号, 堆垛机 Z 轴垂直上升到位, Q0.3 输出信号, 顶料气缸缩回完成落料, Q0.7 输出信号, 堆垛机 Z 轴垂直下降到位, Q1.0 输出信号, 堆垛机托盘 Y 轴方向缩回到位, 完成取料。然后送料到 6 号仓, Q0.5 输出信号, 堆垛机 X 轴左移到位, Q0.6 输出信号, 堆垛机 Z 轴垂直上升到位, Q1.1 输出信号, 堆垛机托盘 Y 轴方向伸出到位, Q0.7 输出信号, 堆垛机 Z 轴垂直下降搁置物料, 完成送料。最后堆垛机自动调用复位程序回到原始位置。

5.1.4　技能实践

【学一学】

具体设计步骤如下。

1. 分析被控对象并提出控制要求

从立体仓库 PLC 控制要求来看, 本设计任务主要是逻辑控制, 并有时间控制和次数控制要求, 相互之间的制约条件较多, 需要使用定时器、计数器指令、比较指令等常用逻辑指令实现。

2. 确定输入/输出设备

根据立体仓库 PLC 控制系统的控制要求, 确定系统所需的全部输入设备 (如按钮、位置开关、转换开关及各种传感器等) 和输出设备 (如接触器、电磁阀、信号指示灯及其他执行器等), 从而确定与 PLC 有关的输入/输出设备, 以确定 PLC 的 I/O 点数。本任务共需要输入设备: 按键 4 个, 传感器和限位开关共 10 个; 输出设备: 指示灯 3 个, 电动机 3 个, 需要正反转控制要占用 6 个输出点。

3. 选择 PLC

PLC 选择包括对 PLC 的机型、容量、I/O 模块、电源等的选择。本任务中涉及的元件均为普通常见元件, 使用开关量控制为主, 且控制所需的输入/输出点数很少, 西门子 S7-200 系列中任何一款均能胜任。为方便使用并统一规格, 这里选择了 S7-200 系列较常见的 CPU226CN AC/DC/RLY。该型 PLC 主机使用 220V 交流电, 输入/输出元件使用 24V 直流电。

4. 分配 I/O 点并设计 PLC 外围硬件线路

(1) 分配 I/O 点　画出 PLC 的 I/O 点与输入/输出设备的连接图或对应关系表, 见表 5-3, 该部分也可在第 2 步中进行。

表 5-3　地址分配表

输　入　点			输　出　点		
输　入　名	地　址	功 能 说 明	输　出　名	地　址	功 能 说 明
SB3	I0.0	起动按钮	SB3	Q0.0	起动指示
SB4	I0.1	选号按钮	SB4	Q0.1	选号指示
SB5	I0.2	复位按钮	SB5	Q0.2	复位指示

（续）

输 入 点			输 出 点		
输 入 名	地 址	功 能 说 明	输 出 名	地 址	功 能 说 明
SE1	I0.3	急停按钮	KF1	Q0.3	顶料气缸
S1	I0.4	X 轴定位传感器	KF2	Q0.4	X 轴正转控制
S2	I0.5	Z 轴定位传感器	KF3	Q0.5	X 轴反转控制
S3	I0.6	Y 轴出库检测	KF4	Q0.6	Z 轴正转控制
S4	I0.7	Y 轴入库检测	KF5	Q0.7	Z 轴反转控制
B1	I1.0	有料检测	KF6	Q1.0	Y 轴正转控制
B2	I1.1	X 轴最左检测	KF7	Q1.1	Y 轴反转控制
B3	I1.2	X 轴最右检测			
B4	I1.3	Z 轴最上检测			
B5	I1.4	Z 轴最下检测			
B6	I1.5	Y 轴最前检测			
B7	I1.6	Y 轴最后检测			

（2）设计 PLC 外围硬件线路　画出系统其他部分的电气线路图，包括主电路和未进入 PLC 的控制电路等。由 PLC 的 I/O 连接图和 PLC 外围电气线路图组成系统的电气原理图，至此系统的硬件电气线路已经确定。

5. 程序设计

根据设计要求，本任务首要解决的是定位问题，根据设备的硬件情况，定位是通过槽形光电传感器和滑槽上的定位孔来进行。设备水平 X 轴上从左到右有 4 个定位孔，分别对应的位置是原点、仓库 1 ~ 3 列；垂直 Y 轴上从左到右有 4 个定位孔，分别对应的位置是原点、仓库 1 ~ 3 行。当设备运行时槽形光电传感器经过定位孔，信号发生变化，从而测得所在位置。其次要解决的是程序设计，本任务的程序分成 3 个部分，主程序中主要完成送货到仓库的主体程序，采用顺序程序设计法完成；复位程序完成设备在任何情况下回原点的工作；库号选择程序用来处理选择仓库号不同的情况下对程序参数进行调整的任务。

（1）主程序设计　这一部分设计主要解决设计主体运行部分，无论货物送到哪个仓库，其运行步骤基本相同，可以分为：设备待命、堆垛机取料、料仓放料、堆垛机取料返回、堆垛机 X 轴水平移动、堆垛机 Z 轴垂直移动、堆垛机放料、堆垛机放料返回、设备返回原点。由此可以用前面学习的顺序程序法来设计程序，但要注意，由于每次移动位置不同，所以其中的定位参数应该使用变量。定位部分的设计是这样的：使用计数器记录执行机构经过的定位孔个数，经过的定位孔个数不同所处的位置就不同，然后和需要到达的位置进行比对，例如要到达 2 号仓库，横轴经过 2 个孔，纵轴经过 3 个孔，那么需要装填所到位置的参数就分别是 2 和 3。

立体仓库 PLC 控制主程序如图 5-5 所示（内容见光盘）。

（2）子程序 1（复位程序）　复位程序采用经验设计法，分别控制电动机带动执行机构回原位，收到定位位置信号停止机构运行。

立体仓库 PLC 控制子程序（复位程序）如图 5-6 所示（内容见光盘）。

（3）子程序 2（库号处理程序）　选择库号不同，装填的位置比对参数也不同，当不选库号或库号为 1 时，设备去的位置为 1 列 3 行，装填参数分别是 1 和 3，其余类似。

立体仓库 PLC 控制子程序（库号处理程序）如图 5-7 所示（内容见光盘）。

6. 安装调试

根据图 5-2 进行安装接线，然后将编制好的立体仓库 PLC 控制程序下载到 PLC 中，并进行程序调试，直到设备运行满足设计要求。

5.1.5　理论基础

【读一读】

1. 基本知识

（1）概述　光电传感器是采用光电元件作为检测元件的传感器。它首先把被测量的信号变化转换成光信号的变化，然后借助光电元件进一步将光信号转换成电信号。光电传感器一般由光源、光学通路和光电元件三部分组成。

（2）工作原理　光电传感器是通过把光强度的变化转换成电信号的变化来实现控制的。光电传感器电路由三部分构成，分别为发送器（投光器）、接收器（受光器）和检测电路。

发送器对准目标发射光束，发射的光束一般来源于半导体光源、发光二极管（LED）、激光二极管及红外发射二极管。光束不间断地发射，或者发射时改变脉冲宽度。接收器由光敏二极管、光敏晶体管、光电池组成。在接收器的前面，装有光学元件如透镜和光圈等，在其后面是检测电路，它能滤出有效信号并应用该信号。

（3）分类和工作方式

1）对射型光电传感器。若把发光器和受光器分离开，就可使检测距离加大。由一个发光器和一个受光器组成的光电开关就称为对射分离型光电开关，简称对射型光电开关。它的检测距离可达几米乃至几十米。使用时把发光器和受光器分别装在检测物通过路径的两侧，检测物通过时阻挡光路，受光器就动作输出一个开关控制信号，如图 5-8 所示。

此外，有些光电传感器的检测方式与对射型光电传感器相同，在传感器形状方面，将投光和受光部分一体化，如槽形光电传感器。本任务中 X 轴、Z 轴的定位，以及 Y 轴出库、入库的检测使用到了槽形传感器，如图 5-9 所示。

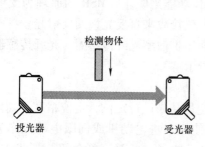

图 5-8　对射型光电传感器

图 5-9　槽形光电传感器

槽形光电传感器的特点如下：

- 动作的稳定度高，检测距离长（数厘米至数十米）。
- 即使检测物体的通过线路发生变化，检测位置也不变。
- 检测物体的光泽、颜色、倾斜程度等对检测结果的影响很小。

2）反光板型光电传感器。把发光器和受光器装入同一个装置内，在它的前方装一块反光板，利用反射原理完成光电控制作用的称为反光板反射型（或反射镜反射型）光电开关。正常情况下，发光器发出的光被反光板反射回来被受光器收到。一旦光路被检测物挡住，受光器收不到光时，光电开关就动作，输出一个开关控制信号，如图5-10所示。

反光板型光电传感器的特点如下：

- 检测距离为数厘米至数米。
- 便于安装调整。
- 在检测物体的不同表面状态（颜色、凹凸）中光的反射光量会变化，检测稳定性也会随之变化。

3）扩散反射型光电传感器。它的检测头里也装有一个发光器和一个受光器，但前方没有反光板，正常情况下发光器发出的光受光器是找不到的。当检测物通过时挡住了光，并把光部分反射回来，受光器就收到光信号，输出一个开关信号，如图5-11所示。本任务中用于检测出料仓是否有料的传感器属于扩散反射型光电传感器。

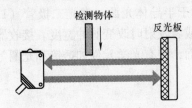

图 5-10　反光板型光电传感器

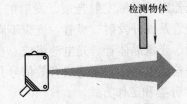

图 5-11　扩散反射型光电传感器

扩散反射型光电传感器的特点如下：

- 检测距离为数厘米至数米。
- 布线、光轴调整方便（可节省工时）。
- 检测物体的颜色、倾斜程度等对检测结果的影响很小。
- 光线通过检测物体两次，所以适合透明体的检测。
- 检测物体的表面为镜面体的情况下，根据表面反射光的受光不同，有时会与无检测物体的状态相同，无法检测，这种影响可通过MSR功能来防止。MSR的原理为反射型光电开关利用内藏于本体的偏光滤器和反光板的特性，仅接收来自反光板的反射光。

本任务中用于检测出料仓是否有料的传感器属于扩散型光纤传感器。光纤传感器结构如图5-12a所示，光纤传感器调节面板如图5-12b所示。

2. 拓展知识

本任务中使用槽形光电传感器结合滑槽上的定位孔来进行定位，定位精度不高。若要求设备在运行过程中有较高的定位控制精度，可以使用步进电动机或伺服电动机作为执行机构，使用PLC以及步进驱动器、伺服驱动器来进行控制。下面简单介绍一下步进电动机、伺服电动机以及在S7-200 PLC中与之相关的编程指令。

（1）步进电动机（Stepping Motor）　步进电动机是把电脉冲信号变换成角位移以控制转

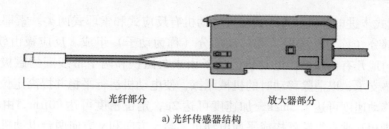

a) 光纤传感器结构

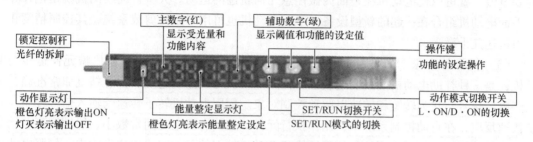

b) 光纤传感器调节面板

图 5-12　光纤传感器

子转动的电动机，它在自动控制装置中作为执行元件。因为每输入一个脉冲信号，步进电动机前进一步，故也称脉冲电动机。在非超载的情况下，电动机的转速、停止的位置只取决于脉冲信号的频率和脉冲数，而不受负载变化的影响，即给电动机加一个脉冲信号，电动机则转过一个步距角。因为这一线性关系的存在，加上步进电动机只有周期性的误差而无累积误差等特点，使得在速度、位置等控制领域用步进电动机来控制而变得非常简单。

步进电动机的优点是没有累积误差、结构简单、使用维修方便、制造成本低，步进电动机带动负载惯量的能力大，适用于中小型机床和速度精度要求不高的场合，缺点是效率较低、发热大，有时会"失步"。

（2）步进电动机分类　步进电动机分为机电式、磁电式及直线式 3 种基本类型。

1）机电式步进电动机。机电式步进电动机由铁心、线圈、齿轮机构等组成。线圈通电时将产生磁力，推动其铁心运动，通过齿轮机构使输出轴转动一个角度，通过抗旋转齿轮使输出转轴保持在新的工作位置；线圈再通电，转轴又转动一个角度，依次进行步进运动。

2）磁电式步进电动机。磁电式步进电动机主要有永磁式、反应式和永磁感应子式 3 种形式。

永磁式步进电动机由四相绕组组成。U 相绕组通电时，转子磁钢将转向该相绕组所确定的磁场方向；V 相断电、W 相绕组通电时，就产生一个新的磁场方向，这时，转子会转动一个角度而位于新的磁场方向上，被激励相的顺序决定了转子的运动方向。永磁式步进电动机消耗功率较小，步距角较大，缺点是起动频率和运行频率较低。

反应式步进电动机在定、转子铁心的内外表面上设有按一定规律分布的相近齿槽，利用这两种齿槽的相对位置变化引起磁路磁阻的变化产生转矩。这种步进电动机步距角可做到 1°~15°，甚至更小，精度容易保证，起动和运行频率较高，但功耗较大，效率较低。

永磁感应子式步进电动机又称混合式步进电动机，是永磁式步进电动机和反应式步进电动机两者的结合，并兼有两者的优点。

3）直线式步进电动机。直线式步进电动机有反应式和索耶式两类。索耶式直线步进电动机由静止部分（称为反应板）和移动部分（称为动子）组成。反应板由软磁材料制成，在它上面均匀地开有齿和槽。电动机的动子由永久磁铁和两个带线圈的磁极 A 和 B 组成。动子是由气垫支承，以消除移动时的机械摩擦，使电动机运行平稳并提高定位精度。这种电动机的最高移动速度可达 $1.5\mathrm{m/s}$，加速度可达 $2g$，定位精度可达 $20\mu\mathrm{m}$。由两台索耶式直线步进电动机相互垂直组装就构成平面电动机。给 x 方向和 y 方向两台电动机以不同组合的控制电流，就可以使电动机在平面内做任意几何轨迹的运动。大型自动绘图机就是把计算机和平面电动机组合在一起的新型设备。平面电动机也可用于激光剪裁系统，其控制精度和分辨力可达几十微米。

（3）伺服电动机（Servo Motor） 伺服电动机是指在伺服系统中控制机械元件运转的电动机，是一种补助电动机间接变速装置。伺服电动机可使控制速度、位置精度非常准确，可以将电压信号转化为转矩和转速以驱动控制对象。伺服电动机转子转速受输入信号控制，并能快速反应，在自动控制系统中，用作执行元件，且具有机电时间常数小、线性度高、始动电压小等特性，可把所收到的电信号转换成电动机轴上的角位移或角速度输出。伺服电动机分为直流和交流两大类，其主要特点是，当信号电压为零时无自转现象，转速随着转矩的增加而匀速下降，控制比较容易，体积小重量轻，输出功率和转矩大，方便调速，起动转矩大，调速一般为变频调速。

伺服电动机和步进电动机的性能比较：

步进电动机作为一种开环控制的系统，和现代数字控制技术有着密切的联系。在目前国内的数字控制系统中，步进电动机的应用十分广泛。随着全数字式交流伺服系统的出现，交流伺服电动机也越来越多地应用于数字控制系统中。为了适应数字控制的发展趋势，运动控制系统中大多采用步进电动机或全数字式交流伺服电动机作为执行电动机。虽然两者在控制方式上相似（脉冲串和方向信号），但在使用性能和应用场合上存在着较大的差异。现就二者的使用性能作一比较。

1）控制精度不同。两相混合式步进电动机步距角一般为 $1.8°$、$0.9°$，五相混合式步进电动机步距角一般为 $0.72°$、$0.36°$。也有一些高性能的步进电动机通过细分后步距角更小，如山洋公司（SANYO DENKI）生产的二相混合式步进电动机，其步距角可通过拨码开关设置为 $1.8°$、$0.9°$、$0.72°$、$0.36°$、$0.18°$、$0.09°$、$0.072°$、$0.036°$，兼容了两相和五相混合式步进电动机的步距角。

交流伺服电动机的控制精度由电动机轴后端的旋转编码器保证。以山洋全数字式交流伺服电动机为例，对于带标准 2000 线编码器的电动机而言，由于驱动器内部采用了四倍频技术，其脉冲当量为 $360°/8000 = 0.045°$。对于带 17 位编码器的电动机而言，驱动器每接收 131072 个脉冲电动机转一圈，即其脉冲当量为 $360°/131072 = 0.0027466°$，是步距角为 $1.8°$ 的步进电动机脉冲当量的 $1/655$。

2）低频特性不同。步进电动机在低速时易出现低频振动现象。振动频率与负载情况和驱动器性能有关，一般认为振动频率为电动机空载起跳频率的一半。这种由步进电动机的工作原理所决定的低频振动现象对于机器的正常运转非常不利。当步进电动机工作在低速时，一般应采用阻尼技术来克服低频振动现象，比如在电动机上加阻尼器，或驱动器上采用细分技术等。

交流伺服电动机运转非常平稳，即使在低速时也不会出现振动现象。交流伺服系统具有共振抑制功能，可克服机械的刚性不足，并且系统内部具有频率解析机能（FFT），可检测出机械的共振点，便于系统调整。

3）矩频特性不同。步进电动机的输出力矩随转速升高而下降，且在较高转速时会急剧下降，所以其最高工作转速一般为 300 ~ 600r/min。交流伺服电动机为恒力矩输出，即在其额定转速（一般为 2000r/min 或 3000r/min）以内，都能输出额定转矩，在额定转速以上为恒功率输出。

4）过载能力不同。步进电动机一般不具有过载能力。交流伺服电动机具有较强的过载能力。以山洋交流伺服系统为例，它具有速度过载和转矩过载能力。其最大转矩为额定转矩的 2 ~ 3 倍，可用于克服惯性负载在起动瞬间的惯性力矩。步进电动机因为没有这种过载能力，在选型时为了克服这种惯性力矩，往往需要选取较大转矩的电动机，而机器在正常工作期间又不需要那么大的转矩，便出现了力矩浪费的现象。

5）运行性能不同。步进电动机的控制为开环控制，起动频率过高或负载过大易出现丢步或堵转的现象，停止时转速过高易出现过冲的现象，所以为保证其控制精度，应处理好升、降速问题。交流伺服驱动系统为闭环控制，驱动器可直接对电动机编码器的反馈信号进行采样，内部构成位置环和速度环，一般不会出现步进电动机的丢步或过冲的现象，控制性能更为可靠。

6）速度响应性能不同。步进电动机从静止加速到工作转速（一般为每分钟几百转）需要 200 ~ 400ms。交流伺服系统的加速性能较好，以山洋 400W 交流伺服电动机为例，从静止加速到其额定转速 3000r/min 需几毫秒，可用于要求快速起停的控制场合。

综上所述，交流伺服系统在许多性能方面都优于步进电动机，但在一些要求一般的场合也经常用步进电动机来做执行电动机。所以，在控制系统的设计过程中要综合考虑控制要求、成本等多方面的因素，选用适当的控制电动机。

（4）高速脉冲及相关指令　高速脉冲输出指令在 S7-200 系列 PLC 的 Q0.0 或 Q0.1 输出端产生高速脉冲，用来驱动诸如步进电动机一类的负载，实现速度和位置控制。注意，一般使用输出为晶体管型的 PLC 才能够使用高速脉冲输出。

1）高速脉冲输出方式。高速脉冲输出有脉冲串输出 PTO 和脉宽调制输出 PWM 两种形式。每个 CPU 有两个 PTO/PWM 发生器，一个发生器分配给输出端 Q0.0，另一个分配给 Q0.1。当 Q0.0 或 Q0.1 设定为 PTO 或 PWM 功能时，其他操作（如强制、立即输出等）均失效。当不使用 PTO/PWM 发生器时，Q0.0 或 Q0.1 作为普通输出端子使用，输出端的波形由输出映像寄存器来控制。通常在起动 PTO 或 PWM 操作之前，用复位 R 指令将 Q0.0 或 Q0.1 清 0。

2）脉宽调制输出（PWM）。PWM 功能可输出周期一定、占空比可调的高速脉冲串，其时间基准可以是 μs 或 ms，周期的变化范围为 10 ~ 65535μs 或 2 ~ 65535ms，脉宽时间的变化范围为 0 ~ 65535μs 或 0 ~ 65535ms。

当指定的脉冲宽度大于周期值时，占空比为 100%，输出连续接通。当脉冲宽度为 0 时，占空比为 0%，输出断开。如果指定的周期小于两个时间单位，则周期被默认为两个时间单位。可以用同步更新或异步更新两种办法改变 PWM 波形的特性。

3）脉冲串输出（PTO）。PTO 功能可输出一定脉冲个数和占空比为 50% 的方波脉冲。

输出脉冲的个数在 1 ~ 4294967295 范围内可调；输出脉冲的周期以 μs 或 ms 为增量单位，脉宽时间的变化范围分别是 10 ~ 65535μs 或 2 ~ 65535ms。

如果周期小于两个时间单位，周期被默认为两个时间单位。如果指定的脉冲数为 0，则脉冲数默认为 1。

PTO 功能允许多个脉冲串排队输出，从而形成流水线。流水线分为两种：单段流水线和多段流水线。

4）PTO/PWM 特殊寄存器。每一个 PTO/PWM 信号发生器有一个控制字节、一个周期值和脉宽值（16 位无符号整数）、一个脉冲计数值（32 位无符号整数），这些值全部存储在特殊存储器（SM）指定的区域内，见表 5-4。一旦设置这些特殊寄存器位的位置，执行脉冲输出指令（PLS）时，CPU 先读这些特殊存储器位，然后执行特殊寄存器位定义的脉冲操作，对相应的 PTO/PWM 信号发生器进行编程。

表 5-4 PTO/PWM 寄存器各字节值和位置的意义

Q0.0	Q0.1	说　明			寄存器名
SM66.4	SM76.4	PTO 包络由于增量计算错误异常终止	0：无错	1：异常终止	脉冲串输出状态寄存器
SM66.5	SM76.5	PTO 包络由于用户命令异常终止	0：无错	1：异常终止	
SM66.6	SM76.6	PTO 流水线溢出	0：无溢出	1：溢出	
SM66.7	SM76.7	PTO 空闲	0：运行中	1：PTO 空闲	
SM67.0	SM77.0	PTO/PWM 刷新周期值	0：不刷新	1：刷新	PTO/PWM 输出控制寄存器
SM67.1	SM77.1	PWM 刷新脉冲宽度值	0：不刷新	1：刷新	
SM67.2	SM77.2	PTO 刷新脉冲计数值	0：不刷新	1：刷新	
SM67.3	SM77.3	PTO/PWM 时基选择	0：1μs	1：1ms	
SM67.4	SM77.4	PWM 更新方法	0：异步更新	1：同步更新	
SM67.5	SM77.5	PTO 操作	0：单段操作	1：多段操作	
SM67.6	SM77.6	PTO/PWM 模式选择	0：选择 PTO	1：选择 PWM	
SM67.7	SM77.7	PTO/PWM 允许	0：禁止	1：允许	
SMW68	SMW78	PTO/PWM 周期时间值（范围：2 ~ 65535）			周期值设定寄存器
SMW70	SMW80	PWM 脉冲宽度值（范围：0 ~ 65535）			脉宽值设定寄存器
SMD72	SMD82	PTO 脉冲计数值（范围：1 ~ 4294967295）			脉冲计数值设定寄存器
SMB166	SMB176	段号（仅用于多段 PTO 操作），指多段流水线 PTO 运行中段的编号			多段 PTO 操作寄存器
SMW168	SMW178	包络表起始位置，用距离 V0 的字节偏移量表示（仅用于多段 PTO 操作）			

使用 STEP 7- Micro/WIN 中的位置控制向导可以方便地设置 PTO/PWM 输出功能，使 PTO/PWM 的编程自动实现。

5）高速脉冲输出指令为 PLS，其格式及功能见表 5-5。

表 5-5 高速脉冲输出指令的格式及功能

LAD	STL	功　能
PLS EN　ENO ????-Q0.X	PLS　Q0. X	当使能端输入有效时，PLC 首先检测为脉冲输出位（X）设置的特殊存储器位，然后激活由特殊存储器位定义的脉冲操作，从 Q0.0 或 Q0.1 输出高速脉冲

说明：

① 高速脉冲串输出 PTO 和脉宽调制输出 PWM 都由 PLS 指令来激活。

② 操作数 X 指定脉冲输出端子，0 为 Q0.0 输出，1 为 Q0.1 输出。

③ 高速脉冲串输出 PTO 可采用中断方式进行控制，而脉宽调制输出 PWM 只能由指令 PLS 来激活。

6）高速脉冲输出指令应用举例。图 5-13 所示为高速脉冲串输出应用，其中对应的控制字节为 SMB67，首先向 SMB67 中写入 2#10001101（即 16#8D），SMB67 中各位的意义可查阅表 5-4；其次设置周期，向 SMW68 中写入 50，则定义 PTO 脉冲串周期为 50ms；再次设置脉冲数，向 SMD72 中写入 800，则定义 PTO 脉冲数为 800。最后执行 PLS 指令，激活脉冲发生器。

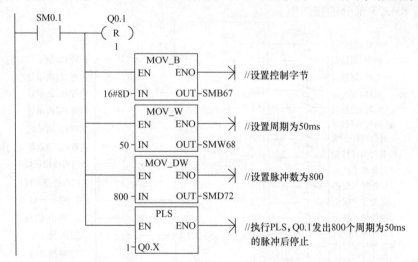

图 5-13 高速脉冲指令应用梯形图

编程下载此段程序并执行后，能够看到 Q0.0 不断闪烁，表示输出 0、1 相间的脉冲。

注意：所有控制位、周期、脉冲宽度和脉冲计数值的默认值均为 0。如果向 PTO/PWM 寄存器的控制字节位（SM67.7 或 SM77.7）写入 0，然后执行 PLS 指令，将禁止 PTO 或 PWM 波形的生成。

【想一想】

1. 步进电动机、伺服电动机哪个精度高？分别适合哪种场合使用？

2. 思考为何继电器输出型 PLC 不能使用高速脉冲指令？

3. 参考本任务编写的立体仓库送货程序，编写立体仓库取货程序。

任务 5.2 多层电梯 PLC 控制系统的实现

5.2.1 任务目标

1. 进一步熟悉梯形图的基本编程规则。
2. 进一步熟悉各种基本指令及常用功能的应用。
3. 熟悉较复杂控制系统应用程序的编写与联机调试的方法。

5.2.2 任务描述

随着城市建设的不断发展，高层建筑不断增多，电梯在国民经济和生活中有着广泛的应用，电梯作为高层建筑中垂直运行的交通工具已与人们的日常生活密不可分。人们对电梯安全性、高效性、舒适性的不断追求推动了电梯技术的进步，随着科技的发展，现代电梯已经由 PLC 控制系统取代了原来的继电器和接触器控制系统，节约了成本，提高了安全性和效率。

任务要求：使用 PLC 对 6 层电梯进行控制。

图 5-14 为 6 层电梯控制 PLC 接线图，其中图 5-14a 为 PLC 主机 CPU226CN 的连接图，图 5-14b 为 EM223 部分的接线图。

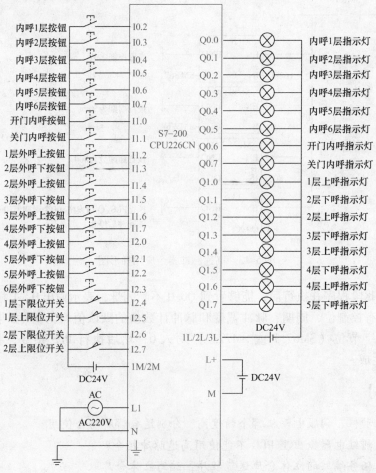

a) 6 层电梯控制 PLC 主机接线图

图 5-14　6 层电梯控制 PLC 接线图

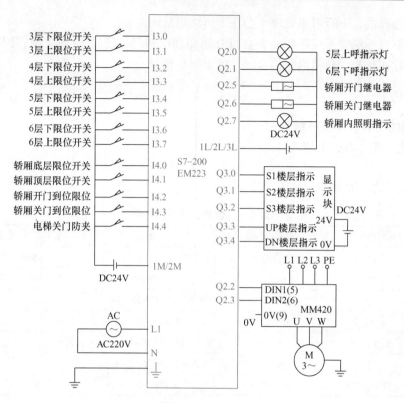

b) 6层电梯控制PLC扩展机接线图

图 5-14　6 层电梯控制 PLC 接线图（续）

5.2.3　任务实现

【看一看】

观看多媒体课件，了解 PLC 控制 6 层电梯的工作过程及控制要求。

设备起动后电梯轿厢回到第一层。

电梯楼层外呼上行，当高于轿厢所在层的楼层呼叫时，电梯轿厢上行；上行时若有高于电梯轿厢目前所处楼层呼叫，则会按照就近原则——停靠；上行时若有低于电梯轿厢目前所处楼层呼叫的，上行时不处理，会在上行结束后响应。

电梯楼层外呼下行，当低于轿厢所在层的楼层呼叫时，电梯轿厢下行；下行时若有低于电梯轿厢目前所处楼层呼叫，则会按照就近原则——停靠；下行时若有高于电梯轿厢目前所处楼层呼叫的，下行时不处理，会在下行结束后响应。

电梯轿厢内呼上行，当内呼选择层高于当前层时电梯轿厢上行；上行时若有其他高于电梯轿厢目前所处楼层选择的，则会按照就近原则——停靠；上行时若有其他低于电梯轿厢目前所处楼层选择的，上行时不处理，会在上行结束后响应。

电梯轿厢内呼下行，当内呼选择层低于当前层时电梯轿厢下行；下行时若有其他低于电梯轿厢目前所处楼层选择的，则会按照就近原则——停靠；下行时若有其他高于电梯轿厢目前前所处楼层选择的,下行时不处理,会在下行结束后响应。

轿厢停靠目标层或平层呼叫时,会打开轿厢和电梯门,延时 4s 后关闭;同时消除该层所有相关的呼叫信号,包括内呼信号、外呼上下行信号。

【做一做】

1. 所需的工具、设备及材料

1)常用电工工具、万用表等。

2)PC。

3)所需设备、材料见表5-6。

表5-6 设备、材料明细表

序 号	标准代号	器件名称	型号规格	数 量	备 注
1	PLC	S7-200CN	CPU226DC/DC/DC	1	6ES 7216-28D23-0XB8
2	PLC	S7-200CN	EM223 DC/DC	1	6ES7 223-1BF22-0XA8
3	QS	隔离开关	正泰 NH2-125 3P 32A	1	
4	UR	开关电源	DR-120-24	1	
5	KF1~KF3	继电器	MY4NJ/DJ24V	3	
6	U	变频器	6SE6420-2UC11-2AA1	1	
7	SB1~SB18	呼叫按钮	LA10-2H	18	
8	LED1~LED7	显示模块	LG23011AH	7	
9	B1~B17	超小型微型开关	SS-5GL2-F	17	
10	M1	感应电动机	5LK40GN-S/5GN30Ks	1	
11	MA	直流永磁电动机 (TH37JB32-C)	24V,3W,20r/min	1	
12	M3	直流风机	DC12V,0.08A,0.98W	1	
13	SM1~SM10	拨码开关	KM1-1248	10	
14	HL1~HL2	发光二极管	ϕ10,白色	2	
15	XT1	接线端子	J42-1.5	1	
16	XT2~XT3	接线端子	FX-40B	2	

2. 系统安装与调试

1)根据表5-6配齐电器元件,并检查各电器元件的质量。

2)根据 PLC 接线图,画出 6 层电梯 PLC 控制系统安装接线图,如图 5-15 所示。

3)根据电器元件接线图安装元件,各元件的安装位置应整齐、匀称、间距合理,便于元件的更换,元件紧固时用力要均匀,紧固程度适当。电器元件安装后如图 5-16 所示。

4)检查电路。通电前,认真检查有无错接、漏接等现象。

5)传送 PLC 程序。PLC 通信设置参见任务 2.1。

6)PLC 程序运行、监控。

①工作模式选择。将 PLC 的工作模式开关拨至运行或者通过 Micro/WIN 编程软件执行"PLC"菜单下的"运行"子菜单命令。

② 监控，单击执行"调试"菜单下的"开始程序状态监控"子菜单命令，梯形图程序进入监控状态，如图 5-17 所示。

③ 运行电梯。电梯设备起动后轿厢停在一楼，可以进行操作运行。以乘客在 5 楼呼叫往 3 楼为例。在 5 楼按下外呼向下按钮，Q1.7 输出信号，5 楼下呼指示灯点亮，Q2.2 输出信号，变频器以 15Hz 的频率控制电动机拖动轿厢向上运行，到达 5 楼后 Q2.5 输出信号，控制轿厢门打开，完全打开 15s 后 Q2.6 输出信号控制轿厢门关闭，完成外呼运行。内呼 3楼，Q0.2 输出信号，内呼 3 楼指示灯点亮，Q2.3 输出信号，变频器以 15Hz 的频率控制电动机拖动轿厢向下运行，到达 3 楼后 Q2.5 输出信号控制轿厢门打开，完全打开 4s 后 Q2.6输出信号控制轿厢门关闭，完成内呼运行。电梯轿厢在运行时 Q3.0 ~ Q3.4 输出信号显示当前楼层和指示运行方向。

a) PLC输入地址

图 5-15　6 层电梯 PLC 控制安装接线图

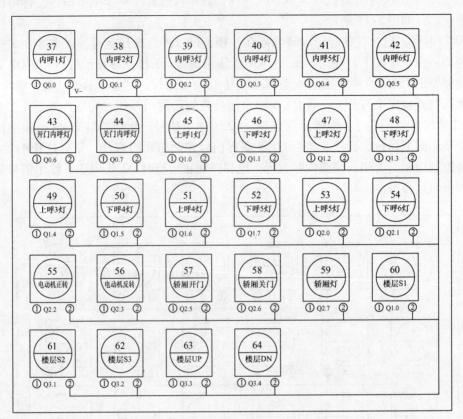

b) PLC输出地址

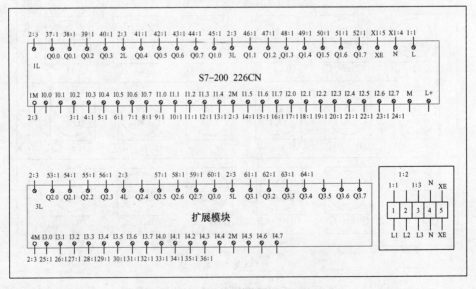

c) PLC接线图

图 5-15 6 层电梯 PLC 控制安装接线图（续）

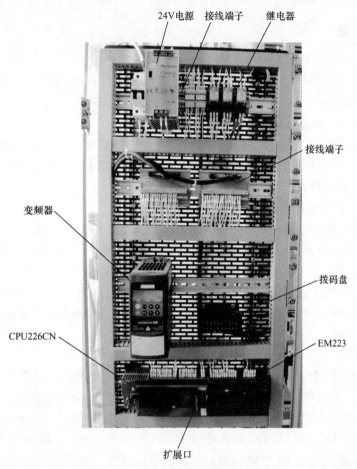

图 5-16 6 层电梯 PLC 控制实物图

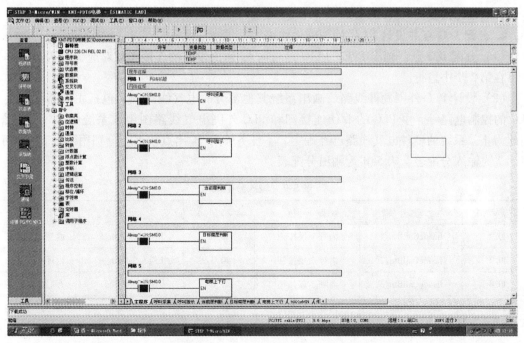

图 5-17 程序调试监控图

5.2.4 技能实践

【学一学】

具体设计步骤如下。

1. 分析被控对象并提出控制要求

从控制要求来看,本设计任务控制要求相对复杂,逻辑关系比较多,编写程序有一定难度。本任务可采用子程序的方式进行编写,即将控制要求用多个子程序来实现,再通过主程序调用子程序实现控制功能。

2. 确定输入/输出设备

根据 6 层电梯 PLC 控制系统的控制要求,确定系统所需的全部输入设备(如按钮、位置开关、转换开关及各种传感器等)和输出设备(如接触器、电磁阀、信号指示灯及其他执行器等),从而确定与 PLC 有关的输入/输出设备,以确定 PLC 的 I/O 点数。本任务共需要输入设备:按钮 18 个,限位开关 17 个,共 35 个输入点;输出设备:指示灯 18 个,电动机 2 个,需要正反转控制,因此要占用 4 个输出点,照明及风扇共用 1 个输出点控制,楼层指示占用 5 个输出点,总共需要 28 个输出点。

3. 选择 PLC

PLC 选择包括对 PLC 的机型、容量、I/O 模块、电源等的选择。本任务中涉及的信号以开关量控制为主,控制所需的输入/输出点数较多,西门子 S7-200 系列中任何一款均不能直接胜任。因此选择了主机并加扩展模块的方式来实现,主机选择了 S7-200 系列较常见的 CPU226CN DC/DC/DC。该型 PLC 主机电源为 24V 直流电,输入/输出元件使用 24V 直流电,提供了 24 个输入点和 16 个输出点;扩展模块选择了 EM223 16I/16Q DC/DC,该模块提供 16 个输入点和 16 个输出点。主机和扩展模块共提供 40 个输入点和 32 个输出点,满足本任务的设计需要。

4. 分配 I/O 点并设计 PLC 外围硬件线路

(1)分配 I/O 点 画出 PLC 的 I/O 点与输入/输出设备的连接图或对应关系表,该部分也可在第 2 步中进行。

(2)设计 PLC 外围硬件线路 画出系统其他部分的电气线路图,包括主电路和未进入 PLC 的控制电路等。由 PLC 的 I/O 连接图和 PLC 外围电气线路图组成系统的电气原理图。到此为止,系统的硬件电气线路已经确定。本任务输入/输出点较多,分别用两张表来表示,表 5-7 为输入分配表,表 5-8 为输出分配表。

表 5-7　输入分配表

输 入 端	变 量 名 称	备　注	输 入 端	变 量 名 称	备　注
I0.2	InsideCallBtn_1	内呼 1 层按钮	I0.6	InsideCallBtn_5	内呼 5 层按钮
I0.3	InsideCallBtn_2	内呼 2 层按钮	I0.7	InsideCallBtn_6	内呼 6 层按钮
I0.4	InsideCallBtn_3	内呼 3 层按钮	I1.0	DoorOpenBtn	开门内呼按钮
I0.5	InsideCallBtn_4	内呼 4 层按钮	I1.1	DoorCloseBtn	关门内呼按钮

（续）

输 入 端	变 量 名 称	备 注	输 入 端	变 量 名 称	备 注
I1.2	OutsideCallBtn_1UP	1 层外呼上按钮	I3.0	LimitSwitch_3DN	3 层下限位开关
I1.3	OutsideCallBtn_2DN	2 层外呼下按钮	I3.1	LimitSwitch_3UP	3 层上限位开关
I1.4	OutsideCallBtn_2UP	2 层外呼上按钮	I3.2	LimitSwitch_4DN	4 层下限位开关
I1.5	OutsideCallBtn_3DN	3 层外呼下按钮	I3.3	LimitSwitch_4UP	4 层上限位开关
I1.6	OutsideCallBtn_3UP	3 层外呼上按钮	I3.4	LimitSwitch_5DN	5 层下限位开关
I1.7	OutsideCallBtn_4DN	4 层外呼下按钮	I3.5	LimitSwitch_5UP	5 层上限位开关
I2.0	OutsideCallBtn_4UP	4 层外呼上按钮	I3.6	LimitSwitch_6DN	6 层下限位开关
I2.1	OutsideCallBtn_5DN	5 层外呼下按钮	I3.7	LimitSwitch_6UP	6 层上限位开关
I2.2	OutsideCallBtn_5UP	5 层外呼上按钮	I4.0	LimitSwitch_L	轿厢底层限位
I2.3	OutsideCallBtn_6DN	6 层外呼下按钮	I4.1	LimitSwitch_H	轿厢顶层限位
I2.4	LimitSwitch_1DN	1 层下限位开关	I4.2	DoorOpenOnPos	轿厢开门到位
I2.5	LimitSwitch_1UP	1 层上限位开关	I4.3	DoorCloseOnPos	轿厢关门到位
I2.6	LimitSwitch_2DN	2 层下限位开关	I4.4	DoorCloseProtect	电梯关门防夹
I2.7	LimitSwitch_2UP	2 层上限位开关			

表 5-8 输出分配表

输出端	变 量 名 称	备 注	输出端	变 量 名 称	备 注
Q0.0	InsideCallLamp_1	内呼 1 层指示灯	Q1.7	OutsideCallLamp_5DN	5 层下呼指示灯
Q0.1	InsideCallLamp_2	内呼 2 层指示灯	Q2.0	OutsideCallLamp_5UP	5 层上呼指示灯
Q0.2	InsideCallLamp_3	内呼 3 层指示灯	Q2.1	OutsideCallLamp_6DN	6 层下呼指示灯
Q0.3	InsideCallLamp_4	内呼 4 层指示灯	Q2.2	FreqRun	变频器正转（电梯上行）
Q0.4	InsideCallLamp_5	内呼 5 层指示灯	Q2.3	FreqRunReverse	变频器反转（电梯下行）
Q0.5	InsideCallLamp_6	内呼 6 层指示灯			
Q0.6	DoorOpenLamp	开门内呼指示灯	Q2.5	DoorOpenControl	轿厢开门控制
Q0.7	DoorCloseLamp	关门内呼指示灯	Q2.6	DoorCloseControl	轿厢关门控制
Q1.0	OutsideCallLamp_1UP	1 层上呼指示灯	Q2.7	LampAndFan	轿厢内照明控制
Q1.1	OutsideCallLamp_2DN	2 层下呼指示灯	Q3.0	DisplayS1	楼层指示 S1
Q1.2	OutsideCallLamp_2UP	2 层上呼指示灯	Q3.1	DisplayS2	楼层指示 S2
Q1.3	OutsideCallLamp_3DN	3 层下呼指示灯	Q3.2	DisplayS3	楼层指示 S3
Q1.4	OutsideCallLamp_3UP	3 层上呼指示灯	Q3.3	DisplayUP	楼层指示 UP
Q1.5	OutsideCallLamp_4DN	4 层下呼指示灯	Q3.4	DisplayDN	楼层指示 DN
Q1.6	OutsideCallLamp_4UP	4 层上呼指示灯			

5. 程序设计

本任务通过编写多个子程序来实现电梯运行过程中多个不同的功能，并通过主程序调用子程序来实现程序的整体控制。子程序包括：呼叫采集子程序、呼叫指示子程序、当前层判断子程序、目标层判断子程序、电梯上下行子程序、停车消号子程序、灯和风机控制子程序、最大最小楼层判断子程序。图 5-18 为整体程序结构图。

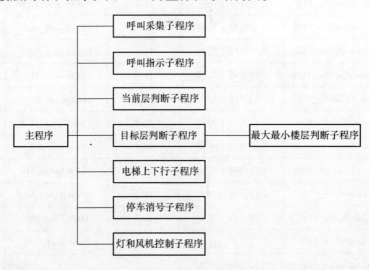

图 5-18　整体程序结构图

电梯程序运行的流程如下：电梯起动后处于待命状态，当有呼叫时将呼叫信息采集并记录，同时通过对应的显示灯显示出来；接着程序判断轿厢目前所处楼层和目标呼叫楼层，若为同层呼叫则执行电梯开关门程序，否则电梯开始上行或者下行；电梯上行或者下行时可同方向截梯；达到目标层时消除该层的所有呼叫信号，并执行电梯开关门程序；电梯运行时起动灯和风扇。主要程序流程图如图 5-19 所示。

各部分子程序的作用如下：

1）呼叫采集子程序：主要是将轿厢内呼信号、楼层外呼上信号、楼层外呼下信号采集并存储到变量中以备使用。对应的变量地址见表 5-9。

表5-9　呼叫采集子程序变量地址

地　　　址	变 量 名 称	备　　注
VB501	InsideCall_1	1 楼内呼
VB502	InsideCall_2	2 楼内呼
VB503	InsideCall_3	3 楼内呼
VB504	InsideCall_4	4 楼内呼
VB505	InsideCall_5	5 楼内呼
VB506	InsideCall_6	6 楼内呼
VB511	OutsideCall_1UP	1 楼外呼上
VB512	OutsideCall_2UP	2 楼外呼上

（续）

地　　址	变量名称	备　　注
VB513	OutsideCall_3UP	3 楼外呼上
VB514	OutsideCall_4UP	4 楼外呼上
VB515	OutsideCall_5UP	5 楼外呼上
VB522	OutsideCall_2DN	2 楼外呼下
VB523	OutsideCall_3DN	3 楼外呼下
VB524	OutsideCall_4DN	4 楼外呼下
VB525	OutsideCall_5DN	5 楼外呼下

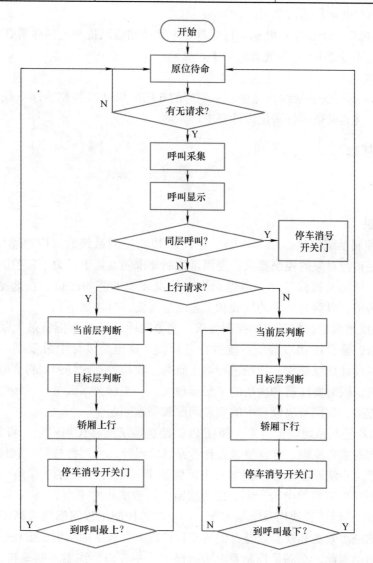

图 5-19　主要程序流程图

2）呼叫指示子程序：主要是将呼叫信号输出到指示灯上控制指示灯工作。当前轿厢所处楼层的显示是由 3 个输出信号以二进制形式送到楼层显示模块上，由楼层显示模块中的单片机控制七段 LED 管显示当前轿厢所处楼层。

3）当前层判断子程序：一是在轿厢运行时判断轿厢所处位置，二是判断本次呼叫是否为同层呼叫。

4）目标层判断子程序，判断本次上行要去的最上层或本次下行要去的最下层，以及当前要去的目标层。

5）最大最小楼层判断子程序：判断本次呼叫中的最高楼层或者最低楼层。

6）电梯上下行子程序：判断当前呼叫为上行还是下行请求，控制电梯上行或者下行。

7）停车消号子程序：判断电梯轿厢是否到达呼叫位置，到达位置后控制开关门，同时消除呼叫记录信号和运行请求信号。

8）灯和风机控制子程序：电梯运行时打开电梯轿厢通风机和电梯照明灯。

参考程序（指令语句）：见光盘附录 F。

6. 安装调试

根据图 5-14 进行安装接线，然后将编制好的 6 层电梯 PLC 控制程序下载到 PLC 中，并进行程序调试，直到设备运行满足设计要求。

5.2.5 理论基础

【读一读】

1. 基本知识

（1）PLC 控制系统设计的基本原则 在设计 PLC 控制系统时，应遵循以下基本原则：最大限度地满足被控对象的控制要求，在满足控制要求的前提下，力求使控制系统简单、经济、安全可靠、使用及维修方便，考虑到生产的发展和工艺的改进，在选择 PLC 容量时，应留有适当的裕量，以满足今后的发展和工艺改进需要，具体如下：

1）最大限度地满足被控对象的控制要求。充分发挥 PLC 的功能，最大限度地满足被控对象的控制要求，是设计 PLC 控制系统的首要前提，这也是设计中最重要的一条原则。这要求设计人员在设计前就要深入现场进行调查研究，收集控制现场的资料，收集相关先进的国内、国外资料，同时要注意和现场的工程管理人员、工程技术人员、现场操作人员紧密配合，拟定控制方案，共同解决设计中的重点问题和疑难问题。

2）保证 PLC 控制系统安全可靠。保证 PLC 控制系统能够长期安全、可靠、稳定运行，是设计控制系统的重要原则。这就要求设计者在系统设计、元器件选择、软件编程上要全面考虑，以确保控制系统安全可靠。例如：应该保证 PLC 程序不仅在正常条件下运行，而且在非正常情况下（如突然掉电再上电、按钮按错等）也能正常工作。

3）力求简单、经济、使用及维修方便。一个新的控制工程固然能提高产品的质量和数量，带来巨大的经济效益和社会效益，但新工程的投入、技术的培训、设备的维护也将导致运行成本的增加。因此，在满足控制要求的前提下，一方面要注意不断地扩大工程的效益，另一方面也要注意不断地降低工程的成本。这就要求设计者不仅应该使控制系统简单、经济，而且要使控制系统的使用和维护方便、成本低，不宜盲目追求自动化和高指标。

4）适应发展的需要。由于技术的不断发展，控制系统的要求也将会不断地提高，设计时要适当考虑到今后控制系统发展和完善的需要。这就要求在选择 PLC、输入/输出模块、I/O 点数和内存容量时，要适当留有裕量，以满足今后生产的发展和工艺的改进。

（2）PLC 控制系统设计的一般流程　具体内容如图 5-20 所示。

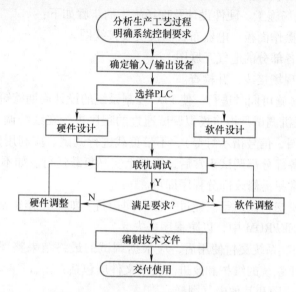

图 5-20　PLC 控制系统设计的一般流程

1）分析被控对象。这一阶段主要确定被控对象对 PLC 控制系统的控制要求。

2）确定输入/输出设备。这一步主要确定 PLC 的 I/O 点数及输入/输出情况。

3）选择 PLC。该步骤包括 PLC 的机型、容量、I/O 模块、电源和其他扩展模块的选择。

4）分配 I/O 点。分配 PLC 的 I/O 点，画出 PLC 的 I/O 端子与输入/输出设备的连接图或对应表（可结合 2）步进行）。

5）设计控制程序。PLC 程序设计的一般步骤如下：

① 对于较复杂的系统，需要绘制系统功能图（对于简单的控制系统可省去这一步）。

② 设计梯形图程序。

③ 根据梯形图编写语句表程序清单。

④ 对程序进行模拟调试及修改，直到满足控制要求为止，调试过程中，可采用分段调试的方法，并利用监控功能。

控制程序设计有多种方法可以选择，有移植替换设计法、经验设计法、逻辑设计法、顺序（步进）控制设计法等多种，不同的方法适用场合略有不同。

移植替换设计法由继电器电路图来设计控制系统梯形图。这种设计方法不需要改变控制面板，保持了系统原有的外部特性，而且也符合操作人员长期的操作习惯。

经验设计法没有普遍的规律可以遵循，设计者依据经验和习惯进行设计，具有一定的试探性和随意性。这种方法更多地被用于程序的改造以及现场程序的调试，具有很好的灵活性及实用性。

逻辑设计法以布尔代数为理论基础，以逻辑组合或逻辑时序的方法和形式来设计 PLC程序。这种方法比较适合用于小块的逻辑程序设计中，然后将这些小的逻辑"模块"组合起来应用于其他的设计方法中，从而完成整体的程序设计任务。

顺序（步进）控制设计法适用于具有顺序控制特征的控制系统，这种方法容易被初学者接受，程序的调试、修改和阅读也很方便。设计出的梯形图容易阅读、维护和改进，尤其是具有选择或分支结构的程序，采用顺序设计法就具有明显的优越性。

6）硬件设计及现场施工。硬件设计及现场施工的步骤如下：

① 设计控制柜及操作面板、电器布置图及安装接线图。

② 设计控制系统各部分的电气互联图。

③ 根据图样进行现场接线，并检查。

程序设计与硬件实施可同时进行，使 PLC 控制系统的设计周期缩短。

7）联机调试。联机调试是指将模拟调试通过的程序进行在线统调。开始时，先带上输出设备（如接触器线圈、信号指示灯等），不带负载进行调试。应利用监控功能，采用分段调试的方法进行。待各部分都调试正常后，再带上实际负载运行。如不符合要求，则对硬件和程序进行调整，通常只需修改部分程序即可。

全部调试完毕后，交付试运行。经过一段时间运行，如果工作正常，程序不需要修改，应将程序永久保存到 EEPROM 中，以防程序丢失。

8）整理技术文件。系统交付使用后，应根据调试的最终结果整理出完整的技术文件，并提供给用户，以利于系统的维护和改进。技术文件应包括：

① PLC 的外部接线图和其他电气图样。

② PLC 的编程元件表，包括程序中使用的输入/输出位、存储器位和定时器、计数器、顺序控制继电器等的地址、名称、功能，以及定时器、计数器的设定位等。

③ 顺序功能图、带注释的梯形图和必要的总体文字说明。

2. 拓展知识

（1）S7-200 数字扩展模块 S7-200 PLC 在应用中可以增加扩展模块，以扩展 PLC 的输入/输出（I/O）点数和功能。扩展模块一般有数字量扩展模块、模拟量扩展模块、通信模块。这里主要介绍数字量扩展模块。

在西门子 S7-200 系列中除 CPU221 外，其他 CPU 模块均可配接多个扩展模块，各型号CPU 可配接的模块数见表 5-10。用户通过选用具有不同 I/O 点数的数字量扩展模块，可以满足不同的控制需要，节约投资费用。可选用的数字量扩展模块见表 5-11。连接时 CPU 模块放在最左侧，扩展模块用扁平电缆与左侧的模块相连，如图 5-21 所示。

表 5-10 各型号 CPU 可配接的模块数

CPU 型号	CPU221	CPU222	CPU224	CPU226	CPU226XM
扩展模块数	—	2 个	7 个	7 个	7 个

表 5-11 数字量扩展模块

扩展模块型号	各组输入点	各组输出点
EM221 DC 24 V 输入	8	—
EM221 AC 24 V 输入	16	—
EM221 DC 24 V 输出	—	8

（续）

扩展模块型号	各组输入点	各组输出点
EM221 继电器输出	—	8
EM223 DC 24V 4 输入 4 输出	4	4
EM223 DC 24V 4 输入 4 继电器输出	4	4
EM223 DC 24V 8 输入 8 输出	8	8
EM223 DC 24V 8 输入 8 继电器输出	8	8
EM223 DC 24V 16 输入 16 输出	16	16
EM223 DC 24V 16 输入 16 继电器输出	16	16

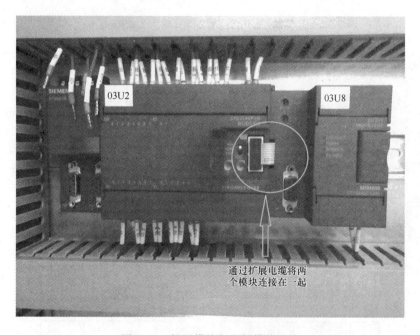

图 5-21　扩展模块与左侧模块连接

（2）数字量扩展模块 EM223 的接线图　扩展模块扩展了 PLC 的功能，并可以根据需要设计和生产新模块，使 S7-200 这种整体式 PLC 具备一定的灵活性和扩展性。

数字量扩展模块的接线和应用与 CPU 模块相同。图 5-22 是以 EM223 DC 24V 8 输入 8 输出为例的接线图，图 5-23 是 EM223 DC 24V 8 输入 8 继电器输出的接线图，图 5-24 是 EM223 DC 24V 16 输入 16 输出的接线图，图 5-25 是 EM223 DC 24V 16 输入 16 继电器输出的接线图。其他数字量扩展模块的接线类似，详细可以查阅 S7-200 的系统手册。

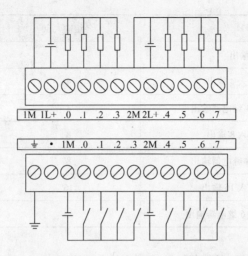

图 5-22　EM223 DC 24V 8 输入 8 输出

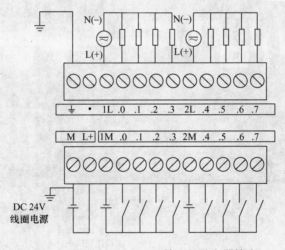

图 5-23　EM223 DC 24V 8 输入 8 继电器输出

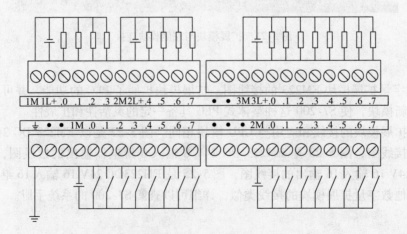

图 5-24　EM223 DC 24V 16 输入 16 输出

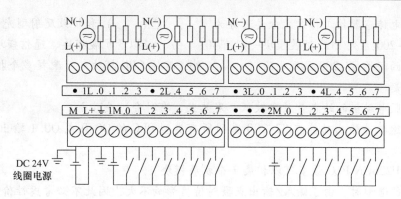

图 5-25　EM223 DC 24V 16 输入 16 继电器输出

【想一想】

1. 感应电动机拖动轿厢的传动系统是如何工作的？为何配置轿厢配重块？

2. 编写电梯程序时需要考虑哪些联锁与保护？

3. 电梯程序包括哪些主要部分？试绘制程序流程图。

【小结】

1. 控制程序设计有多种方法可以选择，有移植替换设计法、经验设计法、逻辑设计法、顺序（步进）控制设计法等多种，不同的方法适用场合略有不同。移植替换设计法由继电器电路图来设计控制系统梯形图。经验设计法没有普遍的规律可以遵循，设计者依据经验和习惯进行设计，具有一定的试探性和随意性。逻辑设计法以布尔代数为理论基础，以逻辑组合或逻辑时序的方法和形式来设计 PLC 程序。顺序（步进）控制设计法适用于具有顺序控制特征的控制系统，这种方法容易被初学者接受，程序的调试、修改和阅读也很方便。

2. PLC 程序设计的一般步骤如下：

（1）对于较复杂的系统，需要绘制系统功能图（对于简单的控制系统可省去这一步）。

（2）设计梯形图程序。

（3）根据梯形图编写语句表程序清单。

（4）对程序进行模拟调试及修改，直到满足控制要求为止，调试过程中，可采用分段调试的方法，并利用监控功能。

3. PLC 控制系统设计的基本原则：①最大限度地满足被控对象的控制要求；②保证PLC 控制系统安全可靠；③力求简单、经济、使用及维修方便；④适应发展的需要。

【自主学习题】

1. 填空题

（1）光电传感器在一般情况下，电路由（　　）、接收器和（　　）三部分构成。

(2) 光电传感器按工作方式分类可分为（　　）、（　　）和扩散反射型光电传感器。

(3) S7-200 系列 PLC 扩展模块一般有（　　）、模拟量扩展模块、通信模块。

(4) 在西门子 S7-200 系列中除（　　）外，其他 CPU 模块均可配接多个扩展模块。

2. 判断题

(1) 伺服电动机的缺点是效率较低，发热大，有时会"失步"。　（　　）

(2) 高速脉冲输出功能在 S7-200 系列所有类型 PLC 的 Q0.0 或 Q0.1 输出端产生高速脉冲。　（　　）

(3) CPU226CN PLC 最多可以扩展 7 个扩展模块。　（　　）

(4) PLC 选型时，由于输入/输出点数对价格影响不大，因此不必考虑性价比。（　　）

3. 简答题

(1) 什么是光电传感器？

(2) 什么是伺服电动机？

(3) PLC 控制系统设计的一般流程是什么？

(4) PLC 的容量选择要考虑哪些方面？

4. 分析设计题

(1) 设计用 PLC 控制三台电动机顺序起动，逆序停止。要求按下起动按钮，起动第一台电动机之后，每隔5s再起动一台。按下停止按钮时，先停下第三台电动机，之后每隔5s逆序停止第二台和第一台电动机。试设计该控制的梯形图，画出 PLC 外部接线图。

(2) 某工厂车间换气系统示意图如图 5-26 所示。车间内要求空气的压力不能大于大气压，所以只有排气风扇 M1 运转后，排气传感器 S1 检测到排风正常，进气风扇 M2 才能正常工作。如果进气风扇或排气风扇工作5s后，各自的传感器还是没有信号，则对应的指示灯闪烁报警。

换气系统由排气风扇 M1、进气风扇 M2、排气流传感器 S1、进气流传感器 S2、风扇指示灯 HL1 和 HL2、停止按钮 SB2、起动按钮 SB1 组成。试编写该控制程序的梯形图，并且画出 PLC 接线图。

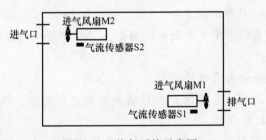

图 5-26 换气系统示意图

【考核检查】

"模块 5　常用指令综合应用"考核标准

任务名称：

项　　目	配分	考核要求	扣　分　点	扣分记录	得　分
任务分析	15	1. 会提出需要学习和解决的问题，会收集相关的学习资料 2. 会根据任务要求进行主要元器件的选择	1. 分析问题笼统扣 2 分；资料较少扣 2 分 2. 选择元器件每错 1 个扣 2 分		
设备安装	20	1. 会分配输入/输出端口，画 I/O 接线图 2. 会按照图样正确规划安装 3. 布线符合工艺要求	1. 分配端口有错扣 4 分；接线图有错扣 4 分 2. 错、漏线或错、漏元件扣 2 分 3. 布线工艺差扣 4 分		
程序设计	25	1. 程序结构清晰，内容完整 2. 正确输入梯形图 3. 正确保存程序文件 4. 会传送程序文件	1. 程序有错扣 10 分 2. 输入梯形图有错扣 5 分 3. 保存文件有错扣 4 分 4. 传送程序文件错误扣 6 分		
运行调试	25	1. 会运行系统，结果正确 2. 会分析监控程序 3. 会调试系统程序	1. 操作错误扣 4 分 2. 分析结果错误扣 4 分 3. 监控程序错误扣 4 分 4. 调试程序错误扣 5 分		
安全文明	10	1. 用电安全，无损坏器件 2. 工作环境保持整洁 3. 小组成员协同精神好 4. 工作纪律好	1. 发生安全事故扣 10 分 2. 损坏器件扣 10 分 3. 工作现场不整洁扣 5 分 4. 成员之间不协同扣 5 分 5. 不遵守工作纪律扣 2~6 分		
任务小结	5	会反思学习过程、认真总结工作经验	总结不到位扣 3 分		
学生			组别		
指导教师		日期		得分	

第2篇 提 高 篇

模块 6 模拟量控制应用

【学习目标】

1. 熟悉 S7-200 系列 PLC 的基本配置。
2. 熟悉 PLC 的编程规则及模拟量控制的应用。
3. 会根据任务要求分配控制系统输入/输出地址及绘制接线图。
4. 独立完成 PLC 控制系统的安装与运行。
5. 熟悉控制系统应用程序的编写与联机调试的方法。
6. 领会安全文明生产要求。

【学习任务】

电动机开环调速模拟量控制的实现。

【学习建议】

本模块通过电动机开环调速 PLC 控制的实现，介绍 PLC 模拟量控制的简单应用。建议在学习过程中，首先要通过观看多媒体导学课件了解模拟量控制与前面所学的数字量控制的区别，其次通过实操了解 PLC 模拟量控制系统的配置与编程规则，最后从原理上学习 CPU-224XPCN 模拟量通道的应用技巧。

【关键词】

CPU-224XPCN、MM420 变频器、编程规则、接线图、地址分配、安装与调试。

任务 模拟量控制的电动机开环调速的实现

6.1 任务目标

1. 熟悉 PLC 的编程规则及模拟量控制的应用。
2. 熟悉西门子 MM420 变频器的模拟量调速方式。
3. 熟悉 PLC 模拟量输出点的连接方法。

4. 熟悉算术运算指令的使用方法。

6.2　任务描述

S7-200 PLC 不仅能实现数字量控制，还能实现模拟量控制。S7-200 PLC 中 CPU 224XP 上集成有 2 个模拟量输入端口和 1 个模拟量输出端口。模拟量输入为 -10 ~ 10V 的电压；模拟量输出可以是 0 ~ 10V 的模拟电压或 0 ~ 20mA 的模拟电流。

设计要求：通过 CPU 224XP 的模拟量输出端口，输出一个 0 ~ 10V 的电压模拟量控制变频器，实现对电动机的调速控制。

图 6-1 所示为电动机开环调速控制 PLC 接线图。

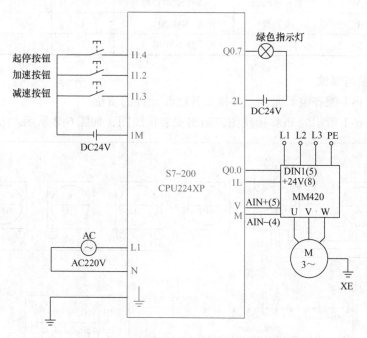

图 6-1　模拟量控制应用实例 PLC 接线图

6.3　任务实现

【看一看】

观看多媒体课件，了解电动机调速 PLC 控制的工作过程及安装方法。

第一次按下起停按钮，设备开始工作，HL1 指示灯点亮，此时电动机以 10Hz 的频率运行；按住绿色加速按钮，电动机工作速度提高，运行频率最高可达 50Hz；按住红色减速按钮，电动机工作速度降低，最低运行频率为 10Hz。松开按钮时，电动机工作速度保持。

第二次按下起停按钮，设备停止运行。

【做一做】

1. 所需的工具、设备及材料

1）常用电工工具、万用表等。

2）PC。

3）所需设备、材料见表6-1。

表6-1 设备、材料明细表

序 号	标准代号	器件名称	型号规格	数 量	备 注
1	PLC	S7-200CN	CPU224AC/DC/RLA	1	6ES7 214--2BD23--0XB8
2	QS	隔离开关	正泰 NH2-125 3P 32A	1	
3	SB	按钮	LA10-2H	3	
4	HL	指示灯	XB2BVB3LC	1	
5	M	减速电动机	80YS25GY38	1	
6	U	变频器	MM420	1	
7	XT	接线端子	JX2-Y010	1	

2. 系统安装与调试

1）根据表6-1配齐电器元件，并检查各电器元件的质量。

2）根据图6-1所示的PLC接线图，画出安装接线图，如图6-2所示。

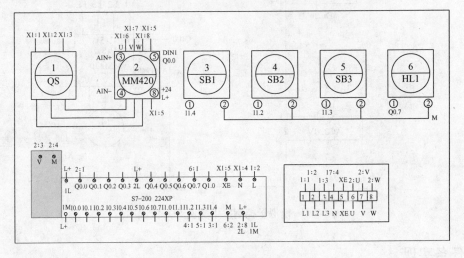

图6-2 安装接线图

3）根据安装接线图安装元件，各元件的安装位置应整齐、匀称、间距合理，便于元件的更换，元件紧固时用力要均匀，紧固程度适当。完成安装的控制装置如图6-3所示。

4）检查电路。通电前，认真检查有无错接、漏接等现象。

5）传送PLC程序。PLC通信设置参见任务2.1。

6）PLC程序运行、监控。

① 工作模式选择。将PLC的工作模式开关拨至运行或者通过Micro/WIN编程软件执行"PLC"菜单下的"运行"子菜单命令。

② 监控，单击执行"调试"菜单下的"开始程序状态监控"子菜单命令，梯形图程序进入监控状态，如图6-4所示。

③ 运行电动机：按下起停按钮SB1后，观察输出线圈Q0.0和Q0.7，两个线圈得电，

电动机　传送带

变频器　　　　　CPU224XP　　　　指示灯　　　按钮

图 6-3　电动机开环调速 PLC 控制实物图

HL1 指示灯亮，电动机旋转；按下 SB2 按钮，电动机加速旋转，观察变频器监视窗口显示输出频率上升；按下 SB3 按钮，电动机减速，再次按下 SB1 后，Q0.0 和 Q0.7 信号消失，HL1 指示灯熄灭，电动机停止旋转。

6.4　技能实践

【学一学】

模拟量控制应用实例具体设计步骤如下。

1. 分析被控对象并提出控制要求

首先，从控制要求来看，本设计任务主要程序设计部分可以采用经验设计法；其次，本

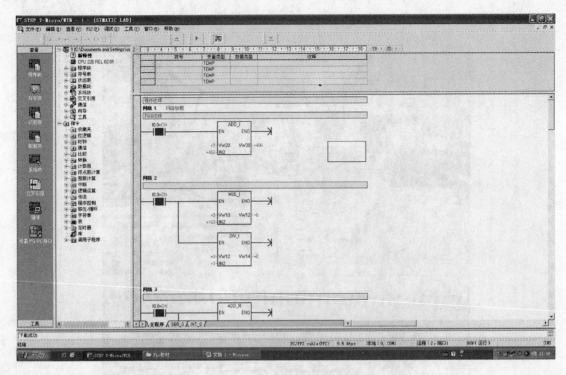

图 6-4　程序调试监控图

任务需要使用带模拟量输出的 PLC，并且是选择模拟电压输出控制；最后，就是本任务还使用了 MM420 变频器，需要设定变频器参数，使其工作模式为模拟电压控制。

2. 确定输入/输出设备

根据电动机开环调速 PLC 控制系统的控制要求，确定系统所需的全部输入设备（如按钮、位置开关、转换开关及各种传感器等）和输出设备（如接触器、电磁阀、信号指示灯及其他执行器等），从而确定与 PLC 有关的输入/输出设备，以确定 PLC 的 I/O 点数。本任务共需要输入设备按钮 3 个，需控制的输出设备为指示灯 1 个，同时使用模拟电压输出端口控制变频器工作。

3. 选择 PLC

PLC 选择包括对 PLC 的机型、容量、I/O 模块、电源等的选择。本任务中涉及的元件除普通常见元件外，还使用了变频器，并且对变频器的控制是通过电压模拟量来控制，所以选择的 PLC 必须带有模拟量模块，考虑选择 S7-200 系列中带有模拟量端口的 CPU224XP。该型 PLC 主机使用 220V 交流电，集成有 2 个模拟量输入端口和 1 个模拟量输出端口。模拟量输出可以是 0～10V 的模拟电压或 0～20mA 的模拟电流。

4. 分配 I/O 点并设计 PLC 外围硬件线路

（1）分配 I/O 点　画出 PLC 的 I/O 点与输入/输出设备的连接图或对应关系表，见表 6-2，该部分也可在第 2 步中进行。

（2）设计 PLC 外围硬件线路　画出系统其他部分的电气线路图，包括主电路和未进入 PLC 的控制电路等。由 PLC 的 I/O 连接图和 PLC 外围电气线路图组成系统的 PLC 接线图，至此系统的硬件电气线路已经确定。

表 6-2　输入/输出地址分配表

输入地址分配		输出地址分配	
起停按钮 SB1	I1.4	设备运行指示灯 HL1	Q0.7
加速按钮 SB2	I1.2	变频器模拟量控制端子	AQW0
减速按钮 SB3	I1.3	电动机起动（变频器）	Q0.0

5. 程序设计

本任务的程序设计主要有三个问题要注意：第一是如何用一个按钮来起停设备；第二要设定好变频器工作的参数；第三如何将按下加减速按钮的时间和 PLC 输出的模拟量进行对应。

第一个问题是一键起停的实现，如图 6-5 所示，M0.0 为设备工作状态，I0.0 为起停按钮。当第一次按下起停按钮时脉冲上升沿激活 M0.0 使其线圈得电，由于此时 M0.0 常开触点无信号，所以不会复位。当第二次按下起停按钮时置位、复位条件同时满足，但此时使用的是复位优先指令，所以 M0.0 线圈失电。

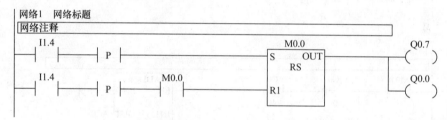

图 6-5　一键起停程序

第二个问题是变频器参数的设定，变频器工作在模拟量控制模式下，所以主要参数设定应该参照表 6-3。

表 6-3　模拟量控制模式参数设定表

序　号	参　　数		数　　值	数　值　说　明
	参数代码	参数含义		
1	P700	选择命令来源	2（默认值）	由端子排输入
2	P701	数字输入 1 的功能	1（默认值）	ON/OFF1（接通正转/停车命令 1）
3	P1000	频率设定值的选择	2（默认值）	模拟设定值
4	P304	电动机额定电压	380V	
5	P305	电动机额定电流	0.18A	
6	P307	电动机额定功率	0.03kW	
7	P311	电动机额定速度	1300r/min	
8	P1120	斜坡上升时间	0.5s	
9	P1121	斜坡下降时间	0.5s	
10	P0753	AD 的平滑时间	100ms	

第三个问题是如何将按下加减速按钮的时间和 PLC 输出的模拟量进行对应。

本任务中的时间是用 0.5s 的周期脉冲信号（sm0.5）和计数器来统计的，计数器计数脉冲 40 次，变化频率为 10 ~ 50Hz，变化范围为 40Hz 正好与之对应，计数器每增加 1 位数值，频率增加 1Hz。S7-224XP 的输出电压模拟量 0 ~ 10V 对应的内部数字量为 0 ~ 32767，所以频率值和数字量的关系相差约 650 倍。编程时将计数器的当前计数值加上 10 乘以 650 就得到需要转换成模拟电压的数字量，然后将数值赋给 AQW0 即可。

电动机调速 PLC 控制程序如图 6-6 所示。

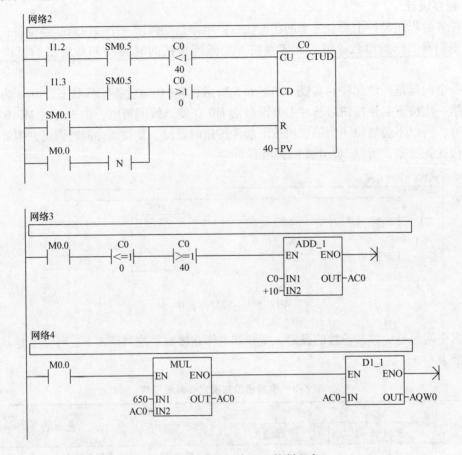

图 6-6　电动机调速 PLC 控制程序

6. 安装与调试

根据图 6-2 进行安装接线，然后将编制好的电动机调速 PLC 控制程序下载到 PLC 中，进行程序调试，直到设备运行满足设计要求。

6.5　理论基础

1. 基本知识

（1）CPU224XPCN 模拟量通道　S7-200 系列 PLC 中 CPU224XP 带有模拟量通道，包括两路 A-D 通道，一路 D-A 通道。接口电路如图 6-7 所示，A +、B + 为模拟量输入单端，M 为公共端，输入电压范围为 ±10V，分辨力为 11 位，加 1 符号位，数字格式对应的满量程范围为 -32000 ~ 32000，对应的模拟量输入映像寄存器分别为 AIW0、AIW2。图中，有一路单极性模拟量输出，可以选择是电流输出或电压输出，I 为电流负载输出端，V 为电压负载输出端。输出电流的范围为 0～20mA，数据格式对应量程范围为 0～32000，输出电压的范围为 0～10V，数据格式对应的量程范围为 0～32767，分辨力均为 12V，对应的模拟量输出映像寄存器为 AQW0。

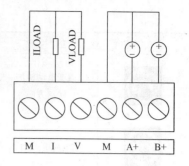

图 6-7　CPU 224XP 模拟量
通道接线图

（2）西门子 MM420 变频器简介　西门子 MM420（Micro Master 420）是德国西门子公司出品的广泛应用于工业场合的多功能标准变频器。它采用高性能的矢量控制技术，提供低速高转矩输出和良好的动态特性，同时具备超强的过载能力。

MM440 变频器提供了状态显示面板、基本操作面板和高级操作面板等供用户选择，用来调试变频器，如图 6-8 所示。

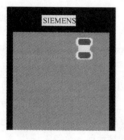
SDP
状态显示面板

BOP
基本操作面板

AOP
高级操作面板

图 6-8　使用于 MM420 的操作面板

本任务通过基本操作面板（BOP）进行参数设置，参数分为 4 个级别：

1）标准级：可以访问最经常使用的参数。

2）扩展级：允许扩展访问参数的范围，例如变频器 I/O 功能。

3）专家级：只供专家使用。

4）维修级：只供授权维修人员使用，具有密码保护。

基本操作面板（BOP）上的按钮及其功能见表 6-4。

表 6-4　MM420 参数设置表（基本操作面板（BOP）上的按钮）

显示/按钮	功　能	功能的说明
`r 0000`	状态显示	LCD 显示变频器当前的设定值
Ⓘ	起动变频器	按此键起动变频器。默认值运行时此键是被封锁的。为了使此键的操作有效，应设定 PO700 = 1
Ⓞ	停止变频器	OFF1：按此键，变频器将按选定的斜坡下降速率减速停车，默认值运行时此键被封锁。为了允许此键操作，应设定 PO700 = 1 OFF2：按此键两次（或一次，但时间较长）电动机将在惯性作用下自由停车，此功能总是"使能"的

（续）

显示/按钮	功　能	功能的说明
	改变电动机的转动方向	按此键可以改变电动机的转动方向。电动机的反向用负号（-）表示或用闪烁的小数点表示。默认值运行时此键是被封锁的，为了使此键的操作有效，应设定 PO700 = 1
(jog)	电动机点动	在变频器无输出的情况下按此键，将使电动机起动，并按预设定的点动频率运行。释放此键时，变频器停车。如果变频器/电动机正在运行，按此键将不起作用
(Fn)	功能	此键用于浏览辅助信息 　　变频器运行过程中，在显示任何一个参数时按下此键并保持2s不动，将显示以下参数值（在变频器运行中，从任何一个参数开始）： 　　1. 直流回路电压（用 d 表示，单位：V） 　　2. 输出电流（A） 　　3. 输出频率（Hz） 　　4. 输出电压（用 o 表示，单位：V） 　　5. 由 P0005 选定的数值（如果 P0005 选择显示上述参数中的任何一个（3、4 或 5），这里将不再显示） 　　连续多次按下此键，将轮流显示以上参数 　　跳转功能：在显示任何一个参数（rXXXX 或 PXXXX）时短时间按下此键，将立即跳转到 r0000。如果需要的话，可以接着修改其他的参数。跳转到 r0000 后，按此键将返回原来的显示点
(P)	访问参数	按此键即可访问参数
(▲)	增加数值	按此键即可增加面板上显示的参数数值
(▼)	减少数值	按此键即可减少面板上显示的参数数值

　　MM420 变频器既可以用于单机驱动系统，也可集成到自动化系统中，可以作为西门子 S7-200 PLC 的理想配套设备。

　　MM420 变频器的外部接线框图如图 6-9 所示，包含数字输入点：DIN1（端子 5）、DIN2（端子 6）、DIN3（端子 7）；内部电源 +24V（端子 8）、内部电源 0V（端子 9）；模拟输入点：AIN +（端子 3）、AIN -（端子 4）、内部电源 +10V（端子 1）、内部电源 0V（端子 2）；继电器输出：RL1 - B（端子 10）、RL1 - C（端子 11）；模拟量输出：AOUT +（端子 12）、AOUT -（端子 13）；RS -485 串行通信接口：P +（端子 14）、N -（端子 15）等输入/输出接口。其核心部件为 CPU 单元，根据设定参数，经过运算，输出正弦波信号，经过 SPWM 调试，输出三相交流电压驱动三相交流电动机运转。

　　（3）变频器的传统应用简介

　　1）参数更改的方法。用 BOP 可以修改和设定系统参数，使变频器具有期望的特性，例

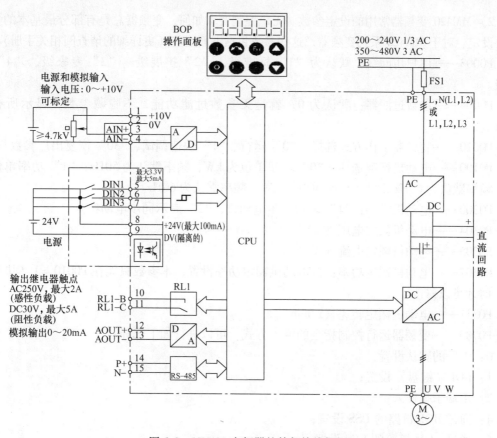

图 6-9　MM420 变频器的外部接线框图

如斜坡时间、最小和最大频率等。

更改参数的步骤大致可归纳为：①查找所选定的参数号；②进入参数值访问级，修改参数值；③确认并存储修改好的参数值。

图 6-10 为参数 P0004 的设定方法。按照图中说明方法，可以用 BOP 设定常用参数。

操作步骤	显示的结果
1　按 ▶ 键访问参数	r0000
2　按 ▲ 键直到显示出 P0004	P0004
3　按 ▶ 键进入参数数值访问级	0
4　按 ▲ 或 ▼ 键达到所需要的数值	3
5　按 ▶ 键确认并存储参数的数值	P0004
6　使用者只能看到命令参数	

图 6-10　参数 P0004 的设置

2）MM420 变频器常用的设定参数。无论控制要求如何，变频器总是有部分最基本的参数需要设定。对于 MM420 系列变频器，这些参数包括下面这些（更详细的请查阅相关手册）。

P0003——用户访问级：默认为"1"标准级、"2"扩展级、"3"专家级、"4"维修级。

P0004——参数过滤器：默认为 0，就是无参数过滤功能，不隐藏参数，显示所有的参数。

P0010——变频器工作方式选择："0"运行、"1"快速调试、"30"恢复出厂参数。

P0100——电动机标准选择："0"功率单位为 kW，频率默认为 50Hz；"1"功率单位为 hp，频率默认为 60Hz；"2"功率单位为 kW，频率默认为 60Hz。

P0300——电动机类型："1"表示异步电动机，"2"表示同步电动机。

P0304——电动机额定电压（V）。

P0305——电动机额定电流（A）。

P0307——电动机额定功率：按电动机额定功率设置，本参数只能在 P0010 = 1（快速调试）时才可以修改。

P0311——电动机额定转速（r/min）。

P0700——变频器运行控制指令的输入方式，可以进行如下选择：

0：工厂的默认设置；

1：BOP（键盘）设置；

2：由端子排输入；

4：通过 BOP 链路的 USS 设置；

5：通过 COM 链路的 USS 设置；

6：通过 COM 链路的通信板（CB）设置。

P0701 ~ P0702：开关端子 DIN1 ~ DIN3 功能定义，设定如下：

0：不使用该端子；

1：ON/OFF1（接通正转/停车命令1）；

2：ON reverse/OFF1（接通反转/停车命令1）；

3：OFF2（停车命令2），按惯性自由停车；

4：OFF3（停车命令3），按斜坡函数曲线快速降速停车；

9：故障应答；

10：正向点动；

11：反向点动；

12：反转；

13：MOP（电动电位计）升速（增加频率）；

14：MOP 降速（减少频率）；

15：固定频率设定值（直接选择）；

16：固定频率设定值（直接选择 + ON 命令）；

17：固定频率设定值（二进制编码的十进制数（BCD 码）选择 + ON 命令）；

21：机旁/远程控制；

25：直流注入制动；

29：由外部信号触发跳闸；

33：禁止附加频率设定值；

99：使能 BICO 参数化。

P1000——选择频率设定值：默认为 2，即模拟输入；如果选择 12，则加上了 MOP（电动电位计）的值。

P1080——最小频率：变频器输出的最小频率，根据电动机实际驱动能力而不同，建议 15Hz 以上。

P1082——最大频率：变频器输出的最大频率，根据电动机实际驱动能力而不同，建议 75Hz 以下。

P1120——变频器加速时间（s）。

P1121——变频器减速时间（s）。

P3900——变频器调速结束方式选择，参数如下：

0：结束调试，不进行电动机参数的自动计算；

1：结束调试；进行电动机参数的自动计算或恢复出厂默认值；

2：结束调试；进行电动机参数的自动计算与 I/O 复位；

3：结束调试；进行电动机参数的自动计算但不进行 I/O 复位。

3）变频参数设定的一般流程。

① 设定参数 P0003 定义用户访问参数的等级。设定参数访问级，级别越高可以进行显示和设定的参数就越多。

② 将变频器复位为工厂默认设定值。当变频器的参数被错误设定，影响到变频器运行时，可以通过"参数"功能恢复出厂默认参数 MM420 参数恢复方法如下：

设定 P0010 = 30，P0970 = 1，整个恢复过程大约需要 3min。

③ 按任务要求设定相关参数，根据不同的任务要求选择相应参数并设定。

2. 拓展知识

第一部分：模拟量扩展模块

S7-200 系列 PLC 模拟量 I/O 模块主要有 EM231 模拟量 4 路输入、EM232 模拟量 2 路输出和 EM235 模拟量 4 输入/1 输出混合模块 3 种，另外，还有专门用于温度控制的 EM231 模拟量输入热电偶模块和 EM231 模拟量输入热电阻模块。

（1）模拟量输入模块

1）EM231 模拟量输入模块。EM231 模拟量输入模块的功能是把模拟量输入信号转换为数字量信号。其输入与 PLC 主机具有隔离电路，模拟量输入信号经输入滤波电路通过多路转换开关送入差动放大器，差动放大器输出的信号经增益调整电路进入电压缓冲器，等待 A-D 转换，A-D 转换后的数字量直接送入 PLC 内部的模拟量输入寄存器 AIW 中。

存储在 16 位模拟量寄存器 AIW 中的数据有效位为 12 位，其格式如图 6-11 所示。最高有效位是符号位：0 表示正数，1 表示负数。

对于单极性格式，其两个字节的存储单元的最高位与低 3 位均为 0，数据值的 12 位存放在 3～14 位区域。这 12 位数据的最大值应为 $2^{15} - 8 = 32760$。EM231 模拟量输入模块 A-D 转换后的全量程范围设置为 0～32000。差值 32760 − 32000 = 760 则用于偏置/增益，由系统完成。

对于双极性格式，其两个字节的存储单元的低 4 位均为 0，数据值的 12 位存放在 4～15 位区域。最高有效位是符号位，数据的全量程范围设置为 –32000～32000。

图 6-12 所示为 EM231 模拟量输入模块端子，模块上部共有 12 个端子，每 3 个为一组（如 RA、A＋、A－）可作为一路模拟量的输入通道，共 4 组，对应电压信号只用 2 个端子（如 A＋、A－），电流信号需用 3 个端子（如 RC、C＋、C－），其中 RC 与 C＋端子短接。对于未用的输入通道应短接（如 B＋、B－）。模块下部左端 M 接 DC 24V 电源负极，L＋接电源正极。

MSB								LSB
15	14				2	1		0
0	数据值12位				0	0		0
单极性数据								

MSB								LSB
15				3	2	1		0
数据值12位				0	0	0		0
双极性数据								

图 6-11　模拟量输入数据的数字量格式

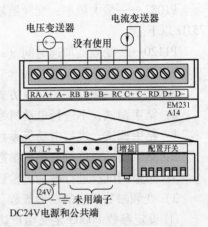

图 6-12　EM231 模拟量输入模块端子

2）EM231 模拟量输入模块的性能。EM231 模拟量输入模块的性能主要有以下几项，使用时要特别注意输入信号的规格，不得超出其使用极限值。

① 数据格式：双极性为 –32000～+32000，单极性为 0～32000。

② 输入阻抗：大于等于 10MΩ。

③ 最大输入电压：DC30V。

④ 最大输入电流：32mA。

⑤ 分辨力：最小满量程电压输入时，为 1.25mV；电流输入时，为 5μA。

⑥ 输入类型：差分输入型。

⑦ 输入电压、电流范围：

A. 输入电压范围：单极性为 0～5V 或 0～10V，双极性为 ±5V 或 ±2.5V。

B. 输入电流范围：0～20mA。

⑧ 模拟量到数字量的转换时间：小于 250μs。

3）EM231 模拟量输入模块信号的整定。输入信号的类型及范围通过模拟量输入模块右下侧的 DIP 开关（SW1、SW2 和 SW3）设定。表 6-5 所示为 EM231 选择模拟量输入范围的开关表。

选择好 DIP 开关后，还需对输入信号进行整定，输入信号的整定就是要确定模拟量输入信号与数字信号转换结果的对应关系。通过调节 DIP 设定开关左侧的增益旋钮可调整该模块的输入/输出关系（见图 6-13）。调整步骤如下：

① 在模块脱离电源的条件下，通过 DIP 开关选择需要的输入范围。

表 6-5　EM231 选择模拟量输入范围的开关表

单 极 性			满量程输入	分辨力	双 极 性			满量程输入	分辨力
SW1	SW2	SW3			SW1	SW2	SW3		
ON	OFF	ON	0～10V	2.5mV	OFF		OFF	ON	±5V	2.5mV
	ON	OFF	0～5V	1.25mV		OFF	ON		±5V	2.5mV
			0～20mA	5μA		ON	OFF	±2.5V	1.25mV

② 接通 CPU 及模块电源，并使模块稳定 15min。

③ 用一个电压源或电流源，给模块输入一个零值信号。

④ 读取模拟量输入寄存器 AIW 相应地址中的值，获得偏移误差（输入为 0 时，模拟量模块产生的数字量偏差值），该误差在该模块中无法得到校正。

⑤ 将一个工程量的最大值加到模块输入端，调节增益电位器，直到读数为 32000 或达到所需的数值为止。

经上述调整后，若输入电压范围为 0～10V 的模拟信号，则对应的数字量结果应为 0～32000 或所需要的数字，其关系如图 6-13 所示。

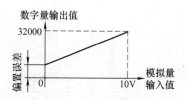

图 6-13　EM231 转换曲线

（2）模拟量输出模块　EM232 模拟量输出模块具有两路模拟量输出通道，其功能是将 PLC 模拟量输出寄存器 AQW 中的数字量转换为可用于驱动执行元件的模拟量。存储于 AQW 中的数字量经 EM232 模块中的 D-A 转换器分为两路信号输出，一路经电压输出缓冲器输出标准 -10～+10V 电压信号，另一路经电压电流转换器输出标准的 0～20mA 电流信号。

16 位模拟量输出寄存器 AQW 中的数据有效位为 12 位，其格式如图 6-14 所示。数据的最高有效位是符号位，最低 4 位在转换为模拟量输出值时将自动屏蔽。

MSB					LSB
15		3	2	1	0
0	数据值11位	0	0	0	0
电流输出数据					

MSB					LSB
15		3	2	1	0
数据值12位		0	0	0	0
电压输出数据					

图 6-14　模拟量输出数据的数字量格式

对于电流输出格式，其两个字节的存储单元的最高位与低 4 位均为 0，数据值的 11 位存放在 3～14 位区域。电流输出格式为 0～32000。

对于电压输出格式，其两个字节的存储单元的低 4 位均为 0，数据值的 12 位存放在 4～

15 位区域。最高有效位是符号位，数据的全量程范围设置为 −32000 ～ +32000。

图 6-15 所示是 EM232 模拟量输出模块端子。模块上部有 7 个端子，左端起的每 3 个点为一组，作为一路模拟量输出，共两组：第一组 V0 端接电压负载、I0 端接电流负载，M0 为公共端；第二组 V1、I1、M1 的接法与第一组类似。输出模块下部 M、L + 两端接入 DC24V 供电电源。

（3）模拟量输入/输出模块　EM235 模拟量输入/输出模块具有 4 路模拟量输入和 1 路模拟量输出，它的输入回路与 EM231 模拟量输入模块的输入回路稍有不同，如图 6-16 所示。它增加了一个偏置电压调整回路，通过调节输出接线端子右侧的偏置电位器可以消除偏置误差。其输入特性与 EM231 模块的不同之处主要表现在可供选择的输入信号范围更加细致，以便适应其更加广泛的使用场合。EM235 模块的输出特性同 EM232 模块。

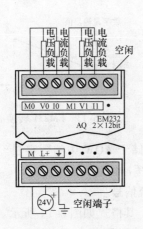

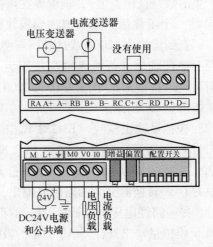

图 6-15　EM232 模拟量输出模块端子　　　　图 6-16　EM235 模拟量输入/输出模块端子

EM235 模拟量输入/输出模块输入信号整定的步骤如下：

1）在模块脱离电源的条件下，通过 DIP 开关选择需要的输入范围（EM235 模拟量输入范围 DIP 开关表见表 6-6）。

表 6-6　EM235 模拟量输入范围 DIP 开关表

单 极 性						满量程输入	分 辨 力
SW1	SW2	SW3	SW4	SW5	SW6		
ON	OFF	OFF	ON	OFF	ON	0 ～ 50mV	12.5μV
OFF	ON	OFF	ON	OFF	ON	0 ～ 100mV	25μV
ON	OFF	OFF	OFF	ON	ON	0 ～ 500mV	125μV
OFF	ON	OFF	OFF	ON	ON	0 ～ 1V	250μV
ON	OFF	OFF	OFF	OFF	OFF	0 ～ 15V	1.25mV
ON	OFF	OFF	OFF	OFF	ON	0 ～ 20mA	5μA
OFF	ON	OFF	OFF	OFF	ON	0 ～ 10V	2.5mV

（续）

双 极 性						满量程输入	分辨力
SW1	SW2	SW3	SW4	SW5	SW6		
ON	OFF	OFF	ON	OFF	OFF	±25mV	12.5μV
OFF	ON	OFF	ON	OFF	OFF	±50mV	25μV
OFF	OFF	ON	ON	OFF	OFF	±100mV	50μV
ON	OFF	OFF	OFF	ON	OFF	±250mV	125μV
OFF	ON	OFF	OFF	ON	OFF	±500mV	250μV
OFF	OFF	ON	OFF	ON	OFF	±1V	500μV
ON	OFF	OFF	OFF	OFF	ON	±2.5V	1.25mV
OFF	ON	OFF	OFF	OFF	OFF	±5V	2.5mV
OFF	OFF	ON	OFF	OFF	OFF	±10V	5mV

2）接通模块电源，并使模块稳定 15min。

3）用一个电压源或电流源给模块输入一个零值信号。

4）调节偏置电位器，使模拟量输入寄存器的读数为零或所需要的数值。

5）将一个满刻度的信号加到模块输入端，调节增益电位器，直到读数为 32000 或达到所需要的数值为止。

经过上述调整后，若输入最大值为 10V 的模拟量信号，则对应的数字量结果应为 32000 或所需要的数值，其关系如图 6-17 所示。

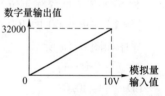

图 6-17 EM235 转换曲线

第二部分：算术运算指令

算术运算指令包括加、减、乘、除运算和数学函数变换。

（1）整数与双整数加减法指令

1）整数加法（ADD-I）和减法（SUB-I）指令是：使能输入有效时，将两个 16 位符号整数相加或相减，并产生一个 16 位的结果输出到 OUT。

2）双整数加法（ADD-D）和减法（SUB-D）指令是：使能输入有效时，将两个 32 位符号整数相加或相减，并产生一个 32 位结果输出到 OUT。

整数与双整数加减法指令格式见表 6-7。

说明：

① 当 IN1、IN2 和 OUT 操作数的地址不同时，在 STL 指令中，首先用数据传送指令将 IN1 中的数值送入 OUT，然后再执行加、减运算，即 OUT + IN2 = OUT、OUT − IN2 = OUT。为了节省内存，在整数加法的梯形图指令中，可以指定 IN1 或 IN2 = OUT，这样，可以不用数据传送指令。如指定 INI = OUT，则语句表指令为：+I IN2，OUT；如指定 IN2 = OUT，则语句表指令为：+I IN1，OUT。在整数减法的梯形图指令中，可以指定 IN1 = OUT，则语句表指令为：−I IN2，OUT。这个原则适用于所有的算术运算指令，且乘法和加法对应，减法和除法对应。

表 6-7　整数与双整数加减法指令格式

LAD	ADD_I EN ENO IN1 OUT IN2	SUB_I EN ENO IN1 OUT IN2	ADD_DI EN ENO IN1 OUT IN2	SUB_DI EN ENO IN1 OUT IN2
STL	MOVW IN1, OUT +I IN2, OUT	MOVW IN1, OUT -I IN2, OUT	MOVD IN1, OUT +D IN2, OUT	MOVD IN1, OUT +D IN2, OUT
功能	IN1 + IN2 = OUT	IN1 - IN2 = OUT	IN1 + IN2 = OUT	IN1 - IN2 = OUT
操作数及 数据类型	IN1/IN2：VW、IW、QW、MW、SW、SMW、T、C、AC、LW、AIW、常量、*VD、*LD、*AC OUT：VW、IW、QW、MW、SW、SMW、T、C、LW、AC、*VD、*LD、*AC IN/OUT 数据类型：整数		IN1/IN2：VD、ID、QD、MD、SMD、SD、LD、AC、HC、常量、*VD、*LD、*AC OUT：VD、ID、QD、MD、SMD、SD、LD、AC、*VD、*LD、*AC IN/OUT 数据类型：双整数	
ENO =0 的 错误条件	0006 表示间接地址，SM4.3 表示运行时间，SM1.1 表示溢出			

② 整数与双整数加减法指令影响算术标志位 SM1.0（零标志位）、SM1.1（溢出标志位）和 SM1.2（负数标志位）。

【例 1】 求 6000 加 400 的和，6000 已在数据存储器 VW20 中，结果放入 VW30。

程序如图 6-18 所示。

对应指令语句：

LD　　　　I0.0

MOVW　VW20, VW30

+I　　　+400, VW30

（2）整数乘除法指令

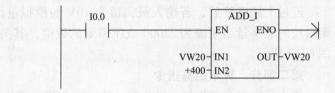

图 6-18　例 1 图

1）整数乘法指令（MUL-I）是：使能输入有效时，将两个 16 位符号整数相乘，并产生一个 16 位积，从 OUT 指定的存储单元输出。

2）整数除法指令（DIV-I）是：使能输入有效时，将两个 16 位符号整数相除，并产生一个 16 位商，从 OUT 指定的存储单元输出，不保留余数。如果输出结果大于一个字，则溢出位 SM1.1 置位为 1。

3）双整数乘法指令（MUL-D）：使能输入有效时，将两个 32 位符号整数相乘，并产生一个 32 位乘积，从 OUT 指定的存储单元输出。

4）双整数除法指令（DIV-D）：使能输入有效时，将两个 32 位整数相除，并产生一个 32 位商，从 OUT 指定的存储单元输出，不保留余数。

5）整数乘法产生双整数指令（MUL）：使能输入有效时，将两个 16 位整数相乘，得出一个 32 位乘积，从 OUT 指定的存储单元输出。

6）整数除法产生双整数指令（DIV）：使能输入有效时，将两个 16 位整数相除，得出一个 32 位结果，从 OUT 指定的存储单元输出。其中高 16 位放余数，低 16 位放商。

整数乘除法指令格式见表6-8。

表6-8　整数乘除法指令格式

LAD	MUL_I EN ENO IN1 OUT IN2	DIV_I EN ENO IN1 OUT IN2	MUL_DI EN ENO IN1 OUT IN2	MUL_DI EN ENO IN1 OUT IN2	MUL EN ENO IN1 OUT IN2	DIV EN ENO IN1 OUT IN2
STL	MOVW IN1,OUT *I IN2,OUT	MOVW IN1,OUT /I IN2,OUT	MOVD IN1,OUT *D IN2,OUT	MOVD IN1,OUT /D IN2,OUT	MOVW IN1,OUT MUL IN2,OUT	MOVW IN1,OUT DIV IN2,OUT
功能	IN1×IN2=OUT	IN1/IN2=OUT	IN1×IN2=OUT	IN1/IN2=OUT	IN1×IN2=OUT	IN1/IN2=OUT

整数和双整数乘除法指令的操作数及数据类型和加减运算的相同。

整数乘法产生双整数指令的操作数如下：

IN1/IN2：VW、IW、QW、MW、SW、SMW、T、C、LW、AC、AIW、常量、*VD、*LD、*AC。数据类型：整数。

OUT：VD、ID、QD、MD、SMD、SD、LD、AC、*VD、*LD、*AC。数据类型：双整数。

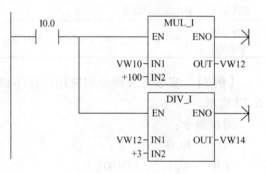

图6-19　例2图

使 ENO=0 的错误条件：0006（间接地址）、SM1.1（溢出）、SM1.3（除数为0）。

对标志位的影响：SM1.0（零标志位）、SM1.1（溢出）、SM1.2（负数）、SM1.3（被0除）。

【例2】　乘除法指令应用举例，程序如图6-19所示。

对应指令语句：

```
LD        I0.0
MOVW   VW10，VW12
*I        +100，VW12
MOVW   VW12，VW14
/I        +3，    VW14
```

（3）实数加减乘除指令

1）实数加法（ADD-R）、减法（SUB-R）指令：将两个32位实数相加或相减，并产生一个32位实数结果，从OUT指定的存储单元输出。

2）实数乘法（MUL-R）、除法（DIV-R）指令：使能输入有效时，将两个32位实数相乘（除），并产生一个32位积（商），从OUT指定的存储单元输出。

操作数 { IN1/IN2：VD、ID、QD、MD、SMD、SD、LD、AC、常量、*VD、*LD、*AC
　　　　 OUT：VD、ID、QD、MD、SMD、SD、LD、AC、*VD、*LD、*AC

数据类型：实数。

实数加减乘除指令格式见表6-9。

表 6-9　实数加减乘除指令

LAD	ADD_R EN ENO IN1 OUT IN2	SUB_R EN ENO IN1 OUT IN2	MUL_R EN ENO IN1 OUT IN2	DIV_R EN ENO IN1 OUT IN2
STL	MOVD IN1，OUT +R IN2，OUT	MOVD IN1，OUT −R IN2，OUT	MOVD IN1，OUT *R IN2，OUT	MOVD IN1，OUT /R IN2，OUT
功能	IN1 + IN2 = OUT	IN1 − IN2 = OUT	IN1 × IN2 = OUT	IN1/IN2 = OUT
ENO = 0 的 错误条件	0006 表示间接地址，SM4.3 表示运行时间， SM1.1 表示溢出		0006 表示间接地址，SM1.1 表示溢出，SM4.3 表 示运行时间，SM1.3 表示除数为 0	
对标志位 的影响	SM1.0（零）、SM1.1（溢出）、SM1.2（负数）、SM1.3（被 0 除）			

【**例3**】　实数运算指令的应用，程序如图 6-20 所示。

对应指令：

LD　　I0.0

+R　　AC1，　VD100

/R　　VD100，AC0

（4）数学函数变换指令　数学函数变换指令包括二次方根、自然对数、自然指数、三角函数等。

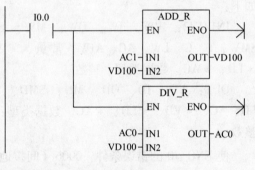

图 6-20　例 3 图

1）二次方根（BGRT）指令：对 32 位实数（IN）取二次方根，并产生一个 32 位实数结果，从 OUT 指定的存储单元输出。

2）自然对数（LN）指令：对 IN 中的数值进行自然对数计算，并将结果置于 OUT 指定的存储单元中。

求以 10 为底数的对数时，用自然对数除以 2.302585（约等于 10 的自然对数）。

3）自然指数（EXP）指令：将 IN 取以 e 为底的指数，并将结果置于 OUT 指定的存储单元中。

将"自然指数"指令与"自然对数"指令相结合，可以实现以任意数为底、任意数为指数的计算。求 y^x，输入以下指令：EXP（x * LN（y））。

例如：求 2^3 = EXP（3 * LN（2））= 8；27 的 3 次方根 = $27^{1/3}$ = EXP（1/3 * LN（27））= 3。

4）三角函数指令：将一个实数的弧度值 IN 分别求 sin、cos、tan，得到实数运算结果，从 OUT 指定的存储单元输出。

函数变换指令格式及功能见表6-10。

使 ENO = 0 的错误条件：0006（间接地址）、SM1.1（溢出）、SM4.3（运行时间）。

对标志位的影响：SM1.0（零）、SM1.1（溢出）、SM1.2（负数）。

【**例4**】　求 60° 余弦值。

表6-10　函数变换指令格式及功能

LAD	SQRT EN ENO IN OUT	LN EN ENO IN OUT	EXP EN ENO IN OUT	SIN EN ENO IN OUT	COS EN ENO IN OUT	TAN EN ENO IN OUT
STL	BGRT IN, OUT	LN IN, OUT	EXP IN, OUT	SIN IN, OUT	COS IN, OUT	TAN IN, OUT
功能	BGRT(IN) = OUT	LN(IN) = OUT	EXP(IN) = OUT	SIN(IN) = OUT	COS(IN) = OUT	TAN(IN) = OUT
操作数及数据类型	IN：VD、ID、QD、MD、SMD、SD、LD、AC、常量、＊VD、＊LD、＊AC OUT：VD、ID、QD、MD、SMD、SD、LD、AC、＊VD、＊LD、＊AC 数据类型：实数					

分析：先将60°转换为弧度：（3.14159/180）＊60，再求余弦值。程序如图6-21所示。

对应指令：

LD　　　I0.0

MOVR　　3.14159，AC1

/R　　　180.0，AC1

＊R　　　60.0，AC1

COS　　　AC1，AC0

【想一想】

1. 与S7-200系列PLC配套的扩展模拟量模块有哪几个？

2. S7-224XP的模拟量通道和扩展模拟模块相比有什么区别？

3. 如何用电流模拟量控制变频器调频？

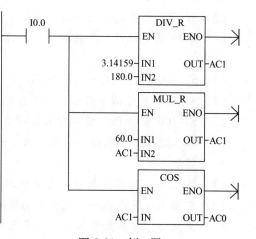

图6-21　例4图

【小结】

1. PLC的模拟量处理功能主要通过模拟量输入/输出模块及用户程序来完成。模拟量输入模块接收各种传感器输出的标准电压信号或电流信号，并将其转换为数字信号存储到PLC中；PLC根据生产实际要求，通过用户程序对转换后的信息进行处理，并将处理结果通过模拟量输出模块转换为标准电压或电流信号去驱动执行元件。模拟量输入/输出模块是PLC模拟量处理的硬件基础，用户程序数据处理是PLC模拟量处理的核心。

2. 本模块中使用带模拟量输出的PLC，并且是选择模拟电压输出控制，通过MM420变频器，设定变频器参数，使其工作模式为模拟电压控制，实现对电动机的调速控制。

3. MM420参数设置流程：

（1）设定参数P0003定义用户访问参数的等级。

（2）将变频器复位为工厂默认设定值。

（3）按任务要求设定相关参数。

4. MM420具体参数值修改方法：

（1）查找所选定的参数号。

（2）进入参数值访问级，修改参数值。

（3）确认并存储修改好的参数值。

【自主学习题】

1. 填空题

（1）S7-200 系列 PLC 中 S7-224XP 带有模拟量通道，包括（　　）A-D 通道、（　　）D-A 通道。

（2）S7-224XP 模拟量输入通道对应的模拟量输入映像寄存器分别为 AIW0、（　　）。

（3）S7-200 运算指令使用时，SM1.1 为 1 表示（　　）。

（4）MM420 变频器中参数（　　）用于修改用户访问级。

2. 判断题

（1）S7-200 系列 PLC 中 S7-224XP 带有模拟量通道，输入电压范围为 ±10V。（　　）

（2）S7-224XP 模拟量输出通道对应的模拟量输出映像寄存器为 QW0。（　　）

（3）S7-200 系列 PLC 模拟量 I/O 模块是 EM231、EM235。（　　）

（4）算术运算指令包括加、减、乘、除运算和数学函数变换。（　　）

3. 简答题

（1）MM420 变频器参数分为几个级别？

（2）变频参数设定的一般流程是怎样的？

（3）更改变频器参数具体数值的步骤大致可归纳为几步？

（4）S7-200 系列 PLC 模拟量扩展 I/O 模块主要有哪些？

4. 分析设计题

（1）若用 MM420 变频器控制电动机按照 15Hz、30Hz、45Hz 三种频率运行，需要使用哪些具体参数？加减速时间为 1s。

（2）控制一台电动机，按下起动按钮电动机运行一段时间自行停止，按下停止按钮电动机立即停止。运行时间用两个按钮来加减，时间调整间距为 10s，初始设定时间为 100s，最小设定时间为 10s，最大设定时间为 1000s。

（3）使用 CPU224X PLC 模拟量输入端连接一个电位器，电位器可在 0～10V 之间调节，PLC 控制 5 盏灯，输入电压每升高 2V 点亮一盏灯。

【考核检查】

"模块6　模拟量控制应用"考核标准

任务名称：						
项　　目	配分	考核要求	扣　分　点	扣分记录	得　分
任务分析	15	1. 会提出需要学习和解决的问题，会收集相关的学习资料 2. 会根据任务要求进行主要元器件的选择	1. 分析问题笼统扣 2 分；资料较少扣 2 分 2. 选择元器件每错 1 个扣 2 分		

（续）

任务名称：						
项 目	配分	考 核 要 求	扣 分 点	扣分记录	得 分
设备安装	20	1. 会分配输入/输出端口，画 I/O 接线图 2. 会按照图样正确规划安装 3. 布线符合工艺要求	1. 分配端口有错扣 4 分；接线图有错扣 4 分 2. 错、漏线或错、漏元件扣 2 分 3. 布线工艺差扣 4 分		
程序设计	25	1. 程序结构清晰，内容完整 2. 正确输入梯形图 3. 正确保存程序文件 4. 会传送程序文件	1. 程序有错扣 10 分 2. 输入梯形图有错扣 5 分 3. 保存文件有错扣 4 分 4. 传送程序文件错误扣 6 分		
运行调试	25	1. 会运行系统，结果正确 2. 会分析监控程序 3. 会调试系统程序	1. 操作错误扣 4 分 2. 分析结果错误扣 4 分 3. 监控程序错误扣 4 分 4. 调试程序错误扣 5 分		
安全文明	10	1. 用电安全，无损坏器件 2. 工作环境保持整洁 3. 小组成员协同精神好 4. 工作纪律好	1. 发生安全事故扣 10 分 2. 损坏器件扣 10 分 3. 工作现场不整洁扣 5 分 4. 成员之间不协同扣 5 分 5. 不遵守工作纪律扣 2 ~ 6 分		
任务小结	5	会反思学习过程、认真总结工作经验	总结不到位扣 3 分		
学生			组别		
指导教师		日期		得分	

模块 7　液、气、电控制应用

【学习目标】

1. 熟悉 S7-200 系列 PLC 的基本配置。
2. 熟悉 PLC 的编程规则及液、气、电联合控制的应用。
3. 会根据任务要求分配控制系统输入/输出地址及绘制接线图。
4. 独立完成 PLC 控制系统的安装与运行。
5. 熟悉控制系统应用程序的编写与联机调试的方法。
6. 领会安全文明生产要求。

【学习任务】

1. 液、电 PLC 控制系统的实现。
2. 气、电 PLC 控制系统的实现。

【学习建议】

本模块围绕液、气、电控制应用系统的设计，以典型任务实施的方式展开。建议在学习过程中，结合多媒体导学课件，首先要复习液压系统或气动系统中各个元件的特点、工作条件，分析传动系统，其次根据液压系统或气动系统的传动特点设计 PLC 接线图，并编写 PLC 梯形图程序，然后对控制系统进行安装与调试，最终完成统一的控制系统整体。

【关键词】

S7-200CN、液压系统、气动系统、电磁阀、接线图、地址分配、安装与调试。

任务 7.1　液、电 PLC 控制的实现

7.1.1　任务目标

1. 进一步熟悉梯形图的基本编程规则。
2. 熟悉 PLC 常用指令在液压回路控制中的应用。
3. 熟悉控制系统应用程序的编写与联机调试的方法。
4. 了解连接液压回路的方法。

7.1.2　任务描述

液压传动系统由于具有易于实现回转、直线运动、元件排列布置灵活方便、可在运行中实现无级调速等诸多特点，在生产实际中都得到了广泛的应用。由于电磁阀具有容易控制内

漏、结构简单、动作速度快、外形轻巧、价格便宜等特点，因此广泛应用于液压系统中。用 PLC 来控制电磁阀的通断可以很方便地控制液压系统的动作。本任务通过 PLC 来控制某个液压缸的动作。

任务要求：系统有单周期和循环模式两个运动模式。单周期是液压缸由缩回状态伸出，伸出到位置后缩回；循环模式是液压缸由缩回状态伸出，伸出到位置后缩回，回到缩回位置后再伸出，连续执行伸出、缩回运动。按停止按钮后，液压缸回到缩回位置停止。

图 7-1 为液压回路原理图，图 7-2 为液压回路 PLC 控制接线图。

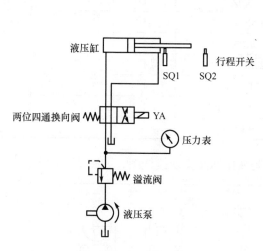

图 7-1　液压回路原理图

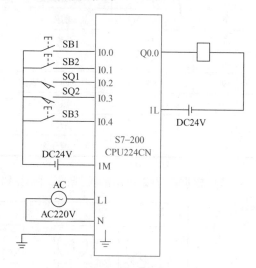

图 7-2　液压回路 PLC 控制接线图

7.1.3　任务实现

【看一看】

观看多媒体课件，了解 PLC 控制的液压系统安装方法和工作过程。

按照任务要求，本系统工作过程可以分成 4 步：按下起动按钮后，首先气缸 1 推出，然后气缸 2 推出，5s 后气缸 1 缩回，最后气缸 2 缩回。

【做一做】

1. 所需的工具、设备、材料

1）常用电工工具、万用表等。

2）液压系统试验台、PC。

3）所需设备、材料见表 7-1。

2. 液压回路

1）根据表 7-1 配齐液压元件，并检查各液压元件的质量。

2）根据液压回路原理图连接液压回路。

3. 系统安装与调试

1）根据表 7-1 配齐电器元件，并检查各电器元件的质量。

表7-1 设备、材料明细表

序　号	标准代号	器件名称	型号规格	数　量	备　注
1	PLC	S7-200CN	CPU224AC/DC/RLA	1	
2	SB1	停止按钮	LA10-2H	1	红色
3	SB2	起动按钮	LA10-2H	1	绿色
4	SB3	模式开关	LA18-22X/2	1	黑色
5	SQ1	后限位	LX TZ-8104	1	
6	SQ2	前限位	LX TZ-8104	1	
7	QS	隔离开关	正泰 NH2-125 3P 32A	1	
8	PPI	通信电缆	RS232-485	1	
9	YA	两位四通电磁阀	24EI3-H10B-T	1	
10		溢流阀	DBT-1-30B/315	1	
11		液压缸	G50120-100	1	
12		液压泵	CBN-316	1	

2）根据图7-2所示的接线图，画出PLC控制液压回路安装接线图，如图7-3所示。

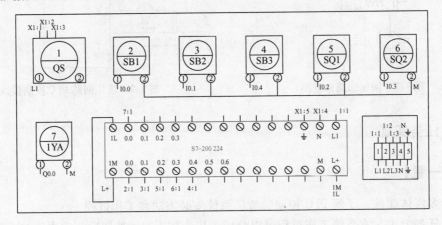

图7-3　PLC控制液压回路安装接线图

3）根据电器元件接线图安装元件，各元件的安装位置应整齐、匀称、间距合理，便于元件的更换，元件紧固时用力要均匀，紧固程度适当。实物安装后如图7-4所示。

4）检查电路。通电前，认真检查有无错接、漏接等现象。

5）传送PLC程序。PLC通信设置参见任务2.1。

6）PLC程序运行、监控。

①工作模式选择。将PLC的工作模式开关拨至运行或者通过Micro/WIN编程软件执行"PLC"菜单下的"运行"子菜单命令。

②监控，单击执行"调试"菜单下的"开始程序状态监控"子菜单命令，梯形图程序进入监控状态，如图7-5所示。

③运行液压系统：按下开始按钮SB2，按下SB3，观察输出线圈Q0.0，Q0.0得电，电磁阀得电，液压缸活塞杆伸出，液压缸活塞杆伸出到SQ2后，Q0.0失电，液压缸活塞杆缩

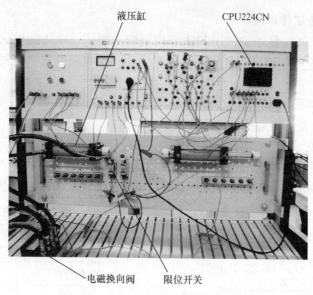

图7-4　液压回路 PLC 控制实物图

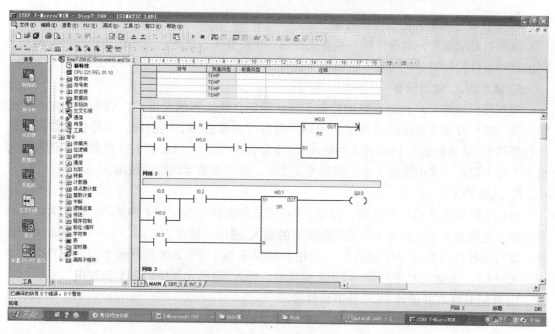

图7-5　程序调试监控图

回，缩回到 SQ1 后，液压缸活塞杆伸出，如此反复。

④ 停止液压系统：按下停止按钮 SB1，线圈 Q0.0 失电，液压缸停止工作。

7.1.4　技能实践

【学一学】

本任务要求用 PLC 控制液压回路完成预期的工作要求，设计步骤如下。

1. 分析液压系统工作过程

本任务液压缸来回往复运动，用SB3来控制两个模式：单周期模式和循环模式。循环模式是要求液压缸在SQ1和SQ2之间来回反复运动。单周期模式只需要来回反复运动一次后停止。

2. 画出动作循环图

按照任务要求，液压缸动作如图7-6所示。

3. 设计液压回路

完成以上动作需1个液压缸控制，液压缸由一个两位四通电磁阀来控制。液压回路原理图见图7-1。电磁阀得电，液压缸伸出；电磁阀失电，液压缸缩回。得电顺序见表7-2。

表7-2 得电顺序表

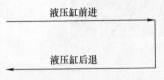

状况 动作	YA
缸伸出	+
缸缩回	−

图7-6 液压缸动作循环示意图

4. 分析被控对象并提出控制方案

从控制要求来看，本设计任务主要是按钮、限位开关、电磁阀之间的逻辑控制，相互之间的制约条件比较简单，用基本逻辑指令就可以实现。

5. 确定输入/输出设备

根据液压回路PLC控制系统的控制要求，确定系统所需的全部输入设备（如按钮、位置开关、转换开关及各种传感器等）和输出设备（如接触器、电磁阀、信号指示灯及其他执行器等），从而确定与PLC有关的输入/输出设备，以确定PLC的I/O点数。本任务共需要5个输入设备，其中按钮3个、限位开关2个，输出设备为电磁阀线圈。

6. 选择PLC

PLC选择包括对PLC的机型、容量、I/O模块的选择。本任务中涉及的元件均为普通常见元件，使用开关量控制为主，且控制所需的输入/输出点数很少，西门子S7-200系列中任何一款均能胜任。为方便使用并统一规格，这里选择了S7-200系列较常见的CPU224CN AC/DC/RLY。该型PLC主机使用220V交流电，输入/输出元件使用24V直流电。

7. 分配I/O点并设计PLC外围硬件线路

（1）分配I/O点 画出液压回路PLC控制系统的I/O点与输入/输出设备的连接图或对应关系表，见表7-3，该部分也可在第5步中进行。

表7-3 地址分配表

输入地址分配			输出地址分配		
SB1	I0.0	停止按钮	YA	Q0.0	液压缸伸出
SB2	I0.1	起动按钮			
SQ1	I0.2	前限位			
SQ2	I0.3	后限位			
SB3	I0.4	模式选择			

（2）设计 PLC 外围硬件线路　画出系统其他部分的电气线路图，包括主电路和未进入 PLC 的控制电路等。由 PLC 的 I/O 连接图和 PLC 外围电气线路图组成系统的电气原理图，至此系统的硬件电气线路已经确定。

8. 程序设计

本任务可采用经验设计法来设计程序。本任务的难点在于用按钮作为选择开关，按一下按钮是循环模式，再按一下按钮是单周期模式；用一个中间继电器作为标志位，按一下按钮标志位得电，再按一下按钮标志位失电。本任务的梯形图如图 7-7 所示。

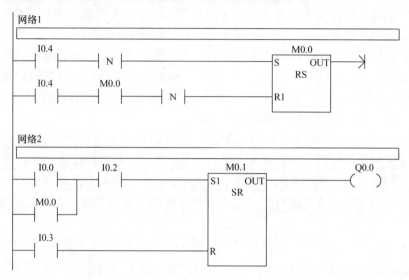

图 7-7　液压缸 PLC 控制梯形图

9. 系统安装与调试

根据图 7-2 进行安装接线，然后将编制好的液压回路 PLC 控制系统程序下载到 PLC 中进行程序调试，直到设备运行满足设计要求。在调试过程中，当液压缸的行程比较短时，要注意 PLC 的响应时间。

7.1.5　理论基础

【读一读】

1. 基本知识

（1）液压基本元件

1）液压泵。液压泵是液压系统的动力元件，其作用是把原动机输入的机械能转换为液压能，向系统提供一定压力和流量的液流。液压泵都是依靠密封容积变化的原理来进行工作的，故一般称为容积式液压泵。液压泵按其在单位时间内所能输出的油液的体积是否可调节而分为定量泵和变量泵两类；按结构形式可分为齿轮式、叶片式和柱塞式 3 大类。液压泵的特点包括：

① 具有若干个密封且又可以周期性变化的空间。液压泵的输出流量与此空间的容积变化量和单位时间内的变化次数成正比，与其他因素无关，这是容积式液压泵的一个重要特性。

② 油箱内液体的绝对压力必须恒等于或大于大气压力，这是容积式液压泵能够吸入油液的外部条件。因此，为保证液压泵正常吸油，油箱必须与大气相通，或采用密闭的充压油箱。

③ 具有相应的配油机构，将吸油腔和排液腔隔开，保证液压泵有规律地、连续地吸、排液体。液压泵的结构原理不同，其配油机构也不相同。

2）液压缸。液压缸是直线往复运动执行元件，它是将液压能转换成机械能的能量转换装置，它实现直线往复间歇运动。

3）换向阀。工作原理：利用阀芯和阀体的相对运动，使油路接通、关断或变换油流的方向，从而实现液压执行元件及其驱动机构的起动、停止或变换运动方向。换向阀的分类：按照操作方式分为手动换向阀、机动换向阀（又称行程阀）、电磁换向阀、液动换向阀和电液换向阀等；按照阀芯工作时在阀体中所处的位置和换向阀所控制的通路数不同分为二位二通换向阀、二位三通换向阀、二位四通换向阀、三位四通换向阀等；按照阀的安装方式分为管式（又称螺纹式）换向阀、板式换向阀和法兰式换向阀等；按照阀的结构形式分为滑阀式换向阀、转阀式换向阀和锥阀式换向阀等。

4）溢流阀。溢流阀的功用和分类如下：①溢流阀在液压系统中的功用主要有两个方面：一是起溢流和稳压作用，保持液压系统的压力恒定；二是起限压保护作用，防止液压系统过载。溢流阀通常接在液压泵出口处的油路上。②根据结构和工作原理不同，溢流阀可分为直动型溢流阀和先导型溢流阀两类。直动型溢流阀用于低压系统，先导型溢流阀用于中、高压系统。

5）节流阀。节流阀的工作原理是油液流经小孔、狭缝或毛细管时，会产生较大的液阻，通流面积越小，油液受到的液阻越大，通过阀口的流量就越小。所以，改变节流口的通流面积，使液阻发生变化，就可以调节流量的大小，这就是流量控制的工作原理。常用节流阀的类型有可调节流阀、不可调节流阀、可调单向节流阀和减速阀等。影响节流阀流量稳定的因素包括：节流阀前后的压力差、节流口的形式、节流口的堵塞、油液的温度。

（2）液压回路

1）三级调压回路，如图7-8所示。通过三位四通电磁阀可以控制3种压力，假设3个溢流阀设定的压力分别为 p_1、p_2、p_3，且 $p_1 > p_2 > p_3$。回路压力与换向阀之间的关系用得电顺序来表示，见表7-4。

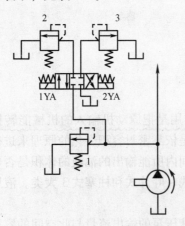

图7-8 三级调压回路原理图

表 7-4 得电顺序表

压力＼状况	1YA	2YA
p_1	−	−
p_2	+	−
p_3	−	+

2）顺序动作回路：用两个电磁换向阀控制两个液压缸的顺序动作，原理图如图 7-9 所示。液压缸动作与电磁铁得电关系见表 7-5。

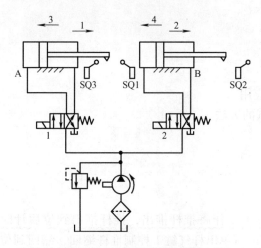

图 7-9　两个液压缸原理图

表 7-5　得电顺序表

压力 ＼ 状况	1YA	2YA
A 缸伸	+	－
B 缸伸	－	+

2. 拓展知识

用压力继电器控制的顺序动作回路，其液压原理如图 7-10 所示，液压缸动作和电磁阀得电关系见表 7-6。

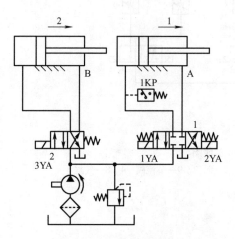

图 7-10　液压原理图

表 7-6　得电顺序表

压力 ＼ 状况	1YA	2YA	3YA
A 缸伸	+	－	－
A 缸缩	－	+	－

【想一想】

1. 压力继电器有什么作用？

2. 可以利用 PLC 来控制 3 个电磁阀的通断以实现两个液压缸的动作顺序吗？

3. 两个液压缸的动作顺序要求是：A 缸伸出后，当压力继电器得电后，B 缸伸出，B 缸伸出 20s 后，A 缸、B 缸同时缩回，试写出相应的 PLC 程序。

任务 7.2 气、电 PLC 控制的实现

7.2.1 任务目标

1. 进一步熟悉梯形图的基本编程规则。
2. 熟悉 PLC 常用指令在气动回路控制中的应用。
3. 熟悉控制系统应用程序的编写与联机调试的方法。
4. 掌握连接气动回路的方法。

7.2.2 任务描述

本任务通过 PLC 控制两个气缸的动作。

任务要求：当按下起动按钮后，单出杆气缸 1 工作将推杆推出，推杆推出到位后计时 5s，单出杆气缸 2 工作将推杆推出，推杆推出到位后单出杆气缸 1 控制推杆缩回，缩回到位后单出杆气缸 2 控制推杆缩回。整个工作周而复始进行，直到按下停止按钮为止。

图 7-11 为气动回路原理图，图 7-12 为两个气缸 PLC 控制接线图。

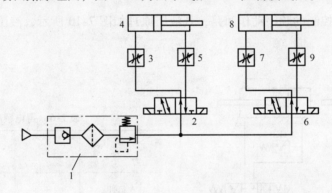

图 7-11　气动回路原理图

1—过滤调压阀　2、6—两位五通电磁换向阀　3、5、7、9—节流阀　4、8—气缸

7.2.3 任务实现

【看一看】

观看多媒体课件，了解 PLC 控制的气动系统安装方法和工作过程。

按下起动按钮，按照气缸 1 伸出—5s 后气缸 2 伸出—气缸 1 缩回—气缸 2 缩回，反复运动。按下停止按钮后，两个气缸缩回。

【做一做】

1. 所需的工具、设备、材料

1）常用电工工具、万用表等。

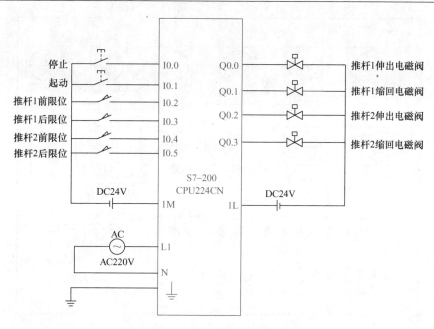

图 7-12　两个气缸 PLC 控制接线图

2）气动系统试验台、PC。

3）所需设备、材料见表 7-7。

表 7-7　设备、材料明细表

序　号	标准代号	器件名称	型号规格	数　量	备　注
1	PLC	S7-200CN	CPU224AC/DC/RLA	1	
2	SB1	停止按钮	LA10-2H	1	红色
3	SB2	起动按钮	LA10-2H	1	绿色
4	QS	隔离开关	正泰 NH2-125 3P 32A	1	
5	SQ1	1 缸前限	ALIF 型 AL-032	1	
6	SQ2	1 缸后限	ALIF 型 AL-032	1	
7	SQ3	2 缸前限	ALIF 型 AL-032	1	
8	SQ4	2 缸后限	ALIF 型 AL-032	1	
9		过滤调压阀	AFC-200	2	
10		气缸	MAL-CM2.5X100-S	2	
11	YA	两位四通电磁阀	4V120-06	2	
12		气泵	HD47L	1	

2. 气动回路安装与调试

1）根据表 7-7 配齐元器件，并检查各元器件的质量。

2）根据接线图（见图 7-12），画出电器安装接线图，如图 7-13 所示。

3）根据电器元件接线图安装元件，各元件的安装位置应整齐、匀称、间距合理，便于元件的更换，元件紧固时用力要均匀，紧固程度适当。电器元件安装后如图 7-14 所示。

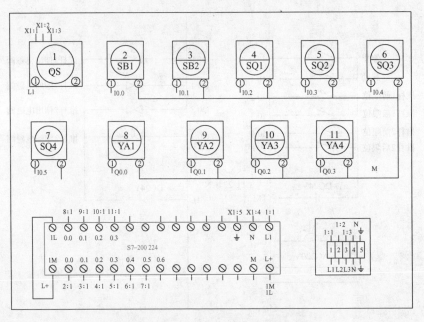

图 7-13　两个气缸 PLC 控制安装接线图

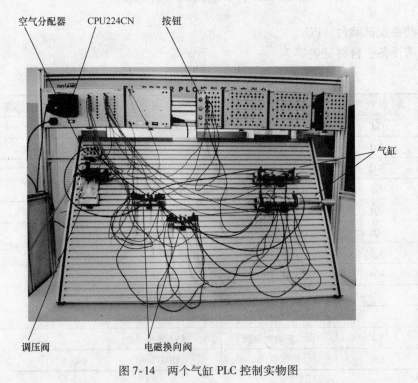

图 7-14　两个气缸 PLC 控制实物图

4）检查电路。通电前，认真检查有无错接、漏接等现象。

5）传送 PLC 程序。PLC 通信设置参见任务 2.1。

6）PLC 程序运行、监控。

① 工作模式选择。将 PLC 的工作模式开关拨至运行或者通过 Micro/WIN 编程软件执行

"PLC"菜单下的"运行"子菜单命令。

② 监控，单击执行"调试"菜单下的"开始程序状态监控"子菜单命令，梯形图程序进入监控状态。程序调试监控图如图 7-15 所示。

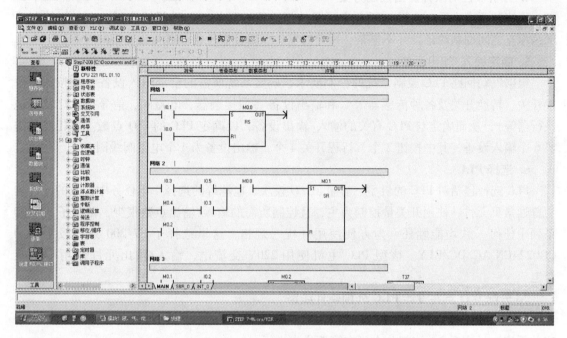

图 7-15 程序调试监控图

③ 运行气压系统：按下开始按钮 SB2，观察输出线圈 Q0.0 ~ Q0.3 的变化，气缸按照气缸 1 伸出—气缸 2 伸出—气缸 1 缩回—气缸 2 缩回的顺序反复运动。

④ 停止气压系统：按下停止按钮 SB1，观察输出线圈 Q0.0 ~ Q0.3 的变化，两个气缸都回到缩回位置。

7.2.4 技能实践

【学一学】

本任务要求用 PLC 控制气动回路完成预期的工作要求，设计步骤如下。

1. 分析气动系统工作过程

本任务通过 PLC 来控制两个气缸的动作。按照任务要求，本系统工作过程可以分成 4 步：气缸 1 推出，然后气缸 2 推出，接着气缸 1 缩回，最后气缸 2 缩回。

2. 动作顺序分析

两个气缸的动作要求如图 7-16 所示。

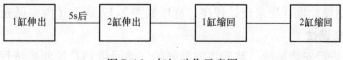

图 7-16 气缸动作示意图

3. 设计气动回路

气动回路如图 7-11 所示，由气泵、过滤器、溢流阀、气缸、电磁换向阀组成。

4. 分析被控对象并提出控制方案

从控制要求来看，本设计任务主要是按钮、行程开关、电磁阀的控制，有时间控制要求，相互之间的制约条件并不复杂，用定时器、逻辑控制位指令就可以实现。

5. 确定输入/输出设备

根据气动回路 PLC 控制系统的控制要求，确定系统所需的全部输入设备（如按钮、位置开关、转换开关及各种传感器等）和输出设备（如接触器、电磁阀、信号指示灯及其他执行器等），从而确定与 PLC 有关的输入/输出设备，以确定 PLC 的 I/O 点数。本任务共需要 6 个输入设备，其中按钮 2 个、行程开关 4 个，输出设备为 4 个电磁阀线圈。

6. 选择 PLC

PLC 选择包括对 PLC 的机型、容量、I/O 模块、电源等的选择。本任务中涉及的元件均为普通常见元件，使用开关量控制为主，且控制所需的输入/输出点数很少，西门子 S7-200 系列中任何一款均能胜任。为方便使用并统一规格，这里选择了 S7-200 系列较常见的 CPU224CN AC/DC/RLY。该型 PLC 主机使用 220V 交流电，输入/输出元件使用 24V 直流电。

7. 分配 I/O 点并设计 PLC 外围硬件线路

（1）分配 I/O 点　画出液压回路 PLC 控制系统的 I/O 点与输入/输出设备的连接图或对应关系表，见表 7-8，该部分也可在第 5 步中进行。

表 7-8　地址分配表

输入地址分配			输出地址分配	
SB1	I0.0	停止按钮	YA1	Q0.0
SB2	I0.1	起动按钮	YA2	Q0.1
SQ1	I0.2	1 缸前限	YA3	Q0.2
SQ2	I0.3	1 缸后限	YA4	Q0.3
SQ3	I0.4	2 缸前限		
SQ4	I0.5	2 缸后限		

（2）设计 PLC 外围硬件线路　画出系统其他部分的电气线路图，包括主电路和未进入 PLC 的控制电路等。由 PLC 的 I/O 连接图和 PLC 外围电气线路图组成系统的电气原理图，至此系统的硬件电气线路已经确定。

8. 程序设计

本任务可采用经验设计法来设计程序，程序如图 7-17 所示（内容见光盘）。

9. 系统安装与调试

根据图 7-12 进行安装接线，然后将编制好的气动回路 PLC 控制系统程序下载到 PLC 中进行程序调试，直到设备运行满足设计要求。

7.2.5 理论基础

【读一读】

1. 基本知识

气压传动主要由气源装置、气动控制元件、气动执行元件、辅助元件组成。气源装置：将原动机输出的机械能转变为空气的压力能，主要设备是空气压缩机，简称为空压机。气动控制元件：控制压缩空气的压力、流量和流动方向，以保证执行元件具有一定的输出力和速度，并按设计的程序正常工作，如压力阀、流量阀、方向阀和逻辑阀等。气动执行元件：将空气的压力能转变为机械能的能量转换装置。辅助元件：用于辅助保证气动系统正常工作的一些装置，如各种干燥器、空气过滤器、消声器和油雾器等。

（1）气源装置 气源装置是气动系统的动力源，它提供清洁、干燥且具有一定压力和流量的压缩空气，以满足条件不同的使用场合对压缩空气质量的要求。气源装置一般由 4 部分组成：空气压缩机、压缩空气的气压发生装置和储存装置（后冷却器、气罐、空气干燥器、空气过滤器、油水分离器、排水器等）、传输压缩空气的管道系统、气动三大件。空气压缩机是气动系统的动力源，它把电动机输出的机械能转换成气压能输送给气动系统。空气压缩机的种类很多，按工作原理分为容积型压缩机和速度型压缩机。容积型压缩机的工作原理是压缩气体的体积，使单位体积内气体分子的密度增加以提高压缩空气的压力。速度型压缩机的工作原理是提高气体分子的运动速度，然后使气体分子的动能转化为压力能以提高压缩空气的压力。

（2）气动执行元件 气动执行元件是将压缩空气的压力能转换为机械能的装置，它包括气缸和气马达。气缸用于直线往复运动或摆动，气马达用于实现连续回转运动。除几种特殊气缸外，普通气缸其种类及结构形式与液压缸基本相同。目前最常选用的是标准气缸，其结构和参数都已系列化、标准化、通用化。气马达是利用压缩空气的能量实现旋转运动的机械，按结构形式可分为叶片式、活塞式、齿轮式等，最为常用的是叶片式气马达和活塞式气马达。叶片式气马达制造简单，结构紧凑，但低速起动转矩小，低速性能不好，适用于要求低或中功率的机械，目前在矿山机械及风动工具中应用较普遍。活塞式气马达在低速情况下有较大的输出功率，它的低速性能好，适宜载荷较大和要求低速转矩大的机械，如起重机、拉管机等。由于使用压缩空气作工作介质，气马达有以下特点。

1）有过载保护作用。过载时，转速降低或停车，过载消除后立即恢复正常工作，不会产生故障，长时间满载工作温升小。

2）可以无级调速。控制进气流量，就能调节马达的功率和转速。额定转速从每分钟几十转到几十万转。

3）具有较高的起动转矩，可直接带负载起动。

4）与同类电动机相比，重量只有电动机的 1/10～1/3，因此，其惯性小，起动停止快。

5）适宜于恶劣环境使用，具有防火、防爆，耐潮湿、粉尘及振动的优点。

6）结构简单，维修容易。

7）输出功率相对较小，最大只有 20kW 左右。

8）耗气量大，效率低，噪声大。

（3）控制元件　气动控制元件：在气压传动系统中，控制和调节压缩空气的压力、流量和方向等的各类控制阀，按功能可分为压力控制阀、流量控制阀、方向控制阀以及能实现一定逻辑功能的气动逻辑元件。方向控制阀：用来控制压缩空气的流动方向和气路的通断。流量控制阀：通过改变阀的通流面积来调节压缩空气的流量，从而控制气缸的运动速度、换向阀的切换时间和气动信号传递速度的气动控制元件。流量控制阀包括节流阀、单向节流阀、排气节流阀等。气动逻辑元件：以压缩空气为工作介质，利用元件的动作改变气流方向以实现一定逻辑功能的气体控制元件。

（4）辅助元件　油雾器：气压系统中一种特殊的注油装置，将润滑油喷射成雾状并混合于压缩空气中，使该压缩空气具有润滑气动元件的能力。气动控制阀、气缸和气动马达主要是靠这种带有雾状的压缩空气来实现润滑的。消声器：能阻止声音传播而允许气流通过的一种气动元件。转换器：将电、液、气信号进行相互转换的辅助元件，用来控制气动系统正常工作。

2. 拓展知识

数控系统在换刀过程中，需要实现主轴定位、主轴松刀、拔刀、向主轴锥孔吹气和插刀等动作。图 7-18 为气动回路原理图。

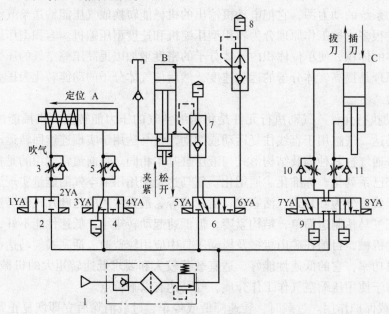

图 7-18　气动回路原理图

1—过滤调压阀　2—两位两通电磁换向阀　3、5、10、11—速度调节阀
4—两位三通电磁换向阀　6—两位五通电磁换向阀　7、8—储能器　9—三位五通电磁换向阀

当数控系统发出换刀指令时，主轴停止旋转，同时 4YA 通电，压缩空气经过滤调压阀1→两位三通电磁换向阀 4→速度调节阀 5→主轴定位缸 A 的右腔→缸 A 活塞左移，使主轴自动定位。定位后压下无触点开关，6YA 通电，空气经两位五通电磁换向阀 6→储能器 8→气液增压缸 B 上腔→增压腔高压油使活塞伸出，实现主轴松刀。同时使 8YA 通电，空气经三位五通电磁换向阀 9→速度调节阀 11→缸 C 的下腔，缸 C 上腔排气，活塞上移实现拔刀。由回转刀库交换刀具，同时 1YA 通电，空气经两位两通电磁换向阀 2→速度调节阀 3 向主轴

锥孔吹气。稍后 1YA 断电，2YA 通电，停止吹气。8YA 断电、7YA 通电，空气经三位五通电磁换向阀 9→速度调节阀 10→缸 C 上腔→活塞下移，实现插刀动作。6YA 断电、5YA 通电，压缩空气经两位五通电磁换向阀 6→储能器 7→气液增压缸 B 下腔→活塞退回，主轴的机械机构使刀具夹紧。4YA 断电、3YA 通电，缸 A 活塞在弹簧力作用下复位，恢复到开始状态，换刀结束。得电顺序见表 7-9。

表 7-9　得电顺序表

动作 \ 状况	1YA	2YA	3YA	4YA	5YA	6YA	7YA	8YA
A 缸定位				+				
B 缸夹紧					+			
B 缸松刀						+		
C 缸拔刀								+
C 缸插刀							+	
吹气	+							

【想一想】

1. 加工中心主轴松刀时，动作缓慢，试分析主要原因。

2. 数控系统发出松刀指令后，各电磁阀按照设定的顺序通断，请问电磁阀是如何能按照特定顺序通断电的？

3. 试写出控制电磁阀通断的 PLC 程序，使得换刀装置能够顺利实现换刀过程。

【小结】

1. 液压系统 PLC 控制原理是 PLC 输出的控制信号控制液压系统各个电磁阀的电磁铁，进而控制液压油路的流动方向和速度，从而控制液压缸的往返运动。设计步骤如下：

(1) 分析液压系统工作过程。
(2) 画出动作循环图。
(3) 设计液压回路。
(4) 控制要求分析。
(5) 确定输入/输出设备。
(6) 选择 PLC。
(7) 分配 I/O 点并设计 PLC 外围硬件线路。
(8) 系统程序设计。
(9) 系统的硬件安装与软件调试。

2. 气动系统 PLC 控制原理是 PLC 输出的控制信号控制电磁阀，再由电磁阀控制气缸，最后气缸驱动动作机构达到控制目的。设计步骤如下：

(1) 分析气动系统工作过程。
(2) 分析动作顺序。

（3）气动回路设计。

（4）控制要求分析。

（5）确定输入/输出设备。

（6）选择 PLC。

（7）分配 I/O 点并设计 PLC 外围硬件线路。

（8）系统程序设计。

（9）系统的硬件安装与软件调试。

【自主学习题】

1. 如图 7-19 所示，某一液压系统可以完成"快进→一工进→二工进→快退→原位停止"工作循环，电磁铁动作顺序见表 7-10，请设计 PLC 程序控制液压缸按照"快进→一工进→二工进→快退→原位停止"的顺序自动运动，并画出 PLC 地址分配图。

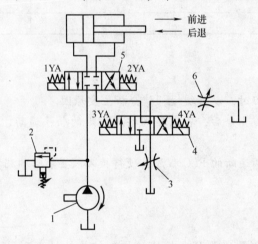

图 7-19　题 1 图

1—变量泵　2—溢流阀　3、6—节流阀　4、5—三位四通电磁换向阀

表 7-10　电磁铁动作顺序表

	1YA	2YA	3YA	4YA
快　进	+		+	
一工进	+			+
二工进	+			
快　退		+	+	
原位停止				

2. 图 7-20 所示为某零件加工自动线上的液压系统图。转位机械手的动作顺序为：手臂在上方原始位置→手臂下降→手指夹紧工件→手臂上升→手腕回转90°→手臂下降→手指松开→手臂上升→手腕反转90°→停在上方。机械手电磁铁动作顺序见表 7-11，请编写 PLC 程序并画出 PLC 地址分配表。

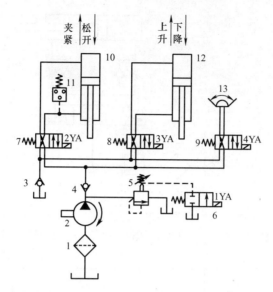

图 7-20 题 2 图

1—过滤器 2—变量泵 3、4—单向阀 5—溢流阀 6—两位两通电磁换向阀

7、8、9—两位四通电磁换向阀 10、12—液压缸 11—压力继电器 13—摆动缸

表 7-11 转位机械手电磁铁动作顺序表

	原始位置	手臂下降	手指夹紧	手臂上升	手腕回转	手臂下降	手指松开	手臂上升	手腕反转	停在上方
1YA	+									+
2YA			+	+	+	+				
3YA		+	+			+	+			
4YA				+		+	+	+		

3. 如图 7-21 所示,三位五通电磁阀 1YA、2YA 分别外接 PLC 的 Q0.0、Q0.1 输出端子。当三位五通电磁阀还没通电时,气缸静止,按下气缸起动按钮 SB1,Q0.0 输出使 1YA 通电时,气杆向右运动;当运动到最右端时,Q0.1 输出使 2YA 通电,气杆向左快退运动。请写出 PLC 程序并画出地址分配图。

4. 图 7-22 是气动机械手气压传动系统原理图,电磁铁动作顺序见表 7-12。请设计 PLC 控制程序让机械手按照"立柱上升—手臂伸出—立柱转位—手臂缩回—立柱下降—立柱复位"的顺序运动。

表 7-12 气动机械手电磁铁动作顺序表

	1YA	2YA	3YA	4YA	5YA	6YA
立柱上升				+		
手臂伸出	−			−	+	
立柱转位	−	+				−
立柱复位	+	−				
手臂缩回						+
立柱下降			+			−

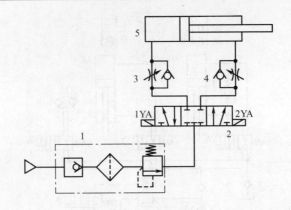

图7-21 题3图

1—过滤调压阀 2—三位五通电磁换向阀 3、4—速度阀 5—气缸

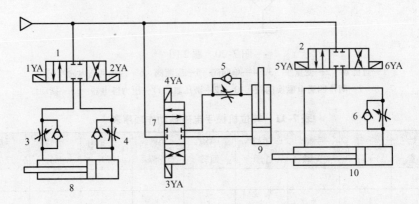

图7-22 题4图

1、2、7—三位四通电磁换向阀 3、4、5、6—速度阀 8、9、10—气缸

【考核检查】

"模块7 液、气、电控制应用"考核标准

任务名称：					
项 目	配分	考 核 要 求	扣 分 点	扣分记录	得 分
任务分析	15	1. 会提出需要学习和解决的问题，会收集相关的学习资料 2. 会根据任务要求进行主要元器件的选择	1. 分析问题笼统扣2分；资料较少扣2分 2. 选择元器件每错1个扣2分		
设备安装	45	1. 会按照图样正确规划安装 2. 布线符合工艺要求	1. 错、漏线或错、漏元件扣2分 2. 布线工艺差扣4分		
运行调试	25	1. 会运行系统，结果正确 2. 会分析结果 3. 会调试系统结果	1. 操作错误扣4分 2. 分析结果错误扣4分 3. 调试系统错误扣5分		

（续）

项　目	配分	考 核 要 求	扣 分 点	扣分记录	得　分
任务名称：					
安全文明	10	1. 用电安全，无损坏器件 2. 工作环境保持整洁 3. 小组成员协同精神好 4. 工作纪律好	1. 发生安全事故扣 10 分 2. 损坏器件扣 10 分 3. 工作现场不整洁扣 5 分 4. 成员之间不协同扣 5 分 5. 不遵守工作纪律扣 2～6 分		
任务小结	5	会反思学习过程、认真总结工作经验	总结不到位扣 3 分		
学生			组别		
指导教师		日期		得分	

模块 8　PLC 通信与网络应用

【学习目标】

1. 熟悉 S7-200 系列 PLC 的基本配置。
2. 熟悉 PLC 的编程规则及通信与网络配置的应用。
3. 会根据任务要求分配控制系统输入/输出地址及绘制接线图。
4. 能独立完成 PLC 控制系统的安装与运行。
5. 熟悉控制系统应用程序的编写与联机调试的方法。
6. 领会安全文明生产要求。

【学习任务】

YL-335B 型自动化生产线通信配置的实现。

【学习建议】

本模块基于 S7-200 系列 PLC，介绍了 PLC 网络通信方面的实例，学习的重点是 PLC 通信与 PPI 网络配置的应用。建议在学习本模块前，先温习数据通信和计算机网络相关的基础知识，如传输方式、技术指标、通信方式和串口通信接口标准等，这样可以更好地理解 PLC 网络通信。结合多媒体导学课件，充分理解自动化生产线通信配置的实现步骤及 STEP 7-Micro/WIN 软件编程。

【关键词】

S7-200CN、通信与网络配置、自动生产线、接线图、地址分配、安装与调试。

任务　PLC 通信与网络应用的实现

8.1　任务目标

1. 进一步熟悉 PLC 的编程规则。
2. 熟悉西门子 PLC 的 PPI 通信接口协议及网络编程指令。
3. 能进行 PPI 通信网络的安装编程与调试。
4. 能进行 YL-335B 型自动化生产线通信配置。

8.2　任务描述

现代自动化生产线中，设备往往不是单独运行的，是由几个设备通过网络组成一个整体来进行工作的。YL-335B 中的 5 个站就是通过 PPI 通信互相之间进行信息交换，形成一个整体，从而提高了设备的性能，实现了"集中处理，分散控制"。

任务要求：完成 YL-335B 型自动化生产线通信配置，并进行简单通信测试。共有 5 个站点，分别为 1 个主站、4 个从站。主站控制 4 个从站依次工作一次，即完成一次循环。

图 8-1 为输送站（主站 1）PLC 接线图，图 8-2 为分拣站（从站 5）PLC 接线图。其余各站的接线图与分拣站（从站 5）的类似，所以可参照图 8-2 的设计，不再一一表示。5 台 PLC 的 PPI 网络通信图如图 8-3 所示。

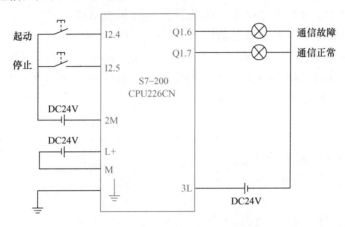

图 8-1 输送站（主站 1）PLC 接线图

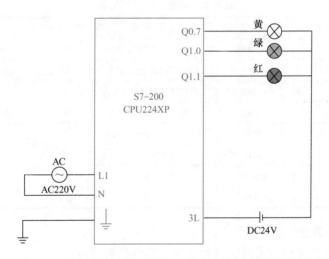

图 8-2 分拣站（从站 5）PLC 接线图

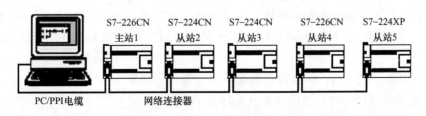

图 8-3 5 台 PLC 的 PPI 网络通信图

8.3 任务实现

【看一看】

观看多媒体课件，了解 PLC 通信与网络配置的应用及设置方法。

设置 YL-335B 上各站点的通信参数，输送站为主站，其余各站为从站，利用 STEP7-Micro/WIN 提供的向导功能编写程序。通电后若各站和主站通信正常主站的绿色指示灯点亮，否则红色指示灯点亮；主站的起动按钮按下后，从站 2 控制的 3 盏灯每隔 1s 依次点亮，然后从站 3 控制的 3 盏灯每隔 1s 依次点亮，接着从站 4 控制的 3 盏灯每隔 1s 依次点亮；最后从站与控制的 3 盏灯每隔 1s 依次点亮，整个过程中从站 12 盏灯不断循环依次点亮，主站负责通信控制。按下停止按钮停止运行。

【做一做】

1. 所需的工具、设备及材料

1）常用电工工具、万用表等。

2）PC。

3）所需设备、材料见表 8-1。

表 8-1　设备、材料明细表

序　号	标准代号	器件名称	型号规格	数　量	备　注
1	PLC	S7-200CN	CPU226DC/DC/DC	1	6ES7 216-2AD23-0XB8
2	PLC	S7-200CN	CPU224AC/DC/RLA	2	6ES7 214-1BD23-0XB8
3	PLC	S7-200CN	CPU224XPAC/DC/RLA	1	6ES7 214-2BD23-0XB8
4	PLC	S7-200CN	CPU226AC/DC/RLA	1	6ES 7216-28D23-0XB8
5	QS	隔离开关	正泰 NH2-125 3P 32A	1	
6	SB	按钮	LA10-2H	2	
7	HL	指示灯	XB2BVB3LC	14	
8	XT	接线端子	JX2-Y010	若干	

2. 系统安装与调试

1）根据表 8-1 配齐电器元件，并检查各电器元件的质量。

2）根据图 8-1、图 8-2 所示的 PLC 接线图，画出安装接线图，如图 8-4 所示。

3）根据电器元件接线图安装元件，各元件的安装位置应整齐、匀称、间距合理，便于元件的更换，元件紧固时用力要均匀，紧固程度适当。完成安装后的控制装置如图 8-5 所示。

4）检查电路。通电前，认真检查有无错接、漏接等现象。

5）传送 PLC 程序。PLC 通信设置参见任务 2.1。

6）PLC 程序运行、监控。

① 工作模式选择。将 PLC 的工作模式开关拨至运行或者通过 Micro/WIN 编程软件执行 "PLC" 菜单下的 "运行" 子菜单命令。

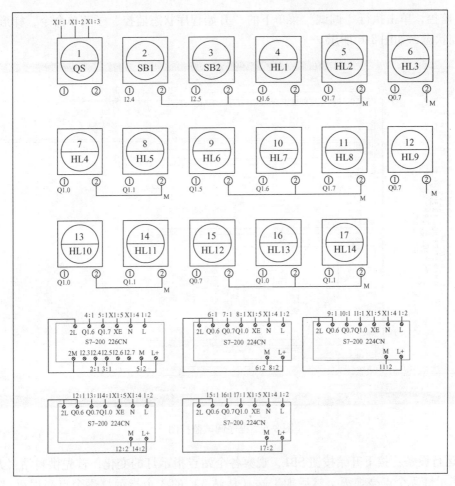

图 8-4　YL-335 型自动化生产线 PLC 接线图

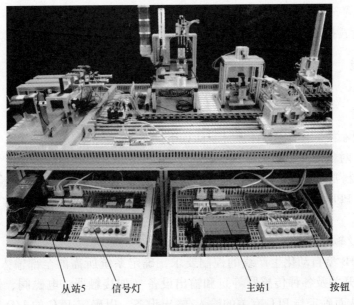

图 8-5　YL-335B 型自动化生产线实物图

② 监控，单击执行"调试"菜单下的"开始程序状态监控"子菜单命令，梯形图程序进入监控状态，如图8-6所示。

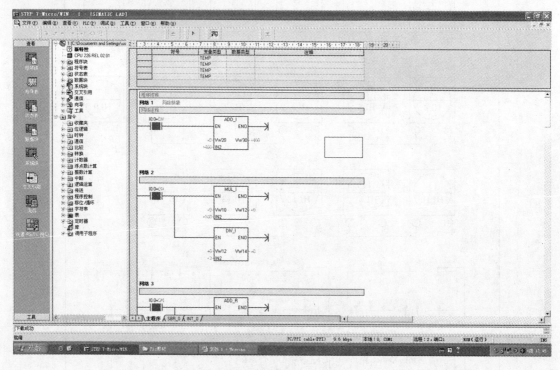

图8-6 程序调试监控图

③ 运行设备：按下开始按钮SB1，观察各个站点指示灯的变化，首先供料站（从站2）的3个指示灯逐个点亮熄灭，然后加工站（从站3）的3个指示灯逐个点亮熄灭，装配站（从站4）的3个指示灯逐个点亮熄灭，分拣站（从站5）的3个指示灯逐个点亮熄灭，输送站（主站1）的3个指示灯逐个点亮熄灭，循环运行。

④ 停止运行：按下停止按钮SB2，设备停止运行，各个站点的指示灯熄灭。

8.4 技能实践

【学一学】

PLC通信与网络应用实例具体设计步骤如下。

1. 分析被控对象并提出控制要求

首先，从控制要求来看，本设计任务的主要程序设计部分可以采用经验设计法；其次，本任务需要使用PPI网络通信，需要先设置成功网络参数确保网络通信正常；最后，编写各站程序。

2. 确定输入/输出设备

根据YL-335B型自动化生产线的控制要求，确定系统所需的全部输入设备（如按钮、位置开关、转换开关及各种传感器等）和输出设备（如接触器、电磁阀、信号指示灯及其他执行器等），从而确定与PLC有关的输入/输出设备，以确定PLC的I/O点数。本任务共需要按钮 2 个，指示灯 14 个。

3. 选择 PLC

PLC 选择包括对 PLC 的机型、容量、I/O 模块、电源等的选择。本任务是将 YL-335B 设备上的 PLC 组成一个 PPI 网络，共使用了 5 个 PLC，主站 1 的 PLC 为 CPU-226，从站 2 和 3 的 PLC 为 CPU-224，从站 4 的 PLC 为 CPU-224，从站 5 的 PLC 为 CPU-224XP。

4. 分配 I/O 点及设计 PLC 电气线路

（1）分配 I/O 点　画出 PLC 的 I/O 点与输入/输出设备的连接图或对应关系表，见表 8-2，该部分也可在第 2 步中进行。

表 8-2　输入/输出地址分配表

主站 1 地址分配（输送站）			
输 入 地 址		输 出 地 址	
起动按钮 SB1	I2.4	通信故障指示灯（红）HL1	Q1.6
停止按钮 SB2	I2.5	通信正常指示灯（绿）HL2	Q1.7
从站 2 地址分配（供料站）		从站 3 地址分配（加工站）	
输 出 地 址		输 出 地 址	
黄色指示灯 HL3	Q0.7	黄色指示灯 HL9	Q0.7
绿色指示灯 HL4	Q1.0	绿色指示灯 HL10	Q1.0
红色指示灯 HL5	Q1.1	红色指示灯 HL11	Q1.1
从站 4 地址分配（装配站）		从站 5 地址分配（分拣站）	
输 出 地 址		输 出 地 址	
黄色指示灯 HL6	Q1.5	黄色指示灯 HL12	Q0.7
绿色指示灯 HL7	Q1.6	绿色指示灯 HL13	Q1.0
红色指示灯 HL8	Q1.7	红色指示灯 HL14	Q1.1

（2）设计 PLC 电气线路　画出系统其他部分的电气线路图，包括主电路和未进入 PLC 的控制电路等。由 PLC 的 I/O 连接图和 PLC 外围电气线路图组成系统的电气原理图，至此系统的硬件电气线路已经确定。

5. 程序设计

本任务的设计关键在于 PPI 通信网络的建立，需要将 5 台 PLC 组成一个 PPI 通信网络，其中主站为输送站，站号为 1 号，其余各站为从站，供料站站号为 2 号，加工站站号为 3 号，装配站站号为 4 号，分拣站站号为 5 号。

本任务中各站联网时使用的通信端口均设置为端口 0（Port0），通信速度为 19200bit/s。主站和从站之间共进行 8 个读写操作，网络读写数据分配可参照表 8-3。这些参数可通过指令向导来完成，具体操作步骤参照基础知识中的内容进行。

程序运行时，主站需调用通信子程序 NET. EXE 来保证通信。每个从站向主站反馈 1 位信息至主站数据区，分别为 V1200.0、V1204.0、V1208.0、V1212.0，主站收到 4 位信息接通 Q1.7，使绿色指示灯点亮，表示通信正常。

各站指示灯的移位，主要用定时器和比较指令来控制。12 盏灯循环点亮一圈需要 12s，定时器的工作周期为 12s，划分为 12 个时间段，每段点亮一个指示灯。由于指示灯不在本地，所以现将控制点亮的信号送至通信数据区，然后用 PPI 网络广播至各从站，各从站取得自己的数据即可。

表 8-3　网络读写数据分配

主站 1 输送站	从站 2 供料站	从站 3 加工站	从站 4 装配站	从站 5 分拣站
发送数据长度/B	2	2	2	2
从主站何处发送	VB1000	VB1000	VB1000	VB1000
发往从站何处	VB1000	VB1000	VB1000	VB1000
接收数据长度/B	2	2	2	2
数据来自从站何处	VB1010	VB1010	VB1010	VB1010
数据存到主站何处	VB1200	VB1204	VB1208	VB1212

从站程序设计较为简单，而且各站程序类似，都是将数据从通信数据存放区取出送至输出端口。

主站参考程序如图 8-7 所示（内容见光盘）。

从站参考程序如图 8-8 ~ 图 8-11 所示。

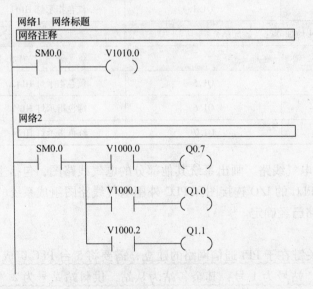

图 8-8　供料站（从站 2）控制梯形图

6. 系统安装与调试

根据图 8-4 进行安装接线，然后将编制好的相关 PLC 控制程序下载到 PLC 中，进行程序调试，直到设备运行满足设计要求。

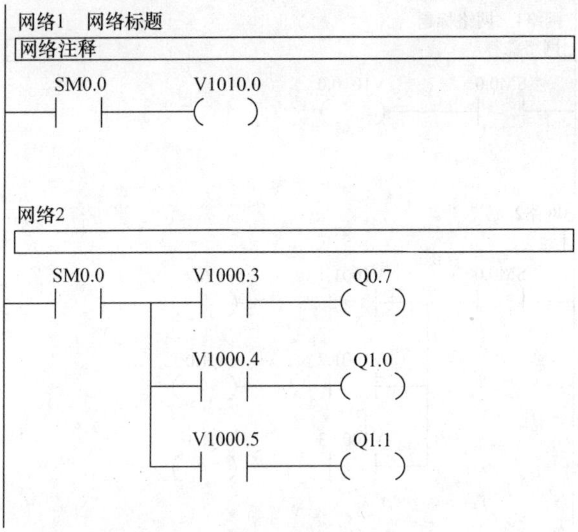

图 8-9　加工站（从站 3）控制梯形图

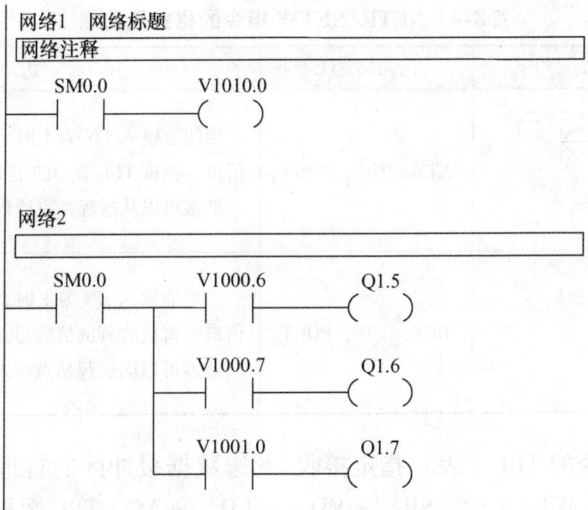

图 8-10　装配站（从站 4）控制梯形图

8.5　理论基础

1. 基本知识

（1）NETR/NETW 指令　S7-200 系列 PLC 的 CPU 之间的 PPI 网络通信只需要两条简单的指令，它们是 NETR（网络读）和 NETW（网络写）指令。网络读/写指令只能由在网络中充当主站的 CPU 执行，即只有主站需要调用（编写）NETR/NETW 指令，可以与其他从站通信，而从站不必做通信编程，只需编程处理数据缓冲区（取用或准备数据）。网络读/写指令的格式及功能见表 8-4。

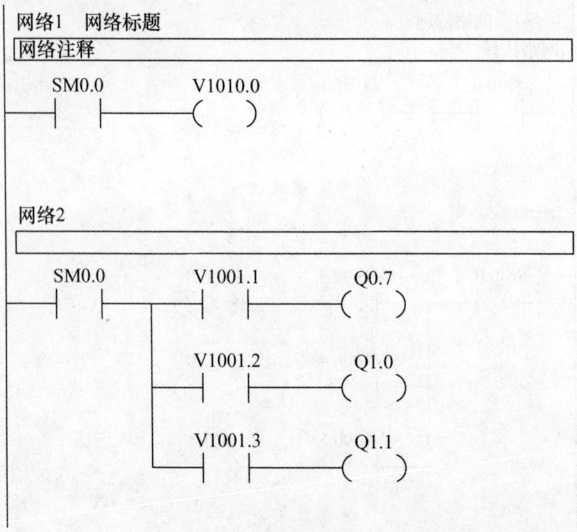

网络1　网络标题

网络注释

```
  SM0.0            V1010.0
───┤ ├──────────────( )
```

网络2

```
  SM0.0            V1001.1           Q0.7
───┤ ├──────────────┤ ├──────────────( )

                   V1001.2           Q1.0
                   ──┤ ├──────────────( )

                   V1001.3           Q1.1
                   ──┤ ├──────────────( )
```

图 8-11　分拣站（从站5）控制梯形图

表 8-4　NETR/NETW 指令的格式及功能

梯形图 LAD	语句表 STL	功　能
NETR ─EN　ENO─ ????─TBL ????─PORT	XTM　TBL, PORT	当使能输入 EN 为 1 时，通过 PORT 指定的串行通信口，根据 TBL 表中的定义，读取远程站点的数据 最多可以从远程站点读取 16 个字节的信息
NETW ─EN　ENO─ ????─TBL ????─PORT	RCV　TBL, PORT	当使能输入 EN 为 1 时，通过 PORT 指定的串行通信口，将接收到的信息写入 TBL 表指定的远程站点 最多可以向远程站点写入 16 个字节的信息

　　NETR/NETW 指令的 TBL（表）指定接收/发送数据缓冲区的首地址。可寻址的寄存器地址为 VB、IB、QB、MB、SMB、SB、＊VD、＊LD、＊AC。TBL 数据缓冲区中的第一个字节用于设定应发送/应接收的字节数，缓冲区的大小在 255 个字符以内。TBL 参数的意义见表 8-5。

表 8-5　NETR/NETW 指令的 TBL 参数的意义

字节偏移量	字 节 参 数					字节偏移量	字 节 参 数				
	7	6	5	4	3~0		7	6	5	4	3~0
0	D	A	E	0	错误代码	6	接收/发送数据的字节数（1~16 个字节）				
1	远程站地址					7	接收/发送数据区（数据字节0）				
2						8	接收/发送数据区（数据字节1）				
3	指向远程站的数据区指针					...					
4	（I、Q、M 或 V）										
5						22	接收/发送数据区（数据字节15）				

数据表 TBL 共有 23 个字节，表头（首字节）为状态字节，它反映网络通信指令的执行状态及错误码，各标志位的意义如下。

D 位：操作完成位。0：未完成；1：完成。

A 位：操作排队有效位。0：无效；1：有效。

E 位：错误标志位。0：无错误；1：错误。

TBL 参数表中错误代码的意义见表 8-6。

表 8-6　TBL 参数表中错误代码的意义

错 误 代 码	意　　义
0000	无错误
0001	时间溢出错误：远程站点不响应
0010	接收错误：奇偶校验错、响应时帧或校验和错误
0011	离线错误：相同的站地址或无效的硬件引发冲突
0100	队列溢出错误：激活了超过 8 个以上的 NETR/NETW 指令
0101	违反通信协议：没有在 SMB30 或 SMB130 中允许 PPI，就试图执行 NETR/NETW 指令
0110	非法参数：NETR/NETW 表中包含非法或无效的值
0111	没有资源：远程站点忙（上载或下载程序处理中）
1000	第 7 层错误：违反应用协议
1001	信息错误：错误的数据地址或不正确的数据长度
1010～1111	未用：为将来的使用保留

NETR/NETW 指令的 PORT 参数指定通信端口，为字节型常数，对于 S7-221、S7-222 和 S7-224 系列 PLC 只能取"0"；对 S7-224XP 和 S7-226 系列 PLC 可以取"0"或"1"。

S7-200 系列 PLC 的 CPU 使用特殊存储器 SMB30 和 SMB130 定义 Port 0 和 Port 1 的通信方式，SMB30 和 SMB130 各位的内容见表 8-7。

表 8-7　SMB30 和 SMB130 各位的内容

Port 0	Port 1	内　　容								
SMB30 格式	SMB130 格式	自由口通信方式控制字								
			7	6	5	4	3	2	1	0
			p	p	D	b	b	b	m	m
SM30.7 SM30.6	SM130.7 SM130.6	pp：奇偶校验选择	00：无奇偶校验；01：偶校验 10：无奇偶校验；11：奇校验							
SM30.5	SM130.5	d：每个字符的数据位	0：8 位/字符 1：7 位/字符							
SM30.4	SM130.4	bbb：波特率（bit/s）	000：38400；001：19200；010：9600							
SM30.3	SM130.3		011：4800；100：2400；101：1200							
SM30.2	SM130.2		110：115200；111：57600							

(续)

Port 0	Port 1		内　　容
			00：点对点接口协议（PPI 从站模式）
		mm：协议选择	01：自由口协议
SM30.1	SM130.1		10：PPI 主站模式
SM30.0	SM130.0		11：保留（默认为 PPI 从站模式）
		注意：当选择 mm = 10 时，PLC 将成为网络的一个主站，可以执行 NETR/NETW 指令，在 PPI 模式下忽略 2~7 位	

在编写 S7-200 系列 PLC 的应用程序时，使用 NETR/NETW 指令的数量不受限制。但在程序执行时，同一时间最多只能有 8 条网络读/写指令被激活。例如，可以同时激活 4 条 NETR 指令和 4 条 NETW 指令或同时激活 6 条 NETR 指令和 2 条 NETW。

【例 1】　从主站向从站 3 读取 VB1010 开始的 2 个字节数据，将主站 VB1000 开始的两个字节数据写入到从站。各站的站号已经在通信设置时完成设定。

第一步，编写主站程序。

1）定义主站通信波特率，如图 8-12 所示。

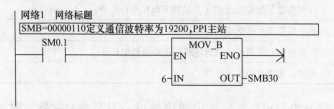

图 8-12　定义主站通信波特率

2）读网络初始化，读 3 号站的 VB1010 两个字节数据，如图 8-13 所示。

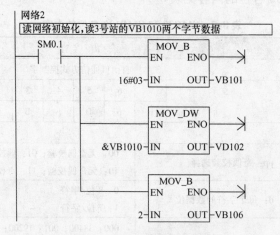

图 8-13　读 3 号站的 VB1010

3）写网络初始化，写入 3 号站的 VB1000 两个字节数据，如图 8-14 所示。

4）通过端口 0 读操作，如图 8-15 所示。

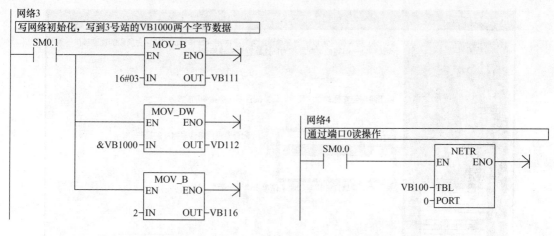

图 8-14 写入 3 号站的 VB1000

图 8-15 端口 0 读操作

5）将 VB1000 和 VB1001 两个字节数据存放在发送区，通过端口写操作，如图 8-16 所示。

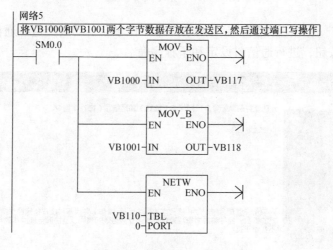

图 8-16 存放数据在发送区

第二步，从站 3 的初始化程序，如图 8-17 所示。

（2）使用 NETR/NETW 指令向导 在 STEP 7-Micro/WIN 中的命令菜单中选择"工具"→"指令向导"，可打开"指令向导"窗口，如图 8-18 所示。

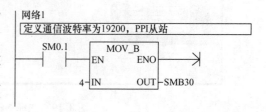

图 8-17 定义从站 3 通信波特率

然后选择"NETR/NETW"选项，单击"下一步"按钮后可启动"NETR/NETW 指令向导"（或在指令树中双击"向导→NETR/NETW"启动"NETR/NETW 指令向导"）。

指令向导的设置分为以下几个步骤。

1）定义用户所需网络操作的条目。向导的第一步将提示用户选择所需网络读/写操作的条目。如本任务有主站和 4 个从站共 8 个读写操作，所以网络读写操作数值项设为 8，如

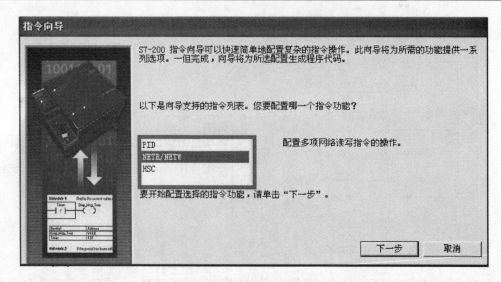

图 8-18　"指令向导"窗口

图 8-19 所示。用户最多只能配置 24 个网络操作，程序会自动调配这些通信操作，设置好后单击"下一步"按钮，进行通信口设定和子程序命名。

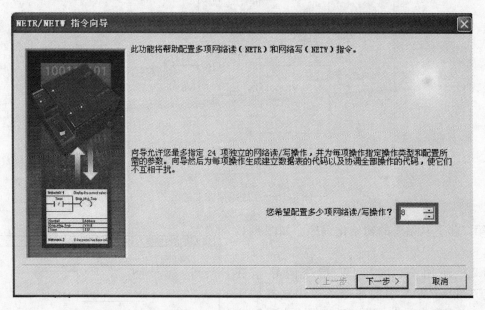

图 8-19　选择 NETR/NETW 指令条数

2）定义通信口和子程序名。第二步将提示用户选择应用 PLC 的哪个通信口进行 PPI 通信：通信端口 0 或通信端口 1，默认为通信端口 0。子程序名称默认为"NET_EXE"，如图 8-20 所示。

用户一旦选择了通信口，则向导中所有网络操作都将通过该口进行通信，即通过向导定义的网络操作，只能一直使用一个口与其他 PLC 进行通信。

3）配置读或写网络命令。向导的第三步将提示用户配置读或写网络命令。每一个网络

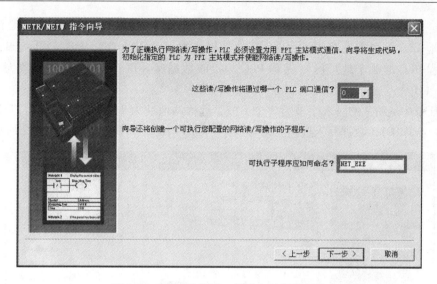

图 8-20 选择通信端口并指定子程序名称

操作都要定义以下信息。

① 定义该网络操作是一个读操作 NETR 还是一个写操作 NETW。

② 定义应该从远程 PLC 读取多少个数据字节（NETR）或者应该向远程 PLC 写入多少个数据字节（NETW）。每条网络读/写指令最多可以发送或接收 14 个字节的数据。

③ 定义想要通信的远程 PLC 地址。如果定义的是 NETR 操作，则还需要进一步定义读取的数据应该存在本地 PLC 的哪个地址区（本地 PLC 的接收数据缓冲区），有效的操作数可为 IB、QB、MB、VB、LB；定义应该从远程 PLC 的哪个地址区（远程 PLC 的发送数据缓冲区）读取数据，有效的操作数为 IB、QB、MB、VB、LB。

以本任务中从站 2 通信为例，从站 2 读取字节为 2 个字节，远程站地址为 2，数据存储在本地 PLC（主站）的 VB1200～VB1201，从远程 PLC（从站）的 VB1010～VB1011 读取数据，如图 8-21 所示。

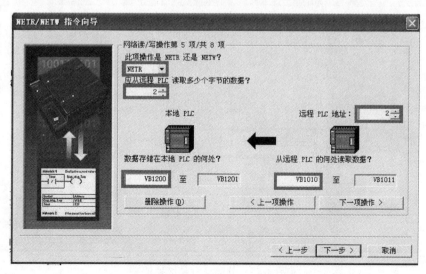

图 8-21 设定 NETR 指令操作

如果定义的是 NETW 操作，则还需要进一步定义要发送的数据位于本地 PLC 的哪个地址区（本地 PLC 的数据发送缓冲区），有效的操作数可为 IB、QB、MB、VB、LB；定义应该写入远程 PLC 的哪个地址区（远程 PLC 的接收数据缓冲区），有效的操作数为 IB、QB、MB、VB、LB。

在本任务中从站 2 的写入字节为 2 个字节，远程站地址为 2，数据位于本地 PLC（主站）的 VB1000～VB1001，数据写入远程 PLC（从站）的 VB1000～VB1001，如图 8-22 所示。

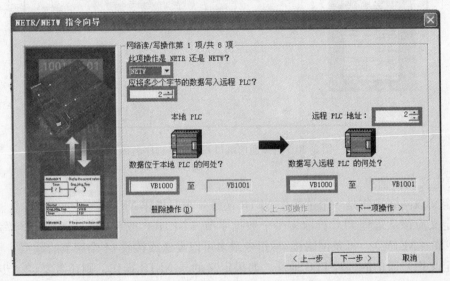

图 8-22　设定 NETW 指令操作

4）分配 V 存储区地址。向导的第四步将提示用户分配 V 存储区地址。上例中配置了 8 个网络操作，占用了 75 个字节的 V 区地址空间。向导自动为用户提供了建议地址，用户也可以自己定义 V 区地址空间的起始地址，如图 8-23 所示。

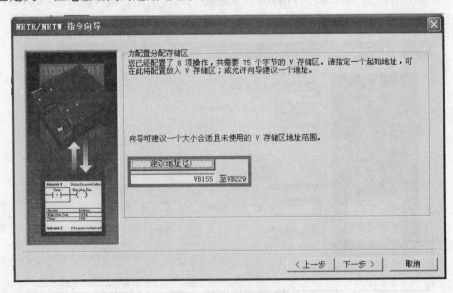

图 8-23　分配 V 存储区地址

注意：要保证用户程序中已经占用的地址、网络操作中读写区所占用的地址以及此处向导所占用的 V 区空间不能重复使用，否则将导致程序不能工作。

5）生成子程序及符号表。向导的第五步将提示用户生成子程序和符号表。图 8-24 中给出了 NETR/NETW 向导将要生成的子程序、全局符号表。图 8-25 为符号表。

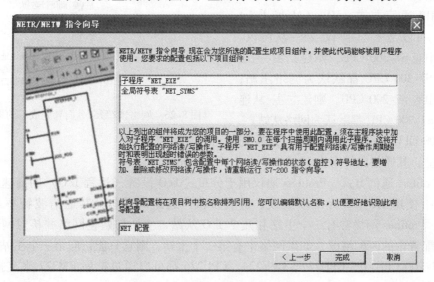

图 8-24 生成子程序和全局符号表

			符号	地址	注释
1			Timeout_Err	V155.3	0＝无超时错误，1＝超时错误
2			NETR8_Status	VB221	操作 8 的状态字节：NETR.
3			NETR7_Status	VB212	操作 7 的状态字节：NETR.
4			NETR6_Status	VB203	操作 6 的状态字节：NETR.
5			NETR5_Status	VB194	操作 5 的状态字节：NETR.
6			NETW4_Status	VB185	操作 4 的状态字节：NETW.
7			NETW3_Status	VB176	操作 3 的状态字节：NETW.
8			NETW2_Status	VB167	操作 2 的状态字节：NETW.
9			NETW1_Status	VB158	操作 1 的状态字节：NETW.

图 8-25 通信程序符号表

单击“完成”按钮，然后在弹出的对话框中单击“是”按钮，则在指令树的最下方生成一个网络读/写子程序；在“向导”的“NETR/NETW”中也会出现相应的提示，如图 8-26 所示。如果要改变向导参数设置，只要双击向导名称下方的子项即可。

6）调用子程序。要实现网络读/写功能，需在主站主程序中调用向导生成的 NETR/NETW 参数化子程序来实现数据的传输。

2. 拓展知识

（1）S7-200 CPU 的通信方式 S7-200 CPU 支持 PPI（点对点接口）、MPI（多点接口）、Profibus（工业现场总线）、ProfiNet（工业以太网）及自由口通信方式等多种通信方式。

1）PPI 通信方式。PPI（Point-to-Point）是一种主-从协议，是 S7-200 CPU 默认的，也是最基本的通信方式。它通过 S7-200 CPU 内置的 PPI 接口（Port 0 或 Port 1），采用通用 RS-485 双绞线电缆进行联网，其通信波特率可以是 9.6kbit/s、19.2kbit/s 或 187.5kbit/s。

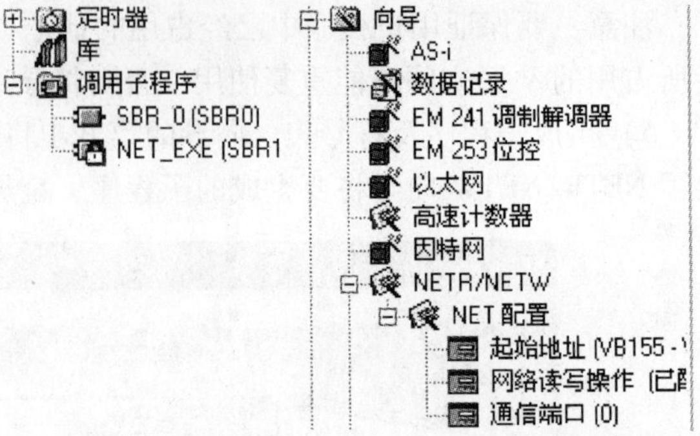

主站可以是其他 CPU（如 S7-300/400）、SIMATIC 编程器、TD 200 文本显示器等。网络中的所有 S7-200 CPU 都默认为 PPI 从站。

2）MPI 通信方式。MPI（Multi-Point Interface）可以是主-主协议或主-从协议。如果网络中有 S7-300 CPU，则建立主-主连接，因为 S7-300 CPU 都默认为网络主站；如果设备中有 S7-200 CPU，则建立主-从连接，因为 S7-200 CPU 都默认为网络从站。

S7-200 CPU 可以通过内置接口连接到 MPI 网络上，其通信波特率为 19.2kbit/s 或 187.5kbit/s。

图 8-26　网络读/写命令向导完成后的提示

3）Profibus 通信方式。Profibus 协议用于分布式 I/O 设备（远程 I/O）的高速通信。该协议的网络使用 RS-485 标准双绞线，适合多段、远距离通信，其通信波特率最高可达 12Mbit/s。Profibus 网络常有一个主站和几个 I/O 从站，主站初始化网络并核对网络上的从站设备和配置中的匹配情况。如果网络中有第二个主站，则它只能访问第一个主站的从站。

在 S7-200 CPU 中，CPU222、CPU224、CPU226 都可以通过扩展 EM227 来支持 Profibus 总线协议。

4）ProfiNet 通信方式。ProfiNet 是一种工业以太网通信方式。S7-200 系列 PLC 可以通过以太网模块 CP 243-1 及 CP 243-1 IT 接入工业以太网，不仅可以实现与 S7-200、S7-300 或 S7-400 系统进行通信，还可以与 PC 应用程序通过 OPC 进行通信。

5）自由口通信方式。自由口通信方式是 S7-200 CPU 很重要的功能。在自由口通信方式下，S7-200 CPU 可以与任何通信协议公开的其他设备和控制器进行通信，也就是说 S7-200 PLC 可以由用户自己定义通信协议。

（2）PPI 通信技术　PPI 协议是专门为 S7-200 系列 PLC 开发的通信协议，S7-200 CPU 的通信口（Port 0、Port 1）支持 PPI 通信协议，S7-200 系列 PLC 的一些通信模块也支持 PPI 协议，STEP7-Micro/WIN 与 CPU 进行编程通信也通过 PPI 协议。

1）PPI 通信协议。PPI 是一种主-从协议，主站和从站在一个令牌环网（Token Ring Network）中。当主站检测到网络上没有堵塞时，将接收令牌，只有拥有令牌的主站才可以向网络上的其他从站发出指令，建立该 PPI 网络。也就是说，PPI 网络只在主站侧编写通信程序就可以了。主站得到令牌后可以向从站发出请求和指令，从站则对主站请求进行响应，从站设备并不启动消息，而是一直等到主站设备发送请求或轮询时才作出响应。

使用 PPI 可以建立最多包括 32 个主站的多主站网络，主站靠一个 PPI 协议管理的共享连接来与从站进行通信，PPI 并不限制与任意一个从站通信的主站数量，但是在一个网络中，主站的个数不能超过 32。当网络上不止一个主站时，令牌传递前首先检测下一个主站的站号，为便于令牌传递，不要将主站的站号设置得过高。当一个新的主站添加到网络中来的时候，一般将会经过至少 2 个完整的令牌传递后才会建立网络拓扑，接收令牌。对于 PPI 网络来说，暂时没有接收令牌的主站同样可以响应其他主站的请求。

① 主站设备：简称主设备或主站，包括带有 STEP 7-Micro/WIN 的编程设备、HMI 设备

（触摸面板、文本显示或操作员面板）。

② 从站设备：简称从设备或从站，包括 S7-200 CPU、扩展机架（例如 EM277）。

如果在用户程序中使能 PPI 主站模式，S7-200 CPU 在运行模式下可以作主站。在使能 PPI 主站模式之后，可以使用“网络读取”（NETR）或“网络写入”（NETW）从其他 S7-200 CPU 读取数据或向 S7-200 CPU 写入数据。S7-200 CPU 用作 PPI 协议主站时，它仍然可以作为从站响应其他主站的请求。

③ PPI 高级协议：允许网络设备建立一个设备与设备之间的逻辑连接。对于 PPI 高级协议，每个设备的连接个数是有限制的。所有的 S7-200 CPU 都支持 PPI 协议和 PPI 高级协议，而 EM277 模块仅支持 PPI 高级协议。在 PPI 高级协议下，S7-200 CPU 和 EM277 所支持的连接个数见表 8-8。

表 8-8　CPU 和 EM277 所支持的连接个数

模　　块		波特率/（kbit/s）	连　接　数
S7-200 CPU	Port 1	9.6、19.2 或 187.5	4
	Port 2	9.6、19.2 或 187.5	4
EM277		9.6 ~ 12	6（每个模块）

④ PPI 网络传输方式及响应时间：PPI 是一种基于字符的异步协议，通过 RS-232 或 USB 接口进行数据传输，其数据传输速率在 1.2 ~ 115.2kbit/s 之间。环网的响应时间包括每个主站的令牌占有时间和整个网络的令牌循环时间。

⑤ 服务：PPI 通信协议还支持若干网络服务。

2）PPI 网络组态形式及种类。

① PPI 网络组态形式：单主站 PPI 网络通常由带有 STEP 7-Micro/WIN 的 PG/PC、作为主站设备的 HMI 设备（面板）、作为从站设备的一个或多个 S7-200 CPU 等组件组成。

② 多主站 PPI 网络：可以组态一个包含多个主站设备的 PPI 网络，这些设备可以作为从站设备与一个或多个 S7-200 PLC 进行通信。

③ 复杂 PPI 网络：在复杂 PPI 网络中，还可以对 S7-200 CPU 进行编程以进行对等通信。对等通信表示通信伙伴都具有同等权限，既可以提供服务，也可以使用服务。

④ 带有 S7-300 或 S7-400 的 PPI 网络：可以将 S7-300 或 S7-400 连接至 PPI 网络，波特率可以达到 187.5kbit/s。

3）PPI 网络组件。

① S7-200 CPU 的通信口：S7-200 CPU 的 PPI 网络通信是建立在 RS-485 网络硬件基础上的，因此其连接属性和需要的网络硬件设备是与其他 RS-485 网络一致的。S7-200 CPU 上的通信口与 RS-485 兼容的 9 针 D 形连接器，符合欧洲 Profibus 标准，其引脚分配见表 8-9。

② Profibus 总线连接器及 Profibus 电缆制作。PPI 网络使用 Profibus 总线连接器，西门子公司提供两种 Profibus 总线连接器：一种标准 Profibus 总线连接器，如图 8-27a 所示，另一种带编程接口的 Profibus 总线连接器，如图 8-27b 所示。后者允许在不影响现有网络连接的情况下，再连接一个编程站或者一个 HMI 设备到网络中。带编程接口的 Profibus 总线连接器将 S7-200 PLC 的所有信号（包括电源引脚信号）传到编程接口。这种连接器对于那些从 S7-200 PLC 取电源的设备（如 TD200）尤为有用。

表 8-9 CPU 通信口的引脚分配

连 接 器	引 脚 号	Profibus 引脚名	Port 1/Port 2
针1 ⋮ 针6 针5 ⋮ 针9	1	屏蔽	外壳接地
	2	24V 返回	逻辑地
	3	RS-485 信号 B	RS-485 信号 B
	4	发送申请	RST（TTL）
	5	5V 返回	逻辑地
	6	5V	5V，100Ω 串联电阻
	7	24V	24V
	8	RS-485 信号 A	RS-485 信号 A
	9	未用	10 位协议选择（输入）
	连接器外壳	屏蔽	外壳接地

两种连接器都由两组螺钉连接端子，可以用来连接输入连接电缆和输出连接电缆。两种连接器也都有网络偏置和终端匹配的选择开关，如图 8-27c 所示。该开关在 ON 位置时接通内部的网络偏置和终端电阻，在 OFF 位置时则断开内部的网络偏置和终端电阻。连接网络两端节点设备的总线连接器应将开关放在 ON 位置，以减少信号的反射。

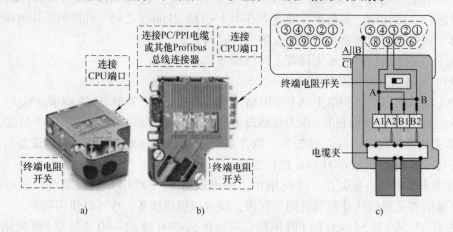

图 8-27 西门子的 Profibus 总线连接器

S7-200 PLC 所支持的 PPI、Profibus DP、自由口通信方式都是建立在 RS-485 硬件基础上的。为保证网络的通信质量（传输距离、通信速率），建议采用西门子标准双绞线屏蔽电缆，并在电缆的两个末端安装终端电阻。Profibus 总线连接器及总线电缆的装配过程如图 8-28 所示。

③ PPI 多主站电缆：S7-200 CPU 有其专用的低成本编程电缆，称为 PC/PPI 电缆，用于连接计算机侧的 RS-232 通信口和 CPU 上的 RS-485 通信口，可用于 STEP 7-Micro/WIN 对 S7-200 CPU 的编程调试、与上位机进行通信，或与其他具有 RS-232 端口的设备之间进行通信。当数据从 RS-232 传送到 RS-485 时，PPI 电缆是发送模式，反之是接收模式。西门子公司所提供的所有 S7-200 的编程电缆，长度都是 5m，目前西门子公司提供两种 PC/PPI 编程电缆：RS-232/PPI 智能多主站电缆和 USB/PPI 智能多主站电缆。

①将电缆放在测量盘上,测量待剥电缆的长度,并用左手食指做标记

②将电缆的一端放进剥线工具的槽中到标记位置,然后向前推夹紧装置夹紧电缆

③按指示方向转动剥线工具数圈,切割电缆保护外套

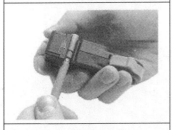

④将剥线工具朝线缆末端方向外移,移动过程中要保持工具的夹紧状态

⑤剥去 Profibus 电缆外套,保留红绿线芯长度20mm左右,屏蔽层长度8mm左右

⑥用螺钉旋具打开 Profibus 总线连接器锁紧装置,向上抬起快速连接器

屏蔽夹

⑦按颜色将线芯插入快速连接器,并保证屏蔽层压在屏蔽夹下,屏蔽层不能接触电缆

⑧用力压紧快速连接器,内部刀片会割破线芯的绝缘层实现连接

⑨盖上锁紧装置并用螺钉旋具旋紧

图 8-28　Profibus 总线连接器及总线电缆的装配过程

④ RS-485 中继器:为网段提供偏压电阻和终端电阻,有以下用途。

A. 增加网络的长度:在网络中使用一个中继器可以使网络的通信距离扩展 50m,如图 8-29 所示。如果在已连接的两个中继器之间没有其他节点,则网络的长度将能达到波特率允许的最大值。在一个串联网络中,最多可以使用 9 个中继器,但是网络的总长度不能超过 9600m。

B. 为网络增加设备:在 9600bit/s 波特率下,在 50m 之内,一个网段最多可以连接 32 个设备,使用一个中继器允许在网络上再增加 32 个设备。

C. 实现不同网段的电气隔离:如果不同的网段具有不同的地电位,将它们隔离会提高网络的通信质量。

一个中继器在网络中被算作网段的一个节点,但不能被指定站地址。

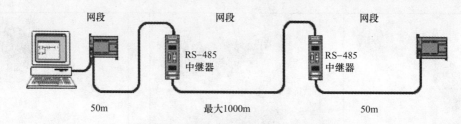

图 8-29 使用中继器扩展 PPI 网络

【想一想】

1. S7-200 系列 PLC 的 CPU 上的通信口支持哪些通信协议？

2. 西门子 PPI 通信协议所能支持的波特率有哪几种？

3. 尝试直接用 NETR/NETW 指令进行通信，重新完成本任务。

【小结】

1. PPI 通信协议（点对点接口协议）是西门子公司专为 S7-200 系列 PLC 开发的通信协议，内置于 CPU 中。PPI 协议物理上基于 RS-485 口，通过屏蔽双绞线就可以实现 PPI 通信。PPI 协议是一种主-从协议，主站靠 PPI 协议管理的共享连接来与从站通信。

2. PPI 网络组态有多种形式，本任务采用的是单主站形式，单主站 PPI 网络通常由带有 STEP 7- Micro/WIN 的 PG/PC、作为主站设备的 HMI 设备（面板）、作为从站设备的一个或多个 S7-200 CPU 等组件组成。

【自主学习题】

1. 填空题

（1）S7-200 系列 PLC 的 CPU 之间 PPI 网络通信有两条指令，它们是 NETR （　　） 和 NETW （　　） 指令。

（2）自由口模式下，当主机处于 STOP 方式时，自由口通信被终止，通信口自动切换到正常的 （　　） 协议操作。

（3）S7-200 系列 PLC 的 CPU 使用特殊存储器为 SMB30 对 （　　） 和 SMB130 对 （　　） 定义通信口的通信方式。

（4）S7-200 CPU 默认的最基本的通信方式是 （　　）。

2. 判断题

（1）数据可以沿两个方向传输的通信方式一定就是双工通信。　　　　　　　　（　　）

（2）PLC 的通信协议定义了主站和从站，网络中的主站和从站互相之间可以发出请求。

（　　）

（3）PPI 协议并不限制与任意一个从站通信的主站的数量，但在一个网络中，主站不能超过 32 个。

（　　）

（4）PPI 和 MPI 是西门子公司的内部协议，MPI 用于 S7-200 内部和 PC 与 S7-200 的通

信，PPI 可以用于 S7-200 与 S7-300 之间的通信，因此，PPI 的功能比 MPI 更强。　　（　　）

3. 简答题

（1）S7-200 系列 PLC 的通信协议有哪些？分别适用于什么场合？

（2）S7-200 系列 PLC 的通信部件主要有哪些？

（3）什么是 PPI 通信方式？

（4）使用 NETR/NETW 指令向导构建网络时有几个步骤？

4. 分析设计题

从主站向从站 2 读取 VB2010 开始的 4 个字节数据，将主站 VB1000 开始的 2 个字节数据写入到从站，通信速度为 9600bit/s。

【考核检查】

"模块 8　PLC 通信与网络应用"考核标准

任务名称：					
项　目	配分	考核要求	扣分点	扣分记录	得　分
任务分析	15	1. 会提出需要学习和解决的问题，会收集相关的学习资料 2. 会根据任务要求进行主要元器件的选择	1. 分析问题笼统扣 2 分；资料较少扣 2 分 2. 选择元器件每错 1 个扣 2 分		
设备安装	20	1. 会分配输入/输出端口，画 I/O 接线图 2. 会按照图样正确规划安装 3. 布线符合工艺要求	1. 分配端口有错扣 4 分；接线图有错扣 4 分 2. 错、漏线或错、漏元件扣 2 分 3. 布线工艺差扣 4 分		
程序设计	25	1. 程序结构清晰，内容完整 2. 正确输入梯形图 3. 正确保存程序文件 4. 会传送程序文件	1. 程序有错扣 10 分 2. 输入梯形图有错扣 5 分 3. 保存文件有错扣 4 分 4. 传送程序文件错误扣 6 分		
运行调试	25	1. 会运行系统，结果正确 2. 会分析监控程序 3. 会调试系统程序	1. 操作错误扣 4 分 2. 分析结果错误扣 4 分 3. 监控程序错误扣 4 分 4. 调试程序错误扣 5 分		
安全文明	10	1. 用电安全，无损坏器件 2. 工作环境保持整洁 3. 小组成员协同精神好 4. 工作纪律好	1. 发生安全事故扣 10 分 2. 损坏器件扣 10 分 3. 工作现场不整洁扣 5 分 4. 成员之间不协同扣 5 分 5. 不遵守工作纪律扣 2~6 分		
任务小结	5	会反思学习过程、认真总结工作经验	总结不到位扣 3 分		
学生			组别		
指导教师		日期		得分	

模块9 触摸屏和变频器综合应用

【学习目标】

1. 熟悉 S7-200 系列 PLC 的基本配置。
2. 熟悉 PLC 的编程规则及触摸屏和变频器的综合应用。
3. 会根据任务要求分配控制系统输入/输出地址及绘制接线图。
4. 独立完成 PLC 控制系统的安装与运行。
5. 熟悉控制系统应用程序的编写与联机调试的方法。
6. 领会安全文明生产要求。

【学习任务】

YL-335B 型自动化生产线人机界面的实现。

【学习建议】

本模块基于 S7-200 系列 PLC，介绍了自动化生产线人机界面的实现，结合前面所学的基础，重点学习触摸屏、变频器和 PLC 网络通信的综合应用。建议在学习本模块时，要注重参与任务的实施，结合多媒体导学课件，通过看、做、学、读等环节，充分理解自动化生产线人机界面的实现步骤及相关 PLC 网络通信的配置。

【关键词】

S7-200CN、通信与网络配置、自动化生产线、触摸屏、变频器、接线图、地址分配、安装与调试。

任务 YL-335B 型自动化生产线人机界面的实现

9.1 任务目标

1. 熟悉人机界面的概念及特点、人机界面的组态方法。
2. 能编写人机交互的组态程序，并进行安装调试。
3. 熟悉 PLC 与触摸屏 TPC7062KS、变频器 MM420 的接线。

9.2 任务描述

人机界面是操作人员与 PLC 之间进行对话的接口设备。人机界面设备可以以图形形式，显示所连接 PLC 的状态、当前过程数据及故障信息，可以使用户更方便地操作和观察监控设备或系统。

工业触摸屏已经成为现代工业控制系统中必不可少的人机界面之一。本任务中使用北京昆仑通态自动化软件科技有限公司研发的人机界面 TPC7062KS。

任务要求：设置分拣站的电动机控制人机界面，具有联机、单机运行功能。联机状态下可以对分拣站的电动机速度进行控制。

图 9-1 为具有人机界面的分拣站的电动机控制 PLC 接线图。

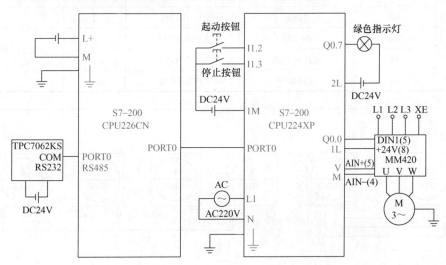

图 9-1　具有人机界面的分拣站的电动机控制 PLC 接线图

9.3　任务实现

【看一看】

观看多媒体课件，了解 PLC 控制电动机正反转的工作过程及安装方法。

选择联机运行，在人机界面上按下起动按钮，分拣站的电动机开始运行，电动机运行频率可在人机界面上设定，范围为 10 ~ 40Hz。按下停止按钮，电动机停止运行。

选择单机运行，人机界面上的起动按钮、停止按钮及速度设定无效。此时需要使用分拣站按钮控制，绿色按钮为起动按钮，红色按钮为停止按钮，电动机工作频率固定为 30Hz。

【做一做】

1. 所需的工具、设备及材料

1）常用电工工具、万用表等。

2）PC。

3）所需设备、材料见表 9-1。

2. 系统安装与调试

1）根据表 9-1 配齐电器元件，并检查各电器元件的质量。

2）根据图 9-1 所示的 PLC 接线图，画出安装接线图，如图 9-2 所示。

3）根据电器元件接线图安装元件，各元件的安装位置应整齐、匀称、间距合理，便于元件的更换，元件紧固时用力要均匀，紧固程度适当。完成安装后的控制装置如图 9-3 所示。

表 9-1 设备、材料明细表

序　　号	标准代号	器件名称	型号规格	数　　量	备　　注
1	PLC	S7-200CN	CPU226AC/DC/RLY	1	6ES 7216-28D23-0XB8
2	PLC	S7-200CN	CPU224XPAC/DC/RLY	1	6ES7 214-2BD23-0XB8
3	QS	隔离开关	正泰 NH2-125 3P 32A	1	
4	SB	按钮	LA10-2H	2	
5	HL	指示灯	XB2BVB3LC	1	
6	M	减速电动机	80YS25GY38	1	
7	XT	接线端子	JX2-Y010	若干	

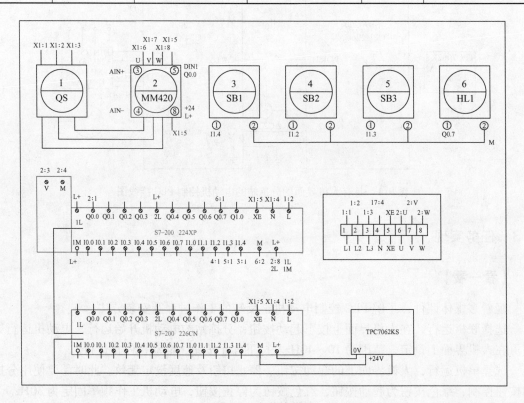

图 9-2 安装接线图

4）检查电路。通电前，认真检查有无错接、漏接等现象。

5）传送 PLC 程序。PLC 通信设置参见任务 2.1。

6）PLC 程序运行、监控。

①工作模式选择。将 PLC 的工作模式开关拨至运行或者通过 Micro/WIN 编程软件执行"PLC"菜单下的"运行"子菜单命令。

②监控，单击执行"调试"菜单下的"开始程序状态监控"子菜单命令，梯形图程序进入监控状态，如图 9-4 所示。

③联机运行：按下起动按钮后，观察到分拣站的电动机开始运行，电动机初始工作频

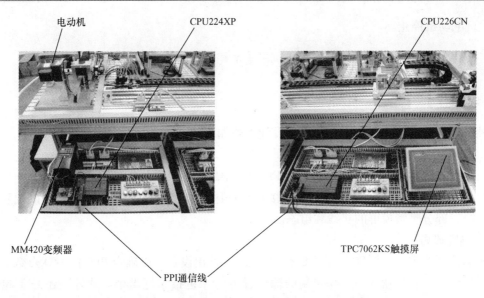

图 9-3　具有人机界面的分拣站的电动机 PLC 控制实物图

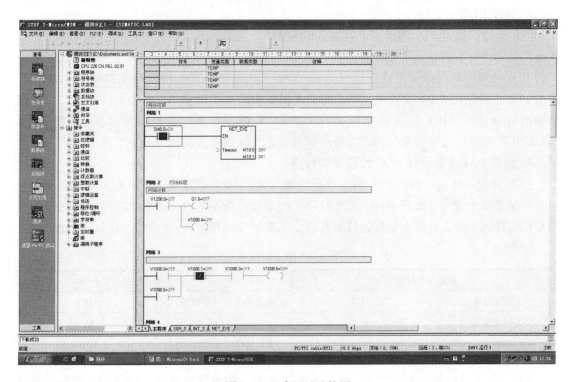

图 9-4　程序调试监控图

率为 25Hz，观察输出点 Q0.0 和 Q0.7 有输出信号；电动机运行频率可以在人机界面上修改，范围为 10～40Hz，人机界面设定工作频率后，变频器就按照设定频率控制电动机工作，此时可以通过变频器监控窗口观察到频率和人机界面设定频率一致；按下停止按钮，电动机停止。

④ 单机运行：按下起动按钮 SB1 后，电动机按照固定频率 25Hz 运行，按下停止按钮

SB2 后，电动机停止。

9.4 技能实践

【学一学】

触摸屏和变频器综合应用实例具体设计步骤如下。

1. 分析被控对象并提出控制要求

从具有人机界面的分拣站的电动机 PLC 控制要求来看，本设计任务的主要设计部分分为 3 部分，第一部分是 PLC 部分的电气接线和程序设计；第二部分是变频器的接线和参数设定；第三部分是触摸屏的接线和组态。

2. 确定设备

根据控制要求，需要确定与 PLC 有关的输入/输出设备，以确定 PLC 的 I/O 点数。本任务共需要输入设备按钮 2 个，需控制的输出设备为绿色指示灯 1 个。此外，还需要 MM420变频器一台、TPC7062KS 触摸屏一个。

3. 选择 PLC

PLC 选择包括对 PLC 的机型、容量、I/O 模块、电源等的选择。本任务中涉及的元件除普通常见元件外，还使用了变频器，并且对变频器的控制是通过电压模拟量来实现，所以选择的 PLC 必须带有模拟量模块，这里选择了 S7-200 系列中带有模拟量端口的 CPU224XP。该型 PLC 主机使用 220V 交流电，集成有 2 个模拟量输入端口和 1 个模拟量输出端口，模拟量输出可以是 0～10V 的模拟电压或 0～20mA 的模拟电流。人机界面和另外一台 PLCCPU226CN 相连。总共需两台 PLC，两台 PLC 通过 PPI 通信线构成一个 PPI 网络。

4. 分配 I/O 点并设计 PLC 外围硬件线路

（1）分配 I/O 点 画出 PLC 的 I/O 点与输入/输出设备的连接图或对应关系表，该部分也可在第 2 步中进行。本任务中，CPU224XP 的地址分配见表 9-2。在本任务中，另外一台PLC CPU226CN 的人机界面使用触摸屏实现，不需要使用到输入/输出口，所以不分配。

表 9-2 地址分配表

输入地址分配		输出地址分配	
起动按钮	I1.2	电动机起动（变频器）	Q0.0
停止按钮	I1.3	指示灯	Q0.7
		变频器模拟量控制端子	AQW0

（2）设计 PLC 外围硬件线路 画出系统其他部分的电气线路图，包括主电路和未进入PLC 的控制电路等。由 PLC 的 I/O 连接图和 PLC 外围电气线路图组成系统的电气原理图，至此系统的硬件电气线路已经确定。

5. 程序设计

（1）触摸屏的组态

1）开始进行触摸屏组态前，先规划好需要制作的组态元件种类、个数以及对应的数据地址，见表 9-3。

表9-3 触摸屏组态画面各元件对应的PLC地址

元件类别	名 称	对应地址	数据类型	备 注
按钮	起动按钮	V1000.0	开关型	
	停止按钮	V1000.1	开关型	
	复位按钮	V1000.2	开关型	
开关	单机/联机切换	V1000.3	开关型	
指示灯	联机成功指示	V1000.4	开关型	
	设备运行指示	V1000.5	开关型	
输入框	变频器频率设定	VW1200	数值型	最小20，最大40

2）定义数据对象。在工作台中选中实时数据库进行数据定义，数据定义类型和个数可参照图9-5。

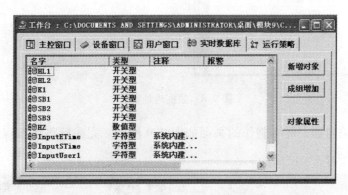

图9-5 数据定义类型和个数

3）设备连接。完成触摸屏和PLC之间的组态，如图9-6所示。通信设置如图9-7所示，完成触摸屏和PLC内部对应的数据地址设置，如图9-8所示。

图9-6 通信组态

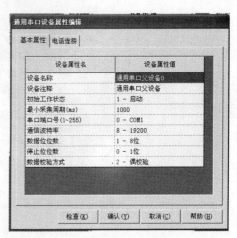

图9-7 通信设置

4）制作动画元件并连接数据库。按规划要求，制作出各动画元件，制作过程可以参考

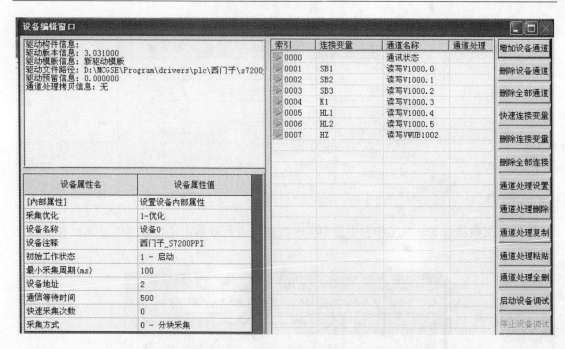

图9-8 数据地址设置

基本知识中的相关内容，最终制作的画面如图9-9所示。完成后将组态程序下载到触摸屏中，如图9-10所示。

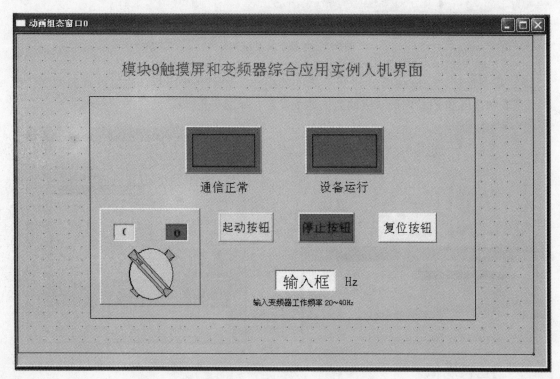

图9-9 动画元件制作

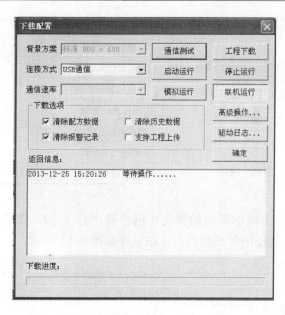

图 9-10   程序下载

（2）变频器的参数设定   本任务中要使用 MM420 变频器，并要将变频器设定为模拟量控制模式，具体的参数可参考表 9-4 来设定。

表 9-4   模拟量工作模式参数设定表

序 号	参 数		数 值	数 值 说 明
	参数代码	参数含义		
1	P700	选择命令来源	2（默认值）	由端子排输入
2	P701	数字输入1的功能	1（默认值）	ON/OFF1（接通正转/停车命令1）
3	P1000	频率设定值的选择	2（默认值）	模拟设定值
4	P304	电动机额定电压	380V	
5	P305	电动机额定电流	0.18A	
6	P307	电动机额定功率	0.03kW	
7	P311	电动机额定速度	1300r/min	
8	P1120	斜坡上升时间	0.5s	
9	P1121	斜坡下降时间	0.5s	
10	P0753	AD的平滑时间	100ms	

（3）PLC 程序的设计   本任务使用了两台 PLC，两台 PLC 组成 PPI 网络同时工作。一台 PLC 是 S7-226CN，作为输送站 PLC（主站站号为 1），作为主站和触摸屏相连；另一台 PLC 是 S7-224XP，作为分拣站（从站站号为 5），和变频器相连。主站负责将触摸屏的控制信号发送到从站，从站控制变频器完成具体的控制任务。

1）PPI 网络组网。首先使用 PPI 通信线完成硬件上的组网，如图 9-11 所示，通信速率设为 19200bit/s，主站站号为 1 号，从站设定为 5 号；然后使用 NETR/NETW 指令向导进行网络设置，具体参数可以参照表 9-5，操作过程可以参考模块 8 来进行，这里不再重复。

表 9-5 网络参数设定

主站 1 输送站	从站 5 分拣站
发送数据长度/B	4
从主站何处发送	VB1000
发往从站何处	VB1000
接收数据长度/B	4
数据来自从站何处	VB1010
数据存到主站何处	VB1212

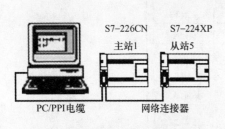

图 9-11 两台 PLC 组成的 PPI 网络

2）主站程序设计。主站中需要始终使用网络调用程序 NET_EXE，确保通信正常；此外，还要接收触摸屏的起停信号和数据，主站程序如图 9-12 所示。

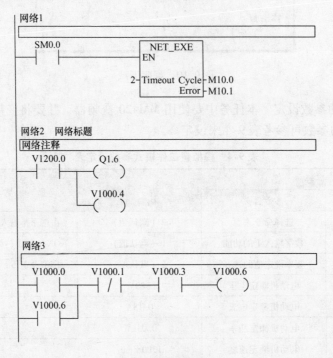

图 9-12 主站程序

3）从站程序设计。从站程序分为两部分，第一部分是当选择联机工作模式时，需要将网络上传送到 VW1002 的工作频率数据进行计算。因为模拟量输出对应的内部数值为 0～32767，而变频器工作频率范围为 0～50Hz，相差约 650 倍，所以将设定工作频率乘以 650 送至模拟量输出口 AQW0 即可。第二部分为单机运行时，通过本地 PLC 控制，工作频率固定为 30Hz，所以直接将 30 乘以 650 送至模拟量输出口 AQW0。从站程序如图 9-13 所示（内容见光盘）。

6. 系统安装与调试

根据图 9-2 进行安装接线，然后将编制好的相关 PLC 控制程序下载到 PLC 中，并进行程序调试，直到设备运行满足设计要求。

9.5　理论基础

1. 基本知识

YL335B 上使用的是昆仑通态公司研发的人机界面 TPC7062KS，该设备是一套以嵌入式低功耗 CPU 为核心（主频 400MHz）的高性能嵌入式一体化触摸屏。该产品设计采用了 7in 高亮度 TFT 液晶显示屏（分辨率为 800×480 像素）、四线电阻式触摸屏（分辨率为 4096×4096 像素），预装了 MCGS 嵌入版组态软件。

（1）TPC7062KS 的基本情况　TPC7062KS 背面有电源进线、各种通信接口，如图 9-14 所示。其中 USB1 口为主口，用来连接鼠标和 U 盘等，与 USB1.1 兼容，USB2 口从口用作工程项目下载，COM（RS232）口用来接 PLC，电源接口为 DC（1±20%）24V。

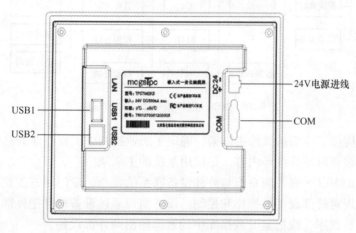

USB1

USB2

24V电源进线

COM

图 9-14　TPC7062KS 背部接口

（2）MCGS 嵌入版基本情况　MCGS 嵌入版组态软件是昆仑通态公司专门开发用于 mcgsTpc 的组态软件，主要完成现场数据的采集与监测、前端数据的处理与控制。MCGS 嵌入版组态软件与其他相关的硬件设备结合，可以快速、方便地开发各种用于现场采集、数据处理和控制的设备，如可以灵活组态各种智能仪表、数据采集模块、无纸记录仪、无人值守的现场采集站、人机界面等专用设备。

1）MCGS 嵌入版组态软件的主要功能如下。

简单灵活的可视化操作界面：采用全中文、可视化的开发界面，符合中国人的使用习惯和要求。

实时性强、有良好的并行处理性能：是真正的 32 位系统，以线程为单位对任务进行分时并行处理。

丰富、生动的多媒体画面：以图像、图符、报表、曲线等多种形式，为操作员及时提供相关信息。

完善的安全机制：提供了良好的安全机制，可以为多个不同级别的用户设定不同的操作权限。

强大的网络功能：具有强大的网络通信功能。

多样化的报警功能：提供多种不同的报警方式，具有丰富的报警类型，方便用户进行报警设置。

另外，它还支持多种硬件设备。

总之，MCGS 嵌入版组态软件具有与通用组态软件一样强大的功能，并且操作简单，易学易用。

2）MCGS 嵌入版组态软件的组成。MCGS 嵌入版生成的用户应用系统，由主控窗口、设备窗口、用户窗口、实时数据库和运行策略 5 个部分构成，如图 9-15 所示。

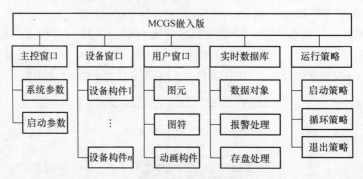

图 9-15　MCGS 嵌入版组态软件的组成

主控窗口：构造了应用系统的主框架，确定了工业控制中工程作业的总体轮廓，以及运行流程、特性参数和启动特性等内容，是应用系统的主框架。

设备窗口：是 MCGS 嵌入版系统与外部设备联系的媒介，专门用来放置不同类型和功能的设备构件，实现对外部设备的操作和控制。设备窗口通过设备构件把外部设备的数据采集进来，送入实时数据库，或把实时数据库中的数据输出到外部设备。

用户窗口：实现了数据和流程的"可视化"，可以放置 3 种不同类型的图形对象：图元、图符和动画构件。通过在用户窗口内放置不同的图形对象，用户可以构造各种复杂的图形界面，用不同的方式实现数据和流程的"可视化"。

实时数据库：是 MCGS 嵌入版系统的核心，相当于一个数据处理中心，同时也起到公共数据交换区的作用。从外部设备采集来的实时数据送入实时数据库，系统其他部分操作的数据也来自于实时数据库。

运行策略：是对系统运行流程实现有效控制的手段。运行策略本身是系统提供的一个框架，其里面放置由策略条件构件和策略构件组成的"策略行"，通过对运行策略的定义，使系统能够按照设定的顺序和条件操作任务，实现对外部设备工作过程的精确控制。

（3）TPC7062KS 与 PLC 的接线　西门子 S7-200 PLC 的通信连接方式如图 9-16 所示。

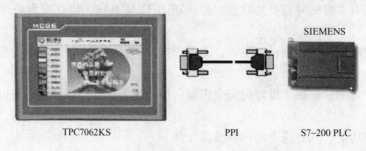

TPC7062KS　　　　　　　　　PPI　　　　　　　S7-200 PLC

图 9-16　TPC7062KS 与西门子 S7-200 PLC 的连接

在 YL-335B 设备中，触摸屏通过 COM 口直接与输送站的 PLC（Port 1）的编程接口连接，所使用的通信线采用西门子 PC-PPI 电缆，PC-PPI 电缆把 RS 232 转换为 RS 485。PC-PPI 电缆 9 针母头接在触摸屏的 COM 口上，9 针公头接在 PLC 的 Port 1 口上。

（4）MCGS 嵌入版与西门子 S7-200 PLC 的组态步骤及方法

1）工程的建立。双击桌面上的 MCGS 软件图标，如图 9-17 所示，打开嵌入版组态软件，然后按如下步骤建立通信工程。

图 9-17　MCGS 软件图标

① 单击"文件"菜单中的"新建工程"选项，如图 9-18 所示，弹出"新建工程设置"对话框，TPC 类型选择为"TPC7062KS"，然后单击"确认"按钮；若没有"TPC7062KS"，也可以选择"TPC7062K"选项。

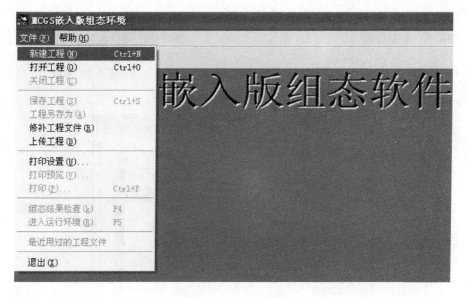

图 9-18　新建工程

② 选择"文件"菜单中的"工程另存为"菜单项，弹出文件保存窗口。

③ 在"文件名"一栏内输入"TPC 通信控制工程"，单击"保存"按钮，工程创建完毕。

2）定义数据对象。

① 单击工作台中的"实时数据库"窗口标签，进入实时数据库窗口界面。

② 单击"新增对象"按钮，在窗口的数据对象列表中，增加新的数据对象，默认定义的名称为"Data 数字编号"，如"Data1"，若需要添加多个对象需多次单击。

③ 选中对象，单击"对象属性"按钮，或双击选中对象，则打开"数据对象属性设置"窗口，可以修改对象名称和对象类型。

3）设备连接。为了能够使触摸屏和 PLC 通信连接上，需把定义好的数据对象和 PLC 内部变量进行连接，具体操作步骤如下：

① 在"设备窗口"中双击"设备窗口"图标，然后单击工具条中的"工具箱"图标，打开"设备工具箱"对话框。

② 单击"设备工具箱"对话框中的"设备管理"按钮，弹出图 9-19 所示的界面。

③ 在可选设备列表中，双击"通用串口父设备"，然后双击"西门子_S7200PPI"，如图 9-20 所示。

图 9-19　设备管理　　　　　　　　　　　　　　　　图 9-20　通信组态

④ 双击"通用串口父设备"，进行"通用串口父设备"的基本属性设置，如图 9-21 所示。

图 9-21　基本属性设置

端口号设置为：0-COM1；

通信波特率设置为：8～19200；

数据校验方式设置为：2-偶校验；

其他设置为默认方式。

⑤ 双击"西门子_S7200PPI"，进入"设备编辑窗口"进行变量的连接。单击"添加设备通道"按钮出现图 9-22 所示的对话框，进行参数设定，包括通道类型、数据类型、通道地址、通道个数、读写方式，完成后单击"确认"按钮。

双击某一通道可进入数据中心选择相应的变量和该通道进行对应，全部通道对应完毕单

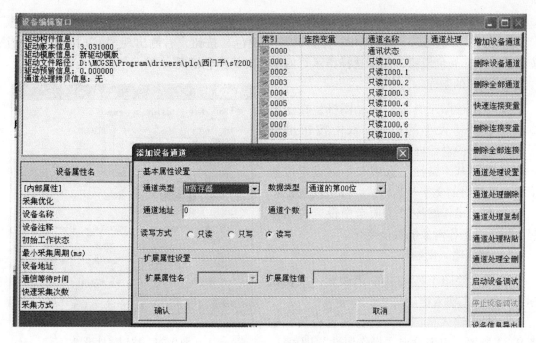

图 9-22　参数设定

击"确认"按钮。

（5）常用元件的制作

1）指示灯的制作。

① 单击绘图工具箱中的插入元件图标，弹出对象元件管理对话框，选择一款指示灯，单击"确认"按钮，双击指示灯，弹出对话框，如图 9-23 所示。

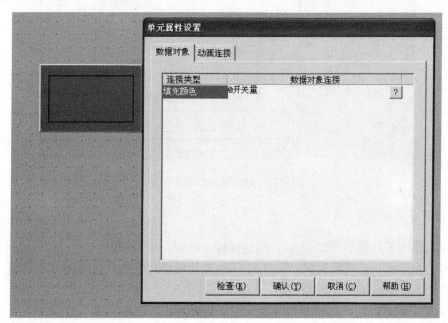

图 9-23　指示灯属性设置

② 在"数据对象"选项卡中，单击右上角的"?"按钮，从数据中心选择对应的变量。

③ 在"动画连接"选项卡中，单击"填充颜色"按钮，右侧出现"〉"按钮，单击该按钮进入填充颜色设置，用于选择指示灯值变化时的颜色情况。

2）按钮的制作。

① 单击绘图工具箱中的图标，在窗口拖出一个合适大小的按钮，双击按钮出现图9-24所示的对话框，然后进行属性设置。

② 在"基本属性"选项卡中可设定按钮按下、抬起时的文字及其格式、颜色的变化。

③ 在"操作属性"选项卡中设定按钮弹起、按下时操作对象的数值变化。

3）数值输入框制作。

① 单击绘图工具箱中的**abl**图标，拖动鼠标，绘制一个输入框。

② 双击输入框图标，进行属性设置，如图9-25所示，只需设定"操作属性"即可。

图9-24 按钮属性设置

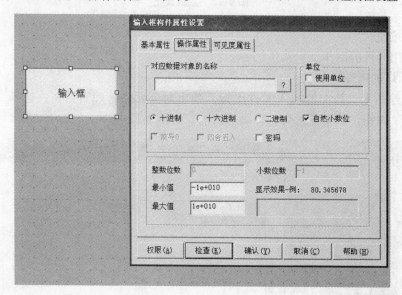

图9-25 数值输入框属性设置

4）数值显示框制作。

① 单击绘图工具箱中的图标，拖动鼠标，绘制一个显示框。

② 双击显示框，出现对话框，在输入/输出连接域中，选中"显示输出"选项，在组态属性设置窗口中则会出现"显示输出"选项卡，如图9-26所示。

③ 单击"显示输出"选项卡可设置显示输出属性。

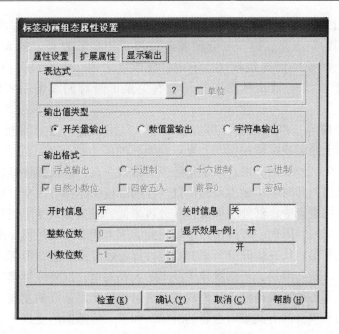

图9-26 数值显示框属性设置

2. 拓展知识

触摸屏的基本原理是：用手指或其他物体触摸安装在显示器前端的触摸屏时，所触摸的位置（以坐标形式）由触摸屏控制器检测，并通过接口（如RS-232串行口）送到CPU，从而确定输入的信息。

触摸屏系统一般包括触摸屏控制器（卡）和触摸检测装置两个部分。其中，触摸屏控制器（卡）的主要作用是从触摸点检测装置上接收的触摸信息，并将它转换成触点坐标，再送给CPU，它同时能接收CPU发来的命令并加以执行；触摸检测装置一般安装在显示器的前端，主要作用是检测用户的触摸位置，并传送给触摸屏控制卡。

（1）电阻式触摸屏　电阻式触摸屏的屏体部分是一块与显示器表面相匹配的多层复合薄膜，由一层玻璃或有机玻璃作为基层，表面涂有一层透明的导电层，上面再盖一层外表面硬化处理、光滑防刮的塑料层，它的内表面也涂有一层透明导电层，在两层导电层之间有许多细小的（<1‰in）的透明隔离点把它们隔开绝缘。

当手指触摸屏幕时，平常相互绝缘的两层导电层就在触摸点位置有了一个接触，因其中一面导电层接通y轴方向的5V均匀电压场，使得侦测层的电压由零变为非零，这种接通状态被控制器侦测到后，进行A-D转换，并将得到的电压值与5V相比较，即可得到触摸点的y轴坐标，同理可得出x轴的坐标，这就是所有电阻技术触摸屏共同的最基本原理。电阻式触摸屏根据引出线数多少，分为四线、五线、六线等多线电阻式触摸屏。

五线电阻式触摸屏的外导电层由于频繁触摸，使用延展性好的镍金涂层材料，目的是为了延长使用寿命，但是工艺成本较为高昂。镍金导电层虽然延展性好，但是只能作透明导体，不适合作为电阻式触摸屏的工作面，因为它电导率高，而且金属不易做到厚度非常均匀，不宜作电压分布层，只能作为探测层。

电阻式触摸屏是一种对外界完全隔离的工作环境，不怕灰尘和水汽，可以用任何物体来触摸，可以用来写字、画画等，比较适合工业控制领域及办公室内有限人的使用。电阻式触摸屏共同的缺点是，由于复合薄膜的外层采用塑胶材料，若太用力或使用锐器触摸可能划伤整个触摸屏而导致报废。不过，在限度之内，划伤只会伤及外导电层，外导电层的划伤对于五线电阻式触摸屏来说没有关系，而对四线电阻式触摸屏来说是致命的。

（2）红外线触摸屏　红外线触摸屏安装简单，只需在显示器上加上光点距架框即可，无需在屏幕表面加上涂层或接驳控制器。光点距架框的四边排列了红外线发射管及接收管，在屏幕表面形成一个红外线网。用户以手指触摸屏幕某一点，便会挡住经过该位置的横竖两条红外线，计算机便可即时算出触摸点的位置。任何触摸物体都可改变触点上的红外线而实现触摸屏操作。早期观念中，红外触摸屏存在分辨率低、触摸方式受限制和易受环境干扰而误动作等技术上的局限，因而一度淡出过市场。此后第二代红外线触摸屏部分解决了抗光干扰的问题，第三代和第四代在提升分辨率和稳定性能上也有所改进，但都没有在关键指标或综合性能上有质的飞跃。但是，了解触摸屏技术的人都知道，红外线触摸屏不受电流、电压和静电干扰，适宜恶劣的环境条件，红外线技术是触摸屏产品最终的发展趋势。采用声学和其他材料学技术的触摸屏都有其难以逾越的屏障，如单一传感器的受损、老化，触摸界面怕受污染、破坏性使用，维护繁杂等问题。红外线触摸屏只要真正实现了高稳定性能和高分辨率，必将替代其他技术产品而成为触摸屏市场的主流。过去的红外线触摸屏的分辨率由框架中的红外对管数目决定，因此分辨率较低，市场上主要国内产品为 32×32、40×32。另外，还有的红外线触摸屏对光照环境因素比较敏感，在光照变化较大时会误判甚至死机。这些正是国外非红外触摸屏的国内代理商销售宣传的红外线触摸屏的弱点。而基于最新技术的第五代红外线触摸屏的分辨率取决于红外对管数目、扫描频率以及差值算法，分辨率已经达到了 1000×720 像素；至于说红外线触摸屏在光照条件下不稳定，从第二代红外触摸屏开始，就已经较好地克服了抗光干扰这个弱点。第五代红外线触摸屏是全新一代的智能技术产品，它实现了 1000×720 像素的高分辨率、多层次自调节和自恢复的硬件适应能力及高度智能化的判别识别，可长时间在各种恶劣环境下任意使用，并且可针对用户定制扩充功能，如网络控制、声感应、人体接近感应、用户软件加密保护、红外数据传输等。之前也有人指出红外线触摸屏的另外一个缺点是抗暴性差，实际上红外线触摸屏完全可以选用任何客户认为满意的防暴玻璃而不会增加太多的成本和影响使用性能，这是其他的触摸屏所无法比拟的。

红外线触摸屏价格便宜、安装容易、能较好地感应轻微触摸与快速触摸。

（3）电容触摸屏　电容触摸屏的构造主要是在玻璃屏幕上镀一层透明的薄膜导体层，再在导体层外加上一块保护玻璃，双玻璃设计能彻底保护导体层及感应器。

此外，在附加的触摸屏四边均镀上狭长的电极，在导电体内形成一个低电压交流电场。用户触摸屏幕时，由于人体电场、手指与导体层间会形成一个耦合电容，四边电极发出的电流会流向触点，而其强弱与手指及电极的距离成正比，位于触摸屏幕后的控制器便会计算电流的比例及强弱，从而准确算出触摸点的位置。电容触摸屏的双玻璃不但能保护导体及感应器，更能有效地防止外在环境因素给触摸屏造成的影响，即使屏幕沾有污秽、尘埃或油渍，电容触摸屏依然能准确算出触摸位置。

电容触摸屏的透光率和清晰度优于四线电阻屏，当然还不能和表面声波屏和五线电阻屏相比。电容触摸屏反光严重，而且，电容技术的四层复合触摸屏对各波长光的透光率不均匀，存在色彩失真的问题，由于光线在各层间的反射，还容易造成图像、字符的模糊。电容触摸屏在原理上把人体当作一个电容元件的一个电极使用，当有导体靠近与夹层 ITO 工作面之间耦合出足够量容值的电容时，流走的电流就足够引起电容屏的误动作。大家知道，电容值虽然与极间距离成反比，却与相对面积成正比，并且还与介质绝缘系数有关。因此，当较大面积的手掌或手持的导体物靠近电容屏而不是触摸时，就能引起电容屏的误动作，在潮湿的天气，这种情况尤为严重，手扶住显示器、手掌靠近显示器 7cm 以内或身体靠近显示器 15cm 以内就能引起电容屏的误动作。电容触摸屏的另一个缺点是，用戴手套的手或手持不导电的物体触摸时没有反应，这是因为增加了更为绝缘的介质。其更主要的缺点是漂移：当环境温度、湿度改变或环境电场发生改变时，都会引起电容屏的漂移，造成不准确。例如：开机后显示器温度上升会造成漂移；用户触摸屏幕的同时，另一只手或身体一侧靠近显示器会产生漂移；电容触摸屏附近较大的物体搬移后也会产生漂移；当触摸时，如果有人围过来观看也会引起漂移。电容屏的漂移原因属于技术上的先天不足，环境电动势面（包括用户的身体）虽然与电容触摸屏距离较远，却比手指头面积大得多，它们直接影响了触摸位置的测定。此外，理论上许多应该线性的关系实际上却是非线性，如体重不同或者手指湿润程度不同的人吸走的总电流量是不同的，而总电流量的变化和 4 个分电流量的变化是非线性的关系，电容触摸屏采用的这种 4 个角的自定义极坐标系还没有坐标上的原点，漂移后控制器不能察觉和恢复；而且，4 个 A-D 转换完成后，由 4 个分流量的值到触摸点在直角坐标系上的 x、y 坐标值的计算过程复杂。由于没有原点，电容触摸屏的漂移是累积的，在工作现场也经常需要校准。电容触摸屏最外面的稀土保护玻璃防刮擦性很好，但是怕指甲或硬物的敲击，敲出一个小洞就会伤及夹层 ITO，不管是伤及夹层 ITO 还是安装运输过程中伤及内表面 ITO 层，电容触摸屏就不能正常工作了。

（4）表面声波触摸屏 表面声波触摸屏的触摸屏部分可以是一块平面、球面或是柱面的玻璃板，安装在 CRT、LED、LCD 或是等离子显示器屏幕的前面。这块玻璃板只是一块纯粹的强化玻璃，它区别于其他触摸屏的地方是没有任何贴膜和覆盖层。玻璃屏的左上角和右下角各固定了竖直和水平方向的超声波发射换能器，右上角则固定了两个相应的超声波接收换能器。玻璃屏的 4 个周边则刻有 45°角由疏到密间隔非常精密的反射条纹。

下面以右下角的 x 轴发射换能器为例说明其工作原理：

发射换能器把控制器通过触摸屏电缆送来的电信号转化为声波能量向左方表面传递，然后由玻璃板下边的一组精密反射条纹把声波能量反射成向上的均匀传递面，声波能量经过屏体表面，再由上边的反射条纹聚成向右的线传播给 x 轴的接收换能器，接收换能器将返回的表面声波能量变为电信号。

当发射换能器发射一个窄脉冲后，声波能量历经不同途径到达接收换能器，走最右边的最早到达，走最左边的最晚到达，早到达的和晚到达的这些声波能量叠加成一个较宽的波形信号。不难看出，接收信号集合了所有在 x 轴方向历经长短不同路径回归的声波能量，它们在 y 轴走过的路程是相同的，但在 x 轴上，最远的比最近的多走了两倍 x 轴最大距离。因此这个波形信号的时间轴反映各原始波形叠加前的位置，也就是 x 轴坐标。

发射信号与接收信号的波形在没有触摸的时候，接收信号的波形与参照波形完全一样。当手指或其他能够吸收或阻挡声波能量的物体触摸屏幕时，x 轴途经手指部位向上走的声波能量被部分吸收，反映在接收波形上为某一时刻位置上波形有一个衰减缺口。

接收波形对应手指挡住部位信号衰减了一个缺口，计算缺口位置即得触摸坐标，控制器分析到接收信号的衰减并由缺口的位置判定 x 坐标，之后 y 轴以同样的过程判定出触摸点的 y 坐标。除了一般触摸屏都能响应的 x、y 坐标外，表面声波触摸屏还响应第三轴 z 轴坐标，也就是能感知用户触摸压力大小值，其原理是由接收信号衰减处的衰减量计算得到。三轴一旦确定，控制器就把它们传给主机。

表面声波触摸屏有以下几个特点：

1）抗暴。因为表面声波触摸屏的工作面是一层看不见、打不坏的声波能量，触摸屏的基层玻璃没有任何夹层和结构应力（表面声波触摸屏可以发展到直接做在 CRT 表面从而没有任何"屏幕"），因此非常抗暴力使用，适合公共场所。

2）反应速度快。它是所有触摸屏中反应速度最快的，使用时感觉很顺畅。

3）性能稳定。因为表面声波技术原理稳定，而表面声波触摸屏的控制器靠测量衰减时刻在时间轴上的位置来计算触摸位置，所以表面声波触摸屏非常稳定，精度也非常高，目前表面声波技术触摸屏的精度通常是 $4096 \times 4096 \times 256$ 级力度。

4）表面声波触摸屏的控制卡能知道什么是尘土和水滴，什么是手指，有多少在触摸。这是因为：人们的手指触摸在 $4096 \times 4096 \times 256$ 级力度的精度下，每秒 48 次的触摸数据不可能是纹丝不变的，而尘土或水滴就一点都不变，控制器发现一个"触摸"出现后纹丝不变超过 3s 即自动识别为干扰物。

5）它具有第三轴 z 轴，也就是压力轴响应。这是因为用户触摸屏幕的力量越大，接收信号波形上的衰减缺口也就越宽越深。目前在所有触摸屏中只有表面声波触摸屏具有能感知触摸压力这个功能，有了这个功能，每个触摸点就不只是有触摸和无触摸的两个简单状态，而是成为能感知力的一个模拟量值的开关了。这个功能非常有用，比如在多媒体信息查询软件中，一个按钮就能控制动画或者影像的播放速度。

表面声波触摸屏的缺点是触摸屏表面的灰尘和水滴能阻挡表面声波的传递，虽然聪明的控制卡能分辨出来，但尘土积累到一定程度，信号也就衰减得非常厉害，此时表面声波触摸屏就会变得迟钝甚至不工作。因此，表面声波触摸屏一方面推出防尘型触摸屏，一方面建议人们不要忘记每年定期清洁触摸屏。

（5）近场成像触摸屏 近场成像（Near Field Imaging，NFI）触摸屏的传感机构是中间有一层透明金属氧化物导电涂层的两块层压玻璃。在导电涂层上施加一个交流信号，从而在屏幕表面形成一个静电场。当有手指（戴不戴手套均可）或其他导体接触到传感器时，静电场就会受到干扰。而与之配套的影像处理控制器可以探测到这个干扰信号及其位置，并把相应的坐标参数传给操作系统。

近场成像触摸屏非常耐用，灵敏度很好，可以在要求非常苛刻的环境中使用，也比较适用于无人值守的公众场合，但其不足之处是价格比较贵。

【想一想】

1. 简述 S7-200 PLC 能够采用哪几种方式控制 MM420 变频器？

2. TPC7062KS 触摸屏用什么组态软件编程？该组态软件的主要功能是什么？

3. 尝试用 TPC7062KS 触摸屏作为人机界面，替代按钮等输入装置，完成模块 5 任务 1

立体仓库的控制要求。

【小结】

自动化生产线触摸屏组态的实现步骤如下：

（1）规划需要制作的组态元件种类、个数以及对应的数据地址。

（2）在工作台中选择实时数据库添加数据，进行数据名称、类型定义。

（3）进行触摸屏和 PLC 之间的组态和通信设置，将触摸屏数据地址和 PLC 内部数据地址进行对应设置。

（4）制作任务所需的组态元件并连接到数据库。

【自主学习题】

1. 填空题

（1）触摸屏 TPC7062KS 背面有各种通信接口，其中 COM（RS-232）口用来接（　　）。

（2）MCGS 嵌入版生成的用户应用系统，由主控窗口、设备窗口、（　　）、（　　）和运行策略 5 个部分构成。

（3）触摸屏 TPC7062KS 中制作的按钮对应的数据类型为（　　）。

2. 判断题

（1）触摸屏 TPC7062KS 与计算机连接时使用的是 USB 通信线。　　　　　　（　　）

（2）外导电层的划伤对五线电阻触摸屏来说是致命的。　　　　　　　　　（　　）

（3）电容触摸屏更主要的缺点是漂移：当环境温度、湿度改变或环境电场发生改变时，都会引起电容触摸屏的漂移，造成不准确。　　　　　　　　　　　　　　　　（　　）

3. 简答题

（1）触摸屏的基本原理是怎样的？

（2）根据工作原理不同，触摸屏的主要种类有哪些？

（3）MCGS 嵌入版与西门子 S7-200 PLC 的组态步骤是什么？

4. 分析设计题

使用触摸屏 TPC7062KS、MM420 变频器、CPU226CN PLC 以及一台电动机组成一个控制系统，要求通过触摸屏控制电动机可以以高（50Hz）、中（30Hz）、低（10Hz）3 种频率工作。

【考核检查】

"模块9 触摸屏和变频器综合应用"考核标准

任务名称：

项　目	配分	考 核 要 求	扣 分 点	扣分记录	得 分
任务分析	15	1. 会提出需要学习和解决的问题，会收集相关的学习资料 2. 会根据任务要求进行主要元器件的选择	1. 分析问题笼统扣2分；资料较少扣2分 2. 选择元器件每错1个扣2分		
设备安装	20	1. 会分配输入/输出端口，画I/O接线图 2. 会按照图样正确规划安装 3. 布线符合工艺要求	1. 分配端口有错扣4分；接线图有错扣4分 2. 错、漏线或错、漏元件扣2分 3. 布线工艺差扣4分		
程序设计	25	1. 程序结构清晰，内容完整 2. 正确输入梯形图 3. 正确保存程序文件 4. 会传送程序文件	1. 程序有错扣10分 2. 输入梯形图有错扣5分 3. 保存文件有错扣4分 4. 传送程序文件错误扣6分		
运行调试	25	1. 会运行系统，结果正确 2. 会分析监控程序 3. 会调试系统程序	1. 操作错误扣4分 2. 分析结果错误扣4分 3. 监控程序错误扣4分 4. 调试程序错误扣5分		
安全文明	10	1. 用电安全，无损坏器件 2. 工作环境保持整洁 3. 小组成员协同精神好 4. 工作纪律好	1. 发生安全事故扣10分 2. 损坏器件扣10分 3. 工作现场不整洁扣5分 4. 成员之间不协同扣5分 5. 不遵守工作纪律扣2~6分		
任务小结	5	会反思学习过程、认真总结工作经验	总结不到位扣3分		
学生				组别	
指导教师			日期		得分

参 考 文 献

[1] 赵红顺, 等. 电气控制技术实训 [M]. 北京: 机械工业出版社, 2011.

[2] 王洪, 史中生, 孙香梅. 机床电气控制 [M]. 北京: 科学出版社, 2009.

[3] 廖常初. PLC 编程及应用 [M]. 3 版. 北京: 机械工业出版社, 2010.

[4] 李长久, 安宏伟. PLC 原理及应用 [M]. 北京: 机械工业出版社, 2009.

[5] 朱文杰. S7-200 PLC 编程设计与案例分析 [M]. 北京: 机械工业出版社, 2010.

[6] 常斗南, 王怀群, 等. PLC 运动控制实例及解析 [M]. 北京: 机械工业出版社, 2010.

[7] 刘祖其. 电气控制与可编程序控制器应用技术 [M]. 北京: 机械工业出版社, 2010.

[8] 史宜巧, 田敏, 等. PLC 控制系统设计与运行维护 [M]. 北京: 机械工业出版社, 2010.

[9] 祝福, 陈贵银, 张玮玮. 西门子 S7-200 系列 PLC 应用技术 [M]. 北京: 电子工业出版社, 2011.

[10] 郭艳萍, 陈冰, 李晓波, 等. 电气控制与 PLC 应用 [M]. 北京: 人民邮电出版社, 2010.

[11] 王阿根. 西门子 S7-200 PLC 编程实例精解 [M]. 北京: 电子工业出版社, 2011.

[12] 高钦和. PLC 应用开发案例精选 [M]. 北京: 人民邮电出版社, 2008.

[13] 魏小林, 张跃东, 竺兴妹, 等. PLC 技术项目化教程 [M]. 北京: 清华大学出版社, 2010.

[14] 肖明耀. 西门子 S7-200 系列 PLC 应用技能实训 [M]. 北京: 中国电力出版社, 2010.

[15] 陈丽, 李立君, 郭健, 等. PLC 控制系统编程与实现 [M]. 北京: 中国铁道出版社, 2010.

[16] 张华宇, 谢凤芹, 丁鸿昌, 等. 数控机床电气及 PLC 控制技术 [M]. 北京: 电子工业出版社, 2009.

[17] 杨后川, 张瑞, 高建设, 等. 西门子 S7-200 PLC 应用 100 例 [M]. 北京: 电子工业出版社, 2009.

[18] 陈忠平, 周少华, 侯玉宝, 等. 西门子 S7-200 系列 PLC 自学手册 [M]. 北京: 人民邮电出版社, 2008.